守望者

The Catcher

阅读　你的生活

生活中的逻辑学

shenghuo zhong de luojixue

修订版

张绵厘——著

中国人民大学出版社
·北京·

修订版前言

——再谈逻辑推理的妙用

初版前言，重点讲述了逻辑推理的妙用，为什么修订版前言仍然谈逻辑推理的妙用呢?

因为四年多以来，我继续研究逻辑推理在实际生活中的应用，通过对实际生活中许多典型事例的分析研究，越来越深刻地认识到：逻辑推理妙用无穷。而且分析研究的典型事例越多，就越感到逻辑推理有妙用。为了深入说明逻辑推理的妙用，修订版又增补了一部分内容，标题叫“小人物　大智慧”。

“小人物　大智慧”，列举了 14 个普通人通过逻辑推理解决重大问题的真实事例。这些事件的主人公，都是“小人物”：有的是出租车司机，有的是公交车司机，有的是快递员，有的是乘警，有的是民警，有的是环卫工人，有的是农民……他们既非高官，又非名流，更不是专家学者，但“小人物”却拥有“大智慧”，受到社会的广泛赞誉。

为什么说他们拥有“大智慧”呢?

一是因为这些“小人物”解决了大问题。

“小人物”，起的作用并不小：有的挽救了别人的生命，有的帮助别人找回了丢失的巨款，有的使一场大灾难化险为夷，有的帮助有关部门破获了重大案件，有的急中生智摆脱困境……他们做的事情，既有利于他人，也有益于社会。可以说，平凡的人做出了不平凡的事儿。

二是因为这些“小人物”还善于逻辑推理。

这些“小人物”有个共同的优点，就是善于逻辑推理。善于逻辑推理，才能发现别人不经意的疑点，想出许多人想不出的“点子”，解决很多人不能解决的难题。身处险境，善于逻辑推理就可能化险为夷；不懂逻辑推理，就难逃厄运。而这些“小人物”做的事儿，我们可能做得到，也可能做不到。

我们不妨设想下列几种情景，看自己会如何做：

一个中年人带着一个小女孩上了出租车，中年人对小女孩说：“我给你出一道乘法题，看你会做不会做?”小女孩说：“什么是乘法题? 我没学过。”如果你是出租车司机，听了他们简短的对话，能觉察出什么问题吗? 能从这简短的对话中识破一个拐骗犯吗?

如果在火车上看到一个妇女用凉水冲奶粉给婴儿喝，会引起你的特别注意吗? 你能意识到这个妇女可能是一个人贩子吗?

一天下午，妻子没有按约定时间回家，多次给她打电话，她始终不接。后来21岁的女儿收到一条短信："我在忙，等一会儿就回来，你要乖乖儿的"。收到这条短信，你会感到有什么异常吗？你会从这条莫名其妙的短信推断出妻子可能被人绑架了吗？

如果你是一个环卫工人，你能在上班途中识破一个推着环卫车、伪装成环卫工人的盗窃犯，并追回失主被盗的7万元现金吗？

如果你是个公交车司机，在行车途中，一个乘客刚刚丢了2万元钱，你能很快地找出谁是小偷吗？而且还能在10分钟内追回乘客被偷的2万元钱吗？

妻子替丈夫洗上衣，丈夫脱掉上衣后，妻子看见丈夫后背上有一颗挤过的小痘痘。她想：老公非常注意自己的仪表，除了上床睡觉从来不袒胸露背；我没有替他挤过背上的小痘痘，他自己也看不见背上的小痘痘，那么是谁帮他挤破背上的小痘痘呢？善于逻辑推理的妻子，立即断定：丈夫可能出轨了，而且当天就查出了第三者。如果你是这位妻子，你做得到吗？

一个普普通通的农民，做了地质灾害的群测群防员，如果是你，你能准确地判断出险情，在山体大塌方前10分钟果断封路，拦下15辆汽车、28个行人，避免一场大灾难吗？

如果你想找到上述答案，请认真阅读此修订版内容。

在日常生活中，凡遇事，都需要思考。凡思考，就离不开逻辑推理。只有通过正确的逻辑推理，才能做出正确的判断，采取正确的行动，达到预期的目的。无数事实证明：不懂逻辑推理，就会陷于蒙昧；善于逻辑推理，就会变得睿智。可以说，逻辑推理既是帮你打开各种迷宫的金钥匙，又是帮你闯过道道险关的护身符，还是你人生航船驶向成功彼岸的通行证。

古人云：操千曲而后晓声，观千剑而后识器。本书提供大量典型事例，熟读此书，可以帮助不懂逻辑推理的人，逐渐学会逻辑推理；帮助懂得逻辑推理的人，变成善于逻辑推理甚或精通逻辑推理的人。非是自卖自夸，只要你认真阅读、深入思考，并融会贯通、注重实践，你的逻辑推理能力就会显著提高。而且随着逻辑推理能力的提高，你就会见微知著，提高预见能力；洞察乱象，增强判断能力；成竹在胸，提升决策能力；随机应变，提高办事能力。一言以蔽之：提高智商，增强智力。

精读此书，必有收获；错过此书，大有遗憾。（请同时参阅拙著《实用逻辑教程》一书。）

2020 年 7 月 22 日

前　　言

——逻辑推理，妙用无穷

《生活中的逻辑学》一书，主要是从社会生活中，选取成功与失误的许多典型事例，对其进行逻辑分析，用具体事实说明逻辑推理妙用无穷。

说到逻辑推理，有些人会摇头，不以为然地说：不要对我讲什么逻辑推理，我用不着它。

但是你错了，请看下面三点分析：

一、人们天天使用逻辑推理，但自己并不知道

一个普普通通的人，在一般日常生活中，每天大概都会进行一二十次逻辑推理，比每天吃饭的次数多五六倍，但人们常常只知道自己今天吃了几顿饭，不知道自己还进行了一二十次逻辑推理。

你会说，笔者言过其实。

那笔者下面就举出你自己的例子给你看：

你患高血压和高血脂，退休在家，早晨刚起床，你就喝了一杯白开水。如果问：你早起为什么要喝一杯白开水？你会说：早起喝一杯白开水，会降低血液的黏稠度。你之所以这么做，说明你进行了下面一个逻辑推理：

如果早起喝一杯白开水，那么就会降低血液黏稠度

我早起喝一杯白开水

所以，会降低血液黏稠度

今天你想出门买东西，担心有雾霾，走到阳台上一看，窗外的树枝不住地向东摇摆，你就知道今天不会有雾霾。因为你进行了下面一个逻辑推理：

只要树枝向东摇摆，就有三四级以上的西风

只要有三四级以上的西风，就不会有雾霾

所以，只要树枝向东摇摆，就不会有雾霾

今天你想到超市买一个不锈钢的高压锅，换掉原来铝合金高压锅。如果问：你为什么要换掉铝合金高压锅？你会说，昨天我看北京电视台《我是大医生》，专家说：用铝合金高压锅炖牛肉，大量的铝分子会进入牛肉当中，经常吃这样炖的牛肉，会得老年痴呆症。你之所以换掉铝合金高压锅，是因为你听了专家的意见后，进行了下面的逻辑推理：

如果经常用铝合金高压锅炖牛肉吃，那么容易得老年痴呆症

为了不得老年痴呆症

所以，必须换掉铝合金高压锅

你本来想开车到蓝岛大厦去买不锈钢的高压锅，但去蓝岛大厦，需要经过北京工人体育场。你忽然想起，今天有足球比赛，工人体育场附近会堵车，所以改乘地铁去蓝岛大厦。你之所以改变了主意，也是因为你进行了下面的逻辑推理：

如果开车去蓝岛大厦，那么会遇到堵车

为了避免遇到堵车

所以，改乘地铁

从以上的叙述可以看出，在起床后的十来分钟内，你就进行了四次逻辑推理。你运用逻辑推理的频率，远远高于你吃饭的频率，但你对使用前者却浑然不知。

实际上，逻辑推理渗透到你生活的方方面面。只要你想问题，就离不开逻辑推理。因为逻辑推理是思维的基本形式之一，也是思维活动的主要组成部分。因此笔者说：逻辑推理，人人用得着，天天用得着。

二、有些人推理能力低下，但自己也不知道

逻辑学，是一种帮助你思考问题的思维工具。如果你的逻

辑推理能力差，就意味着你的思维工具质量差。如果是你的手机功能不好，那么你会想办法换掉它。但是你的逻辑推理能力低下，是没法像换手机一样，换掉自己的大脑的。但是，我们可以通过加强理论学习和实践锻炼，提高自己的逻辑推理能力，改善自己的思维功能。

逻辑推理能力低下，对一个人的影响是多方面的：

推理能力低下，首先影响到一个人的判断能力。而判断失误，常常会让人做错事。特别是在重要问题上的判断失误，又常常导致重大决策失误，给自己造成重大损失。

推理能力低下，还会影响一个人的预见能力。一个人无论做什么事，如果不能预知事情的发展方向与可能产生的结果，那么他的行动将是盲目的。盲目行事，会给自己造成重大损失。

本书共分六个专题，其中“灾难事故中的逻辑推理”“社会乱象中的逻辑推理”“骗局中的逻辑推理”三个专题中的某些当事人，之所以做错事情，原因各不相同，但都和不善于逻辑推理有关。因为他们不懂逻辑推理，不但使自己吃尽了苦头，也使他人吃尽了苦头。不懂逻辑推理，竟然害人害己。

逻辑推理能力低下，有各种表现：（1）不懂得逻辑推理的重要性，思想慵懒，不肯动脑子想问题；（2）不懂逻辑推理规则，不善于进行正确的逻辑推理；（3）在日常生活中，没有养成经常进行逻辑推理和逻辑思维的良好习惯；（4）在做重大决策前，不知道通过周密的逻辑推理对决策正确与否进行必要的逻辑论证。

之所以出现逻辑推理能力低下的情况，说到底，是缺乏必要的逻辑知识。如果用医学诊断的术语说，就是患了“逻辑知识缺乏综合征”，或者干脆就叫“思维功能不良症”。

其实，要治疗这样的疾病，也有良方：一是认真系统地学习逻辑知识，掌握逻辑推理的方法，逐步提高逻辑推理能力。二是加强实践锻炼，边实践，边思考，养成经常进行逻辑推理和逻辑思维的良好习惯。聪明和愚笨，都不是天生的，而是是否注重理论学习和实践锻炼造成的。

三、逻辑推理妙用无穷，但许多人也不知道

逻辑推理，妙用无穷。

善于逻辑推理，就会远离蒙昧，变得聪明。

精于逻辑推理，才会达到高智商，拥有大智慧。

古今中外的大政治家、大军事家，无不是精于逻辑推理的行家里手。

毛泽东为什么在抗战初期，就能断言明显处于劣势的中国，一定能取得最后胜利？他为什么能够深刻地揭示出抗日战争的发展规律，精准地预见到抗日战争发展的三个阶段，而以后的实践证明一个也不多、一个也不少呢？

毛泽东在《论持久战》中表现出的高度的政治智慧和卓越的军事才能，来自哪里？来自他对中日两国国情的精准把握和缜密的逻辑推理。没有缜密的逻辑推理，就不可能在战争没有完全展开之前，就揭示出整个抗日战争的发展规律。

中美之间热点很多，摩擦不断，为什么只能构建新型大国关系而不能有别的选择呢？为什么只有构建新型大国关系才符合中美两国的根本利益和整个世界的根本利益呢？

要论证这些问题，也离不开逻辑推理。

为什么习近平提出的“一带一路”的构想和筹建亚投行的倡议，能得到亚洲各国和世界多数国家的普遍欢迎和重视呢？

党中央做出这个重大决策也需要科学论证，而论证过程本身，也包含着一系列逻辑推理。

在刘备三顾茅庐时，诸葛亮是一个年仅 26 岁的知识青年，在其未涉足政坛之前，就准确预见到以后将会出现鼎足三分的政治局面，并为刘备提出了一整套切实可行的建国方针，且辅佐刘备推行这一整套建国方针，帮助刘备比较顺利地建立了蜀汉政权。蜀汉建国的成功，证明了诸葛亮的隆中对策，是我国历史上最成功的战略决策之一。

诸葛亮高超的政治智慧来自哪里？来自他对东汉末年军阀混战的政治局势的精准把握和一系列缜密的逻辑推理。没有缜密的逻辑推理，诸葛亮就提不出隆中对策。因此可以说：诸葛亮《隆中对》的神机妙算，是诸葛亮精于逻辑推理的结果。

蔺相如出使秦国，等于是羊入虎口，九死一生。但蔺相如为什么能够挫败不可一世的暴君秦昭王，而完璧归赵呢?

因为蔺相如不怕牺牲，无所畏惧，针锋相对，据理力争，随机应变，方法得体。蔺相如大无畏的斗争勇气令人敬佩，他随机应变的机敏，也让人拍案叫绝。那么，蔺相如为什么能随机应变，应对自如，表现得如此机敏呢?

因为蔺相如善于逻辑推理。在与秦王面对面的斗争中，他瞬息间完成了一系列逻辑推理活动：当秦王接到和氏璧却闭口不谈交出15座城邑，蔺相如通过逻辑推理，断定秦王没有兑现承诺的诚意。不兑现承诺，就得要回和氏璧。蔺相如又通过逻辑推理，断定贪婪成性的秦王，不会轻易交回和氏璧，于是就用智取的办法，从秦王手里要回了和氏璧。蔺相如要回和氏璧后，立即站到石柱旁边，以死相拼，他通过逻辑推理又断定，他这么做，秦王君臣对他都无可奈何。以后又通过逻辑推理，看穿秦王的其他花招，并且想办法让秦王斋戒五日，给随员争取到足够的回国时间。有了上面一系列快速的逻辑推理，蔺相如才可能采取灵活多变的斗争手法，与秦王周旋，并最终战胜秦王，出色地完成了完璧归赵的外交使命。由此可知，蔺相如的机敏，来自他精通逻辑推理。假设蔺相如不善于逻辑推理，其结果将完全相反：不是丢掉和氏璧，就是丢掉自己的性命。

笔者在“战略与战术决策中的逻辑推理”这个专题中，对逻辑推理在决策中的重要作用，做了具体分析，并通过典型事例说明：没有逻辑推理，就没有战略与战术决策的成功。

笔者还在“案件侦破中的逻辑推理”这个专题中，具体分析了逻辑推理对刑事侦查工作所起的重要作用。为什么有些几乎没有一点儿线索的无头案，能够顺利侦破呢？为什么一些非常复杂曲折的案件，能够剥开层层迷雾，查出真相呢？

不言而喻，逻辑推理是打开重重迷宫最有用的钥匙。

笔者还在“医疗养生中的逻辑推理”这个专题中，对逻辑推理在疾病诊断过程中所起的重要作用做了阐述。医疗部门，也像公安部门一样，是运用逻辑推理最多的行业之一。一个高明的医生，不但需要医疗方面深广的专业知识，也需要很强的逻辑推理能力，才能诊断出他人诊断不了的疑难病症。

笔者通过上面六个专题，只想说明一个观点：

成功者之所以成功，是得益于精通逻辑推理。

失误者之所以失误，是受挫于不懂逻辑推理。

2016 年 1 月 26 日

目　录

战略与战术决策中的逻辑推理

1

毛泽东为什么能预知抗日战争的发展规律？

浅析《论持久战》中的逻辑推理

毛泽东的《论持久战》全面地分析了亡国论与速胜论的错误，明确地指出了战争的长期性与持久性，精确地预见了战争的发展进程，适时地指出了战胜日本应采用的战略战术，深刻地揭示了抗日战争的发展规律，是指导我国取得抗日战争胜利的纲领性文件。

《论持久战》写于 1938 年 5 月，仗刚打了 10 个月，在不少人认为胜负未卜的情况下，毛泽东为什么非常肯定地说战争的最后胜利一定是中国的？他怎么知道这场战争必须经过三个阶段才能最后取胜，而以后的结局恰恰证明他说对了，一个也不多，一个也不少呢？

要回答这些问题，需要对《论持久战》一文所涉及的逻辑推理进行简要的分析：

一、毛泽东为什么能准确地预测出战争的结局和战争的长期性？

抗日战争刚爆发时，中日两国的综合国力悬殊非常之大。日本的钢铁年产量 949 万吨，中国的钢铁年产量只有 10 万吨。日本能制造航空母舰、巡洋舰、战斗机、轰炸机、舰载战机、坦克、装甲战车等。中国只能制造步枪、机关枪、迫击炮等少量轻、小型武器装备。日本拥有作战飞机 2 700 多架，中国只有 300 多架。日本可以动员使用的军事力量约 448 万人，中国国民政府拥有正规军只有 200 多万人。

在综合国力和军事实力如此悬殊的情况下，要断言最后的胜利是属于中国的，那需要超凡的政治远见和魄力。毛泽东在《论持久战》“问题的提起”一节中写道：

“中国会亡吗？答复：不会亡，最后胜利是中国的。中国能够速胜吗？答复：不能速胜，抗日战争是持久战。”

回答得斩钉截铁，没有丝毫的犹豫和含糊。

上面两句话表达的，是两个并列的选言推理，用逻辑竖式表示是：

中国或者亡国，或者胜利
中国不会亡国

所以，中国会胜利

这场战争的结局只有两种：或亡国，或胜利。毛泽东明确地否定了前者，肯定了后者。

中国或者速胜，或者通过持久作战取得最后胜利
中国不会速胜

所以，中国会通过持久作战取得最后胜利

取胜的方式有两种：或速胜，或经过长期作战取胜。毛泽东又明确地否定了前者，肯定了后者。

上面这两个选言推理，还可以合并成下面一个选言推理：

中国或亡国，或速胜，或通过持久作战取得胜利
中国不会亡国，也不会速胜

所以，只能通过持久作战取得最后胜利

毛泽东在抗战的初期，就明确指出最后的胜利是属于中国的。他得出这个结论，既不是毫无根据的凭空臆想，也不是出于憎恨敌人的感情用事，而是通过对中日两国国情、国力、战争性质、国际环境进行客观深入的全面分析，并以此为根据通

过一系列缜密的逻辑推理，得出的科学结论。

毛泽东在《论持久战》中首先批驳了“亡国论”和“速胜论”两种错误。为什么说“亡国论”和“速胜论”都是错误的呢？

毛泽东写道：“抗战十个月以来，一切经验都证明下述两种观点的不对：一种是中国必亡论，一种是中国速胜论。”

在这里，毛泽东首先用抗战十个月的具体实践来证明“亡国论”和“速胜论”是错误的。《实用逻辑教程》（第五版）“逻辑论证”一章讲过，证明的方法有两种：一种是实践证明，一种是逻辑证明。实践证明，主要是通过人类实践活动的事实和结果，来证明某个判断的真实性。逻辑证明，主要是根据已知为真的判断，通过逻辑推理来证明某个判断的真实性。上面一段话，就是用抗战十个月的实践，来证明亡国论和速胜论的错误。

紧接着，毛泽东又全面深入地分析了中日两国的国情与国力，并以此为根据通过逻辑推理来证明亡国论和速胜论是错误的。

请看毛泽东对中日两国国情和国力的全面分析：

他在“问题的根据”一节中摆出了驳斥亡国论和速胜论的四条论据：（1）日本是帝国主义强国，它的军事实力、经济实力、政治组织实力在东方是一流的，在世界上也是少有的。而中国是一个半殖民地半封建的国家，是一个弱国，军力、经济力和政治组织力都不如敌人。这是战争不可避免和中国不能速胜的基本原因。（2）日本对华发动的战争是在世界法西斯主义国家大崩溃的前夜发动的侵略战争，它的战争是退步的和野蛮的（日本是军事封建性帝国，这决定了它发动的战争具有特殊的野蛮性）。“这样就要最大地激起它国内的阶级对立、日本民族和中国民族的对立、日本和世界大多数国家的对立。日本战争的退步性和野蛮性是日本战争必然失败的主要根据。”而中国的抗日战争是在中国国内各种进步力量有了很大发展的历史时期进行的正义战争。“因为这个战争是正义的，就能唤起全国的团结，激起敌国人民的同情，争取世界多数国家的援助。”这是中国能够取得最后胜利的根本原因。（3）日本是小国，它有先天不足，人力、军力、物力、财力均感缺乏，经受不起长期的战争。而中国地大、物博、人多、兵多，能够支持长期的战争。这也是日本必败、中国不会亡国的一个重要原因。（4）中国得道多助，会受到众多国家的坚决支持；日本失道寡助，会遭到国际力量的强烈反对。这是中国非但不会亡国，还会取得最后胜利的又一个重要原因。

日本是小国、强国、非正义的、寡助的；中国是大国、弱国、正义的、多助的。毛泽东全面深入地分析了交战双方国度的大小、国力的强弱、战争的性质、国际的态度四个重要方面，并指出：这就是决定这场战争进程和最后结果的全部问题的根据。

在上文中有两段话，是集中驳斥亡国论的：

一段是：日本对华发动的战争是在世界法西斯主义国家大崩溃的前夜发动的侵略战争，它的战争是退步的和野蛮的，“这样就要最大地激起它国内的阶级对立、日本民族和中国民族的对立、日本和世界大多数国家的对立。日本战争的退步性和野蛮性是日本战争必然失败的主要根据”。

这段话如果用逻辑竖式表达，就是下面连锁式的直言推理：

日本对华发动的战争是在世界法西斯主义国家大崩溃的前夜发动的侵略战争

这种侵略战争是退步的和野蛮的战争

这种退步的和野蛮的战争必然会激起日本国内的阶级对立、日本民族和中国民族的对立、日本和世界大多数国家的对立

这三种对立是必然会导致它最终的失败的

所以，日本对华发动的战争是最终要失败的

（这是连锁三段论的后退式，其推理方法是：第一个前提的主项做结论的主项，最后一个前提的谓项做结论的谓项。见附录之二。）

另一段是：中国的抗日战争是在中国国内各种进步力量有了很大发展的历史时期进行的正义战争。“因为这个战争是正义的，就能唤起全国的团结，激起敌国人民的同情，争取世界多数国家的援助。”这是中国能够取得最后胜利的根本原因。

这段话用逻辑竖式表示，就是下面一个连锁式的直言推理：

中国的抗日战争是在中国国内各种进步力量有了很大发展的历史时期进行的正义战争

这种正义的战争就会唤起全国全民族的团结一致抗战、敌国人民的同情、世界多数国家的有力支援

这三种力量是会促使中国取得战争的最后胜利的

所以，中国的抗日战争是会取得最后的胜利的

（这是连锁三段论的后退式，其推理方法是：第一个前提的主项做结论的主项，最后一个前提的谓项做结论的谓项。见附录之二。）

以上两个连锁式的直言推理，是根据正义战争和侵略战争总的发展规律进行推理的。就这两个直言推理而言，它们的前提都是真实的，推理形式也是正确的，所以推出“日本的侵略战争必败、中国反侵略的正义战争必胜”的结论也是可靠的。

但是亡国论者不肯认输，他们还举出 19 世纪英灭印度的历史，来证明反侵略的正义的战争也是可以失败的。他们说：当

年印度的反英斗争是正义的，却被入侵者英国打败了。

亡国论者把19世纪印度的反英斗争，与20世纪中国的抗日战争做机械类比，得出中国也可能像印度一样失败的结论。他们的推理是机械类比：

> 印度是大而弱的国家，中国也是大而弱的国家
>
> 英国是小而强的国家，日本也是小而强的国家
>
> 英国入侵印度是非正义的，日本入侵中国也是非正义的
>
> …………
>
> 印度的反英斗争虽是正义的但失败了
>
> ---
>
> 所以，中国的抗日战争虽是正义的但也可能会失败

毛泽东在“驳亡国论”一节中指出当时的英国和现在的日本有许多不同点：当时的英国处于资本主义发展的上升阶段，而现在的日本处于法西斯国家大崩溃的前夜。

当时的印度和现在的中国也有许多不同点：现在的中国已经不是完全的封建国家，已经有了资本主义，有了资产阶级和无产阶级，有了正在觉悟的广大人民，有了正在走向成熟的共产党及其领导的军队，有了17年革命斗争的锻炼和经验教训。这些条件，19世纪的印度都没有。

国际环境也不同：当时印度的反英斗争是孤立无援的，而

中国的抗日战争是受到广泛的国际援助的。当今世界各国正在遭遇法西斯侵略战争的威胁，正站在同一条战线上，为反抗野蛮侵略而战。

正因为有上面的本质不同，毛泽东断言：现在的中国不会像当时的印度一样沦为殖民地。

按照类比推理的规则，进行类比推理的两个事物，必须具有可比性，才能进行类比推理。如果两个事物有本质不同，缺乏可比性，是不能进行类比推理的。在上文中，毛泽东指出，当时的英国和现在的日本有许多本质不同；当时的印度和现在的中国有许多本质不同；英国占领印度和日本入侵中国的国际环境有许多本质不同。总之，19 世纪的印度和 20 世纪的中国没有可比性，不能进行机械类比。机械类比，只是根据事物的表面相似进行类比，而忽略事物的本质不同，所以它得出的结论是错误的。

无独有偶，亡国论者还以阿比西尼亚被侵略者意大利灭掉为例，企图再次证明：正义的一方也会被非正义的一方打败。这种推理，仍然是机械类比，也是错误的。毛泽东在“驳亡国论”一节中，又驳斥说，阿比西尼亚和中国不同：第一，阿比西尼亚不但是弱国，还是小国。第二，它不如中国进步，它是一个古老的农奴制国家，没有资本主义，没有资产阶级政党，更没有共产党，也没有像八路军这样的军队。第三，它没有国际援助。第四，他们在战争指导上有严重错误，而我们没有。中国与阿比西尼亚也没有可比性，对二者也不能进行类比，所以，我们也不会像阿比西尼亚一样亡国。

毛泽东谙熟逻辑推理的规则，指出双方没有可比性，不能进行机械类比，否则，其结论肯定是错误的。

毛泽东在批驳亡国论的同时，又有力地回击了速胜论。在“问题的根据”一节中，毛泽东是这样集中批驳速胜论的：日本是帝国主义强国，它的军事实力、经济实力、政治组织实力在东方是一流的，在世界上也是少有的。而中国是一个半殖民地半封建的国家，是一个弱国，军力、经济力和政治组织力都不如敌人。这是战争不可避免和中国不能速胜的基本原因。

简言之，毛泽东指出：敌强我弱，是制约抗战不能速胜的基本原因，也是影响战争进程的基本因素。

在上面这段话中，隐含并省略了一个直言三段论推理：

> 弱国反抗强国的战争是不能迅速取胜的
>
> 中国的抗日战争是弱国反抗强国的战争
>
> ---
>
> 所以，中国的抗日战争是无法速胜的

(这是直言三段论推理的第一格，其推理规则是：“大全称，小肯定”。第一格也是证明格，常常用来证明某个论断的真实性。见附录之二。）

这个推理，前提真实，推理形式正确，其结论是可靠的。

由此可以看出，毛泽东上面关于批驳亡国论和速胜论的论述，既有抗战十个多月来的事实做依据，又有缜密的逻辑推理做支撑，是科学的，富于远见的。事实证明，任何科学的论断，都离不开逻辑推理的帮助。而真正符合逻辑的东西，又最终会被实践证明是正确的。

二、毛泽东为什么能精准地预测出抗日战争的发展进程?

毛泽东在《论持久战》中，还非常精准地勾勒出了整个战争进程的基本轮廓。那么有人会问，毛泽东不是神，但他为什么事前就能如此精准地勾勒出整个战争的进程呢?

毛泽东在“持久战的三个阶段”一节中写道：“中日战争既然是持久战，最后胜利又将是属于中国的，那末，就可以合理地设想，这种持久战，将具体地表现于三个阶段之中。第一个阶段，是敌之战略进攻、我之战略防御的时期。第二个阶段，是敌之战略保守、我之准备反攻的时期。第三个阶段，是我之战略反攻、敌之战略退却的时期。”

1. 为什么要经过第一个阶段?

第一个阶段是敌之战略进攻、我之战略防御阶段。这个阶段最显著的特点，是敌人对我展开全面的战略进攻，我方处于守势。

那么，为什么敌人在战争初期就会对我发动全面的战略进攻呢？

因为日本是强国，它拥有对我全面展开战略进攻的能力；我国是弱国，不具备全面阻止敌人战略进攻的能力。敌我双方的综合国力决定了第一阶段战争的基本态势是：敌方必然会处于攻势，我方只能处于守势。

日军叫嚣三个半月消灭中国，它的战略企图又促使它在战争的第一个阶段，就会对我发动全面的战略进攻。

请看推理：

实力弱的一方在战争初期常常处于守势

我方是实力弱的一方

所以，我方在战争初期会处于守势

（这是直言三段论推理的第一格，其推理规则是：“大全称，小肯定”。见附录之二。）

毛泽东在文中写道：“敌之企图是攻占广州、武汉、兰州三点，并把三点联系起来。敌欲达此目的，至少出五十个师团，约一百五十万兵员，时间一年半至两年，用费将在一百万万日元以上。敌人如此深入，其困难是非常之大的，其后果将不堪设想。”

毛泽东不但指出了我方在战争初期必然会处于战略防御阶段，而且还指出了在战略防御阶段中，我方应该采取的主要的作战形式。不同的战争形式（运动战、阵地战、游击战等）适用于不同的作战阶段和作战环境。

毛泽东指出：“这一阶段我所采取的战争形式，主要的是运动战，而以游击战和阵地战辅助之。”他还认为国民党军事当局把阵地战放在主要地位上是错误的，因为敌强我弱，打阵地战、消耗战对我方不利，所以不应该采用以阵地战为主的作战形式。这里省略了一个推理：

在敌强我弱的情况下，

如果以阵地战为主，那么我方损失会很大

我方要避免重大损失

所以，不应采用以阵地战为主要的作战形式

（这是充分条件假言推理的否定后件式，其推理规则是：否定后件就要否定前件，即无后无前。见附录之三。）

毛泽东还指出，在此阶段中，中国已经结成了广大的统一战线，实现了空前的团结。中国虽有颇大的损失，但是同时却有颇大的进步。在此阶段的后期，敌人的进攻的锐气逐渐减弱，士兵开始产生厌战情绪，财政开始表现其竭蹶状态，战争指导集团的内部也开始产生“战争的烦闷”和悲观情绪。

2. 为什么会进入战略相持阶段呢?

第二阶段的最显著特点，是敌人停止了全面的战略进攻，转入巩固占领地的阶段。

在第二阶段，敌人为什么会停止全面的战略进攻呢?

毛泽东写道：“第一阶段之末尾，由于敌之兵力不足和我之坚强抵抗，敌人将不得不决定在一定限度上的战略进攻终点，到达此终点以后，即停止其战略进攻，转入保守占领地的阶段。”

毛泽东在上面一段话中，指出敌人停止战略进攻的原因之一，是兵力不足。此处也省略了一个逻辑推理：

> 只有具有非常充足的兵员，才能继续保持全面战略进攻的态势
>
> 敌人兵力不足
>
> ———————————————
>
> 所以，必然会停止全面的战略进攻

（这是必要条件假言推理的否定前件式，其推理规则是：否定前件必须否定后件，即无前无后。见附录之三。）

那么到了第二阶段，敌人为什么会感到兵力财力不足呢?

这主要有两个原因：第一，我国是大国，战线会拉得很长，日本占领我大片国土后，需要分出很多兵力巩固占领区，用于

进攻的兵力就会大大缩减，于是兵力不足的矛盾就会突显出来。第二，日本是小国，经不起长期战争的消耗，旷日持久，耗费惊人，人力财力匮乏，难以支撑长期作战。

毛泽东还指出：“此阶段中我之作战形式主要的是游击战，而以运动战辅助之。”那么为什么要以游击战作为主要的作战形式呢？

毛泽东指出，游击战在第一阶段中已有广泛的发展。在第一阶段中，我军乘着敌后空虚，通过游击战争，建立许多抗日根据地，这些根据地对敌人巩固占领区构成巨大威胁。因此第二阶段中，游击战仍将大有用武之地，在我方无力进行大规模反攻之前，成为主要的作战方式。这段行文的含义中，包含着下面的选言推理：

或采用大举反攻的作战形式，或采用以游击战为主、运动战为辅的作战形式

在第二阶段我方暂时不具备大举反攻的能力

所以，只能采取以游击战为主、运动战为辅的作战形式

（这是选言推理的否定肯定式，在二肢选言判断做大前提的选言推理中，小前提否定其中一个选言肢，结论肯定另一个选言肢。见附录之四。）

那么我方是否有能力适时展开一些运动战呢？

毛泽东还指出，在此阶段中，中国尚能保有大量的正规军，在广泛开展游击战的配合下，完全有能力调动敌人，在运动战中不断消灭之。

毛泽东还指出，采用游击战为主、运动战为辅的作战形式，还可以大大缩小敌人的占领区，使其实际控制的占领区缩小到三分之一。“这就是敌人的大失败，中国的大胜利。”

3. 反攻阶段为什么最终会到来？

毛泽东指出，第三阶段是收复失地的反攻阶段。其特点是我方停止战略防御，转入战略进攻。但第三阶段的出现，同时需要内外两个条件。他指出：“收复失地，主要地依靠中国自己在前阶段中准备着的和在本阶段中继续地生长着的力量。然而单只自己的力量还是不够的，还须依靠国际力量和敌国内部变化的援助，否则是不能胜利的，因此加重了中国的国际宣传和外交工作的任务。”

毛泽东还指出：“这个阶段我所采取的主要的战争形式仍将是运动战，但是阵地战将提到重要地位。……第三阶段的阵地攻击，由于条件的改变和任务的需要，将变成颇为重要的。此阶段内的游击战，仍将辅助运动战和阵地战而起其战略配合的作用……”

从以上对战争进程的论述可以看出，很久之后才能发生的事情，毛泽东事前早已预见到了。他的预见能力如此之强，令人折服。

敌人在战争的第一个阶段为什么会展开全面的战略进攻，而我方为什么只能处于守势？敌方为什么又会在第二个阶段停止全面的战略进攻，而我方为什么又不能马上发动战略反攻？为什么我方又会在第三个阶段展开全面的战略反攻，而敌方只能节节败退，最终被彻底赶出中国？毛泽东不但事先勾勒出每个战争阶段的基本特点，还预见到适应不同战争阶段，我方应采取的不同的作战形式。预见到这一切，都是毛泽东根据交战双方的国情国力，进行逻辑推理的结果。他的预见能力之所以如此之强，一方面得益于他对中日两国国情的精准把握，另一方面也得益于缜密的逻辑推理。由此观之，毛泽东不仅是军事大家，也是精于逻辑推理的行家里手。

除了对战争结局和进程的论述，《论持久战》中还有其他许多重要内容，但因篇幅所限，不再论及。

就全文而言，毛泽东《论持久战》中包含着许许多多逻辑推理。这些大大小小的逻辑推理，至少有上百个之多。但仅仅通过以上对部分内容的逻辑分析，就可以看出逻辑推理在重大战略决策中的重要作用。一些富于远见的政治家、军事家，之所以能够精准地预见未来，就是因为他们对客观事物及其本质有精准的认识和把握，并依此进行缜密的逻辑推理。从某种意义上说，他们的远见来自逻辑推理。

在结尾处，还有一个技术问题需要说明：

论文中常用的逻辑推理，大多是用论述语言表述的（即按自然语序表述），而逻辑书上的推理都是用逻辑竖式表述的。两种表述方式有两点不同，一是排列方式不同：用论述语言表述的推理，前提和结论在论文中，都按横行排列（也就是按自然语序排列）；用逻辑竖式表述的推理，前提和结论，都按竖行排列。二是语言标志不同：用论述语言表述的推理，一般用“因为……所以……”这样的句式来区别前提和结论。“因为……”后面的内容，是前提。“所以……”后面的内容，是结论。用论述语言表达的推理，在很多时候没有任何特殊的语言标志，但读者从上下文，就可以分清哪些是前提，哪些是结论。用逻辑竖式表述的推理，区别前提和结论有明显的标志：前提和结论用一条横线“——”隔开，横线上面是前提，下面是结论。

这两种表述方法，适用范围不同，各有千秋。用论述语言表达的推理，简单明了，形式多种多样，有的推理还可以合并或省略，更适合在论文中使用。用逻辑竖式表达的推理，还原了推理的标准形式，易于识别推理的种类和各种逻辑错误，更适合于逻辑分析。二者表述方式和适用范围不同，但本质相同，都一样是逻辑推理。

2

为什么说中美构建新型大国关系是唯一理智的选择？

浅析中美构建新型大国关系的逻辑必然性

构建新型大国关系，是中美双方唯一理智的选择。中美就构建新型大国关系达成共识，体现了两国领导人深邃的政治智慧。中美构建新型大国关系，从酝酿到达成共识有一个逐步发展的过程。

2011 年 1 月胡锦涛主席访美期间，中美两国元首就建立相互尊重、互利共赢的合作伙伴关系达成共识。两国元首的这个共识为建立新型大国关系奠定了思想基础。

2012 年 2 月，时任国家副主席的习近平在访美期间，就如何落实两国元首达成的共识，进一步提出要构建“前无古人，后启来者”的新型大国关系倡议。习近平的这个倡议，第一次郑重提出了新型大国关系这个政治概念。所谓“前无古人，后启来者”就是要告别过去的历史，为处理大国关系开辟一条新的道路。这个倡议立刻受到美国政府高层的重视。同年 5 月，在北京召开的中美战略与经济对话期间，双方又将构建中美“新型大国关系”作为对话的主题。

2013 年 5 月 27 日，国家主席习近平在人民大会堂会见美国总统国家安全事务助理多尼伦时，再次指出：当前，中美关系处于承上启下、继往开来的重要历史时期。双方应该从两国人民和世界人民的根本利益出发，共同致力于建设中美合作伙伴关系，走出一条“前无古人，后启来者”的新型大国关系之路。

2013 年 6 月 7 日至 8 日，国家主席习近平同美国总统奥巴马在美国加州安纳伯格庄园举行会晤。两国元首同意，共同努力构建中美新型大国关系，相互尊重、合作共赢。这是双方着眼世情国情以及中美关系未来发展达成的重要共识。这个共识确定了中美两国关系发展的主要方向。

中美之间构建新型大国关系，具有逻辑必然性。守成大国和新兴大国的关系可以有两种选择：或者走冲突对抗的老路，或者走不冲突不对抗的新路。中美两国选择的是后者。用逻辑竖式表示就是下面的选言推理：

守成大国和新兴大国之间的关系或者走冲突对抗的老路，或者走不冲突不对抗的新路

中美两国不走冲突对抗的老路

所以，中美两国走不冲突不对抗的新路

那么，中美两国为什么不走冲突对抗的老路呢？

习近平主席 2014 年 7 月 9 日在第六轮中美战略与经济对话开幕式上致辞时说：中美合作可以办成有利于两国和世界的大事，中美对抗对两国和世界肯定是灾难。

这段话表达了下面一个假言选言推理：

如果中美合作，则可以办成许多有利于两国和世界的大事

如果中美对抗，对两国和世界肯定是一场灾难

或合作或对抗

所以，或造福两国与世界，或招致两国与世界的灾难

习近平主席说得很清楚，中美两国对抗，对两国和世界肯定是灾难。所以中美两国不能走冲突对抗的老路。

下面就中美构建新型大国关系，谈两个问题：

一、为什么必须构建新型大国关系？

这可以从三方面来考虑：

1. 构建新型大国关系符合时代发展的主流

从20世纪90年代开始，全球的政治和经济领域都发生了极其深刻的变化。从政治领域讲，苏联的解体，结束了两大阵营对立的冷战时代。从经济领域讲，冷战时代的结束，又大大加快了经济全球化的步伐，使经济全球化达到了前所未有的广度和深度。而冷战时代的结束和经济全球化的加快，又给当今的世界带来深刻巨大的变化，其中最大的变化，就是使和平与发展成为当今时代的主流。而中美两国努力构建新型大国关系，是完全符合当今时代发展主流的。这可以从下面一个直言推理得到证明：

不冲突不对抗的国家关系，是符合当今时代发展的主流的

中美构建的新型大国关系，是不冲突不对抗的国家关系

所以，中美构建的新型大国关系是符合当今时代发展的主流的

这个推理是直言三段论推理的第一格，第一格也叫证明格。通过第一格，可以证明上述结论的正确性。

2. 构建新型大国关系符合中美两国国情

先看美国国情。从政治领域看，美国是超级大国，它称霸全

球的战略目标给它自身带来沉重的战略负担。为了称霸全球，它就会直接、间接地频繁介入世界热点地区、热点问题。自第二次世界大战以来，美国是卷入战争最多的国家，朝鲜战争、越南战争、海湾战争、轰炸南联盟与利比亚、阿富汗战争、伊拉克战争等。战争消耗了美国大量人力、物力、财力，人民群众反战情绪严重。从经济领域看，金融危机使美国经济严重衰退，虽然开始缓慢复苏，但经济前景仍十分脆弱。债台高筑，财政赤字不堪重负。美国越来越感到力不从心。在这种情况下，与中国构建新型大国关系，对美国自身是有利的。

从中国看，中国最大的国情是，人口多，底子薄，经过30多年的改革开放虽有惊人的发展，但与西方发达国家比仍有很大差距。中国当今的主要任务是实现“两个一百年”的奋斗目标，实现祖国统一、民族振兴的伟大理想。中国需要长期的和平环境来实现这些目标。所以与美国构建一种新型大国关系，对中国也是有利的。

总之，构建新型大国关系，是符合两国国情的。得出这个结论的过程，实际上是联言推理的过程：

构建新型大国关系是符合中国国情的

构建新型大国关系是符合美国国情的

所以，构建新型大国关系既符合中国国情，又符合美国国情

这是联言推理的合成式。联言推理的合成式，是由各个联言肢的真，推出整个联言判断的真。联言推理很简单，用得最多，但大家司空见惯、习而不察，似乎感觉不到它是一种独立存在的推理形式了。

3. 构建新型大国关系是由“和则两利、战则两伤”的利益格局决定的

中美之间“和则两利、战则两伤”的基本利益格局已经客观形成并且基本定型。

2013 年中美货物贸易额已达到 5 210 亿美元，双向投资额累计超过了 1 000 亿美元。中国是美国第二大贸易伙伴。美国是中国最大的出口国。中国还是美国最大的债权国。中美两国经济互补性强，互相渗透，血脉相连，难舍难分。如果两国交好，经济联系会越来越紧密，对增加两国经济实力、提高两国人民生活水平都是非常有利的。如果两国交恶，甚至交战，就会使两国经济受到重挫，引发双方许多难以解决的社会问题，甚至会导致社会动乱，这是双方政府都无法承受的。

这种客观形成的“和则两利、战则两伤”的利益格局，是人力无法改变的。这就决定了中美之间必须构建不冲突不对抗的新型大国关系。这种利益格局，用逻辑竖式表示就是：

如果和，则两利；如果战，则两伤

或者和，或者战

或者两利，或者两伤

这是一个二难推理（也叫假言选言推理）。这个二难推理，提出两种假设条件并指出两种结果，供人们选择。这里说的“两利”，不是小利，也不是中利，而是巨大利益；这里说的“两伤”，不是小伤，也不是中伤，而是严重伤害。正反两方面的不同选择，会有天壤之别。

和则两利，利莫大焉；战则两伤，伤莫重焉。两种后果之所以差别这么大，是由两国的经济体量和军事实力决定的。

美中两国分别是世界第一、第二大经济体。两大经济体如果友好交流，双方获利都会巨大；如果处处对着干，对双方的伤害当然深重。

中美两国又是拥有核武器的军事强国，一个超强，一个很强。如果和，则中美两国的安全与世界和平均有保障；如果战，中美两国和整个世界都会遭受重创。

总之，是中美之间这种特殊的利益格局，决定了中美之间只能构建不冲突不对抗的新型大国关系。

二、怎样理解新型大国关系的内涵？

新型大国关系是个全新的政治概念，许多人还不完全了解这个概念的内涵，那么究竟什么是新型大国关系呢？

习主席用14个字概括了新型大国关系的内涵，即：不冲突、不对抗，相互尊重，合作共赢。① 现分述如下：

1. 不冲突、不对抗是新型大国关系的显著特点

习近平指出："一是不冲突、不对抗。就是要客观理性看待彼此战略意图，坚持做伙伴、不做对手；通过对话合作、而非对抗冲突的方式，妥善处理矛盾和分歧。"习近平的这段话，可以使我们更好地了解"不冲突、不对抗"六个字的含义。

（1）中美关系的整体定位

"坚持做伙伴、不做对手"是对中美关系的整体定位。中美两国是伙伴关系，不是对手关系，更不是敌对关系。

（2）妥善处理矛盾和分歧

中美两国虽非敌对关系，但两国之间客观上存在诸多矛盾和分歧，要构建新型大国关系必须妥善处理这些矛盾和分歧。所谓妥善处理，就是要通过对话合作、而非对抗冲突的方式处理矛盾和分歧。

采取非对抗冲突的方式处理矛盾和分歧，就是说解决分歧和纷争，不能诉诸武力。诉诸武力，是全面冲突对抗的开始，也是全面冲突对抗的标志。诉诸武力最容易导致全面的冲突对抗，即政治的、经济的、军事的、意识形态的全方位的冲突对

① 见综合新华社电2013年6月8日，国务委员杨洁篪在习近平主席与奥巴马总统安纳伯格庄园会晤后举行吹风会，介绍中美元首会晤成果并回答记者提问。

抗。所以，不冲突、不对抗的深层含义是：通过对话合作解决分歧和纷争，而不是诉诸武力。

2014年7月9日，奥巴马在给第六轮中美战略与经济对话的书面致辞中说：美方欢迎一个稳定、和平、繁荣的中国，致力于同中方一道构建新型大国关系，加强务实合作，以建设性方式处理分歧。还说：美中可以竞争但绝不冲突。还说：尽管两国关系如此复杂，但必须确保合作是两国关系的主流。

2. 相互尊重是构建新型大国关系的重要保证

要形成不冲突、不对抗的局面，就必须相互尊重。那么，应该怎样理解“相互尊重”四个字的含义呢?

所谓相互尊重，主要是指尊重对方的主权和领土完整，尊重对方的社会制度和选择的发展道路，尊重对方的核心利益和重大关切。如果破坏对方的主权和领土完整，攻击对方的社会制度、损害对方的核心利益，就会引发全面的冲突对抗，也就不可能构建新型大国关系。所以相互尊重，是构建新型大国关系的基本前提，也是构建新型大国关系的重要保证。只有相互尊重，才可能构建新型大国关系。

以上论述包含着下面的推理：如：

只有尊重对方的主权和领土完整、社会制度、核心利益，才能避免激烈冲突和全面对抗

只有避免激烈的冲突和全面对抗，才能构建新型的大

国关系

所以，不尊重对方的主权和领土完整、社会制度、核心利益，就不可能构建新型大国关系

这是必要条件纯假言推理的否定前件式（其推理规则是：否定“头”就要否定“尾”，即无头无尾①）。这个推理虽然简单，却是构成这项重大决策的基础和前提。决策者在制定这项重大方针时，肯定首先会考虑这个主要问题，并把相互尊重作为构建新型大国关系的核心内容。

3. 合作共赢是构建新型大国关系的共同目标

中美构建新型大国关系的共同目的，是要达到合作共赢。那么，这个目标是否能够实现呢？

回答是肯定的。因为两国实现合作共赢，既有有利的外部条件，又有充分的内在根据。从外部条件看，冷战时代的结束，为中美交往营造了和平的国际环境。经济全球化的深入，为中美经济的发展提供了无限多的机遇。世界之大，容得下两只雄鹰，在广阔的天空共同翱翔；海洋之阔，容得下两艘巨轮，在无垠的大海上自由航行。从内在根据看，两国的共同利益远远大于分歧。近年来，中美两国的领导人，在不同场合曾多次强

① 在纯假言推理中，“头”指第一个前提的前件，“尾”指最后一个前提的后件。

调过这一点。共同利益像大山，分歧像小丘。小丘可以一起翻越，大山可以共同攀登。巨大的共同利益，是中美合作的物质基础，也是能够共赢的基本条件。

就经济而言，中美经济互补性强，彼此需要。市场经济的本质，就是交换与交流。没有彼此的交换与交流，就没有各自的发展。而且一个大的经济体，需要另一个大的经济体，才能够形成大规模的经济交流，对双方才会产生巨大的经济利益。所以中方的繁荣，对美方的经济发展有利；美方的繁荣，对中方的经济发展也有利。有合作才有共赢，有共赢才有发展。

就政治而言，解决世界上任何一个重大热点问题，都需要中美两国某种程度的互相配合，有了这种配合，就会有合作共赢。而这种合作共赢既对中美双方有利，也对整个世界有利。

就文化而言，中美构建新型大国关系，可以使东西方文明互相借鉴，并深入地交流、融合，这对中美的文化发展有利，也对整个人类文明的发展有利。

总之，实现合作共赢的目标，既有有利的外部条件，又有充分的内在根据，尽管会有波折，但经过双方的不懈努力，这个目标是完全可以实现的。

以上论述隐藏着一个联言推理：

合作共赢是有有利的外部条件的

合作共赢是有充分的内在根据的

所以，合作共赢既有有利的外部条件，又有充分的内在根据

以上论述也隐藏着一个直言推理：

凡是有有利的外部条件和充分的内在根据的，都是可以实现的

中美的合作共赢，是有有利的外部条件和充分的内在根据的

所以，中美的合作共赢是可以实现的

这是直言推理的第一格，它的结论也说明了合作共赢是可以实现的。

4. 管控分歧是建立新型大国关系的有效途径

中美关系极为重要又极其复杂。

为什么复杂？因为中美政治经济制度不同，意识形态和价值观差异很大，还因地缘政治和历史因素形成错综复杂的矛盾和利益冲突，不但旧的历史积怨没有完全解决，还有不少新的热点形成。特别是中美之间还存在某种战略利益的冲突：美国称霸全球的战略目标和中国建设海洋强国的目标有某种冲突，这种冲突集中于东海和南海，表现为遏制与反遏制这一对矛盾上。这些问题是客观存在的，无法回避的。解决这些问题的关

键是：两国如何管控这些重大分歧。所以，如何管控分歧，是构建新型大国关系的另一个关键问题。

因此，中美两国要构建新型大国关系，对这些重要分歧必须进行有效的管控。要实行有效的管控，不但在最高层要保持经常的联系和相对良好的工作关系，而且在政治、经济、军事等重要领域，都要建立沟通渠道和管控机制，并制定出切实有效的管控措施。目前已经建立的中美战略与经济对话，就是高层之间互相沟通和管控分歧的重要机制和平台。正在建立的两军新型关系，也是一条加强沟通和管控分歧的非常重要的渠道。只有建立切实有效的管控，才能防止局部的矛盾冲突演变成全局的冲突对抗，潜在的矛盾冲突转变成现实的冲突对抗，战术性的矛盾冲突升级为战略性的冲突对抗。

中美双方还要经常对不同分歧的性质、范围、严重程度进行分析。对有些分歧，可以求同存异，并逐步扩大共同点，缩小分歧点。对基本观点严重对立的重大分歧，也要通过对话协商寻找双方都可以接受的契合点。找到契合点，才可以避免诉诸武力。只有这样，才能真正建立新型大国关系。

5. 增强国家实力是构建新型大国关系的物质基础

大国外交，必须以实力做保证。这是人所共知的道理。中国要与美国构建新型大国关系，也必须以实力为基础。这也是不言自明的道理。没有强大的实力做基础，就不能赢得对方真正的尊重，也难以避免全面冲突和对抗的发生，也就无从构建新型大国关系。这里，也包含着一个假言推理：

如果没有强大的国家实力，就没有真正平等的大国关系

中国要与美国建立真正平等的大国关系

所以，中国必须不断增强自己的国家实力

（这是充分条件假言推理的否定后件式，其推理规则是：否定后件必须否定前件，即无后无前。见附录之三。）

但就现状而言，两国的实力仍有一定的差距，在双方发生重大分歧时，往往美方处于某种攻势，我方处于某种守势。但这并不说明我方软弱，出现这种暂时现象，和我们国家目前的实力还不足够强大有关。要彻底改变这种现状，就要大大增强我们的软硬实力，包括政治实力、经济实力、军事实力、科技实力、文化实力、国家向心力、社会凝聚力等。实力的大大增强，是改变这种现状的最佳手段。以军事实力来说，没有强大的国防，就没有一切。在美国战略重心东移、日本军国主义幽灵复活的大背景下，我们必须有忧患意识，居安思危，绷紧打仗这根弦，正像我军某位高级将领所说的，要敢战不盲战，慎战不怯战，善战不好战。有足够强大的实力，才能制止战争的发生。当然，在我们的国家实力足够强大的时候，我们也绝不

称霸；但那时超级大国对我们的强势也将不复存在。到那时，国家关系将会更加平等，世界秩序将会更加公平。

在结束处，我们还要特别指出一点：中美关系的发展也具有某种程度的不确定性。不但中美之间存在根深蒂固的历史积怨，如台湾问题，而且因为美国实行战略重心东移，并支持日本右翼势力的发展和猖獗，在东海和南海形成了新的易燃点和易爆点，这对中美构建新型大国关系都增加了变数和难度。虽然推动中美构建新型大国关系的力量是主流，而阻滞构建新型大国关系的力量是支流，但主流与支流是相伴相生的，相互制约的，在特殊情况下也存在互相转化的可能性。所以，中美构建新型大国关系的过程，是一个确定性与不确定性互相交织、主流与支流相互制约、带有曲折性和波动性的、既是复杂的又是必然的发展过程。只要两国高层始终保持清醒的头脑，构建新型大国关系的大方向是不应该改变的。

3

习近平访问蒙古国时为什么说“家门口太平，我们才能安心”？

习近平处理中蒙关系蕴含的逻辑推理

应蒙古国总统额勒贝格道尔吉邀请，中国国家主席习近平从 2014 年 8 月 21 日至 22 日对蒙古国进行国事访问。访问期间，两国发表了联合宣言，签署了 26 项合作协议。习近平还在蒙古国国家大呼拉尔发表了重要讲演。这次访问，把两国关系提升为全面战略伙伴关系，开辟了中蒙关系发展的新时代，具有重要的历史意义。

习近平在蒙古国国家大呼拉尔讲演中，讲出了许多闪光的语言，饱含着深邃的思想内涵，令人深思。下面分三点阐明其中的深意。

一、为什么说“家门口太平，我们才能安心”？

习近平到别的邻国访问时，没有说过这样的话。为什么到蒙古国访问时，说出了这句耐人寻味的、非常经典的话呢？

因为所有在陆地上和我国接壤的国家中，中蒙边界最长，有 4 700 多公里，中蒙边界距离我国的首都地区也很近，中蒙之间的历史渊源也很深，所以搞好中蒙关系，对我们有特殊重要的意义。具体说，有三点：

1. 搞好中蒙关系，有利于我国陆地边界的稳定

我国是世界上邻国最多的国家，与邻国建立良好和正常的国家关系，是我国外交工作的首要任务之一。就我国的陆地边界而言，总体上是稳定的，或者说比较稳定。我国东北方向，与朝鲜、俄罗斯接壤，中朝关系总体上还是好的。北部与蒙古、俄罗斯接壤。中俄之间有高度的政治互信，处于历史上最好的时期。如果搞好中蒙关系，那么我国整个北方漫长的边界线，都会是非常稳定的。我国西部与吉尔吉斯斯坦、塔吉克斯坦、哈萨克斯坦、阿富汗四国接壤。吉尔吉斯斯坦、塔吉克斯坦、哈萨克斯坦是“上合组织”国家，与我国来往密切，关系友好。阿富汗政局不完全稳定，但政府与我国交好。西南方向，与巴基斯坦、印度、不丹、尼泊尔等国接壤。巴基斯坦与我国是全

天候的友好国家。中印两国虽有领土争议，但由于双方政府的努力，关系正在改善，边界也能维持基本稳定。南部与缅甸、老挝、越南接壤，缅甸、老挝与我国一直友好，边界非常稳定。中越虽有领海争议，但陆地边界划界后也相对稳定。

纵观全局，中国北部、西部、南部的陆地边界，都是稳定或者相对稳定的。对中国的外部威胁，主要来自海上，特别是来自东海和南海。稳定陆地边界，可以使我们集中精力应付海上的威胁。在中国 22 000 多公里的陆地边界中，中蒙边界就有 4 700 多公里，占我国陆地边界的五分之一多。所以，搞好中蒙关系，有利于我国整个陆地边界的稳定。而陆地边界的稳定，对我国具有全局性的战略意义。

以上这些论述，都可以凝结在下面一个推理中：

> 搞好中蒙关系，是有利于稳定我国陆地边界的
> 稳定我国的陆地边界，是具有全局性的战略意义的
> ———————————————————————
> 所以，搞好中蒙关系，是具有全局性的战略意义的

（这是直言三段论推理的第一格。其推理规则是：大前提必须是全称判断，小前提必须是肯定判断，即“大全称，小肯定”。但这个推理有点特殊：它把小前提放在了上面，把大前提放在了下面。见附录之二。）

2. 搞好中蒙关系，可以防止域外大国插手本地区事务

蒙古国是个内陆国家，相对比较封闭。近年来，为了加强

与外界的政治经济联系，实行第三邻国政策。“第三邻国”是蒙古国在冷战后提出的外交理念。蒙古国夹在中国和俄罗斯两大国之间，希望打破地理位置的局限，与“第三邻国”加强政治经济交往，广结善缘以为制衡。而在其安全构想中，“第三邻国”一般指西方国家或国际组织。某些西方国家和组织，也试图利用此项政策，插手蒙古国事务，以达到遏制中国的目的。

在美国一些人的眼中，非常看重蒙古国的特殊的地理位置。蒙古国与中俄有着漫长的边界线。如果美国能够紧紧拉住蒙古国，就等于是在中俄之间打进一个楔子。利用蒙古国的战略位置，对北方可以抑制俄罗斯，对南方便于遏制中国。美国还可以利用蒙古国的有利位置，监听中俄两国重要情报。蒙古国又处于中亚和东北亚之间，美国在中亚地区和东北亚地区都有自己的军事基地，一旦控制蒙古国，就在其中亚与东北亚地区的军事基地之间建立了一个连接枢纽，这样就进一步强化了美国在亚洲的军事存在，并对中俄两国和其他上合组织国家构成更有力的钳制。

蒙古国 1987 年与美国建交。冷战后，蒙美关系迅速升温。1996 年，蒙古国和美国先后签署了《蒙美军事领域交流与互访协定》和《蒙美安全保障合作协定》两个协定，赋予双方派遣部队进入对方国家的权利。2000 年，美国国防部副部长斯洛科姆、太平洋司令部总司令布莱尔先后访蒙，开始建立双边安全磋商机制。2004 年 7 月，蒙古国总统巴嘎班迪访问美国，与美国建立全面伙伴关系。2005 年 9 月，蒙古国总统恩赫巴亚尔访问美国，表达了加强与美国进行军事合作的强烈愿望。11 月，美国总统布什对蒙古国进行访问，两国一致表示将深化全面伙伴关系。2007 年 10 月，恩赫巴亚尔再次访问美国。2011 年 6 月，蒙古国总统额勒贝格道尔吉访问美国，双方重申建立全面伙伴关系。

在蒙古国的“第三邻国”中，日本的重要性仅次于美国。1972 年，蒙古国与日本建交。1989 年日本外相宇野宗佑访蒙，1990 年蒙古国部长会议主席索德诺姆访日，开启了蒙古国与日本的高层互访。1991 年 8 月，日本首相海部俊树应邀访问蒙古国，这是日本最高领导人首次访问蒙古国。1997 年 2 月，蒙古国总理访问日本时，双方确定要建立“面向 21 世纪的全面伙伴关系”。1998 年 5 月蒙古国总统巴嘎班迪访问日本、1999 年 7 月日本首相小渊惠三访问蒙古国时，两国都再次重申要建立全面伙伴关系。2000 年恩赫巴亚尔当选蒙古国总理和 2006 年恩赫包勒德当选蒙古国总理后，首次出访的都是日本。2006 年 8 月，日本首相小泉纯一郎访问蒙古国。2007 年 2 月，蒙古国总统恩赫巴亚尔访问日本，并与日本签署了《两国关系未来十年发展纲要》。2010 年 11 月，蒙古国总统额勒贝格道尔吉访日，两国发表联合声明，表示将建立战略伙伴关系。

美国觊觎蒙古国，是着眼遏制中国。日本看重蒙古国，也居心不良。美国在海上对我设置多道岛链，构筑海上包围圈。如果再把海上的包围圈延伸至陆地，我国将腹背受敌，处于非常不利的地位。美日还可能利用历史问题，离间中蒙关系，制造事端，使我方更加被动。所以，中国一定要认真执行好睦邻、安邻、惠邻的外交政策，与蒙古国搞好关系，使别有用心的人无计可施，无隙可乘。

以上论述也可以凝聚于下面一个推理中：

只有搞好中蒙关系，才可以防止域外大国插手本地区事务

只有防止域外大国插手本地区事务，我国才能避免出现腹背受敌的被动局面

所以，只有搞好中蒙关系，我国才能避免出现腹背受敌的被动局面

（这是必要条件纯假言推理的传递式，其推理规则是：结论的前件是第一个前提的前件，结论的后件是最后一个前提的后件，即留头留尾。见附录之三。）

3. 搞好中蒙关系，可以消除对我核心地区的潜在威胁

打开世界地图，一眼就能看出：与朝、蒙两国的边界，距离北京的直线距离最近。与其他邻国的边界，距离我国首都相

对较远。如果域外某个大国把蒙古国拉到他们一边儿，就会对我核心地区构成巨大的潜在威胁。这个地缘因素，是所有关心国家安危的人，都不得不认真考虑的问题。所以，习近平主席意味深长地说："家门口太平，我们才能安心。"

请看如下推理：

只有搞好中蒙关系，家门口才太平

只有家门口太平，我们才能安心

所以，只有搞好中蒙关系，我们才能安心

习近平主席很朴素的一句话，就道出了必须搞好中蒙关系的无限深意。

（上面这个推理，是必要条件纯假言推理的传递式，其推理规则是：结论的前件是第一个前提的前件，结论的后件是最后一个前提的后件，即留头留尾。见附录之三。）

二、为什么说"好邻居金不换"？

习近平主席于 2014 年 8 月 22 日在蒙古国国家大呼拉尔发表题为《守望相助，共创中蒙关系发展新时代》的重要演讲，明确提出中蒙要做守望相助的好邻居，互利共赢的好伙伴。

习近平说，"好邻居金不换"，还说，中国是世界上邻国最多的国家，我们把这当作宝贵财富，中国始终把包括蒙古国在内的周边邻国视作促进共同发展的合作伙伴、维护和平稳定的真诚朋友。

访问期间，两国元首签署了《中华人民共和国和蒙古国关于建立和发展全面战略伙伴关系的联合宣言》，把两国的关系提升为“全面战略伙伴关系”，并以联合宣言的形式昭告于世。联合宣言和习近平主席的演讲有许多亮点。

1. 政治上加强互信

在联合宣言中，“双方表示，将在1994年《中蒙友好合作关系条约》和其他文件精神指引下，本着相互尊重独立、主权、领土完整，互不侵犯，互不使用武力，互不干涉内政，平等互利，和平共处以及相互尊重各自选择发展道路的原则，发展和扩大友好合作”。

这段表述很重要，是双方政治互信的基础。有了这个共识，双方才可以真正建立政治上的高度互信。有了这段表述，就可以彻底打消蒙古国一些人，因历史恩怨，对我方产生的不必要的种种疑虑。有了这段表述，也可以铲除西方某些别有用心的人，企图利用历史问题，挑拨中蒙关系的口实。

在联合宣言中，“双方强调，不从事任何损害另一方主权、安全、领土完整的活动，不签署任何损害另一方主权、安全、领土完整的条约，不加入任何损害另一方主权、安全、领土完整的同盟、集团，不参与上述同盟、集团任何针对对方的活动。不允许任何第三国家、任何组织或团体在本国领土上从事损害另一方主权、安全、领土完整的活动”。

这段表述也很重要，也同样是政治互信的基础。这段话也打消了我方不少人，对蒙古国实行“第三邻国”政策产生的一些疑虑；还打消了西方少数别有用心的人，企图利用蒙古国土从事反华活动，并且想在中蒙两国之间“打楔子”的幻想。

所以，中蒙两国联合宣言的发表，有利于消除双方的疑虑。而消除疑虑，有利于建立高度的政治互信。请看下面的推理：

联合宣言的发表，是有利于消除双方疑虑的

消除双方疑虑，是有利于建立高度的政治互信的

所以，联合宣言的发表，是有利于建立高度的政治互信的

联合宣言的发表，使双方的政治互信有了坚实的法律保障，有力地推动了建立全面战略伙伴关系。

（上面这个推理，是直言三段论推理的第一格。其推理规则是：大前提必须是全称判断，小前提必须是肯定判断，即“大全称，小肯定”。但这个推理有点特殊：它把小前提放在了上面，把大前提放在了下面。见附录之二。）

2. 发展上机遇共享

习近平在蒙古国国家大呼拉尔演讲中指出，当前，中国人民正在致力于实现“两个一百年”奋斗目标，蒙古国人民也正致力于国家改革和经济社会发展。中蒙双方发展战略完全可以

进行有效对接，实现共同发展、共同繁荣。

习近平提出的两国“发展战略对接，实现共同发展、共同繁荣”的观念，是很有新意的。发展战略的高度契合，又促使双方发展机遇的共享。我的发展，给你提供机遇；你的发展，给我提供机遇。任何一方的发展，不但不会损害另一方的利益，还会给对方提供新的更大的发展机遇。中国欢迎蒙古国搭乘中国经济高速发展的列车或便车，愿与好邻居共同携手、一起前进。

中蒙还同意，建立中俄蒙三国元首会晤机制。习近平访蒙20多天以后，中俄蒙三国元首就在上合组织杜尚别会议上，实现首次会晤。会晤时，中方提出的共建丝绸之路经济带倡议，获得俄方和蒙方积极响应，因此中方提出的丝绸之路经济带，可以同俄罗斯跨欧亚大铁路、蒙古国草原之路倡议进行对接，打造中俄蒙经济走廊，促进东亚区域经济共同繁荣发展。

习近平提出的打造中俄蒙经济走廊的构想，可以为该地区三国的社会经济发展提供一个共同的良好的发展机遇。请看推理：

> 发展战略的高度契合，是可以促进发展机遇共享的
> 中蒙两国是发展战略高度契合的
> ———————————————————
> 所以，中蒙两国是可以发展机遇共享的

（这是直言三段论推理的第一格，其推理规则是："大全称，小肯定"。见附录之二。）

3. 经济上互利共赢

中蒙两国经济互补性强。蒙古国的弱项，正是中国的强项；中国的弱项，正是蒙古国的强项。互通才能互利，互补才能共赢。双方解决了如下问题：

（1）出海口问题

蒙古国是内陆国家，自己没有一个出海口，特别希望解决过境运输和出海口问题。习近平访问中解决了这个问题，除原有在天津为蒙古国设一个出海口之外，还答应将在东北、华北增加出海口。同时，还要加强边境口岸建设，提高通关能力。其中甘其毛都、策克两个口岸附近，在蒙古国内有世界级大矿。为了便于矿产资源的开发和运输，我方将把原有设备简单的口岸，建设为国际性口岸，使中蒙间矿产资源畅通无阻。

（2）大项目合作问题

联合宣言提到，"双方将在中蒙矿能和互联互通合作委员会以及双边其他机制框架内，加快推动中蒙铁路、公路、口岸、铁矿、铜矿、铅锌矿、铀矿、煤炭、石油、电力、化工等基础设施和矿能资源大项目产业投资合作"。"双方将进一步巩固金融合作，增加本币互换规模，支持以本币进行贸易结算，加强商业贷款、项目融资等合作。"

通过以上项目的合作，既解决了蒙方在基础设施和资源开发问题上的资金、技术不足问题，又满足了中方对矿产资源的需求，达到互利共赢的结果。

（3）扩大贸易规模

双方还共同表示，要积极利用经贸合作的潜力和机遇，通过支持贸易便利化、举办东北亚博览会、中俄蒙经贸合作洽谈会、建立中蒙博览会等方式，争取两国贸易额逐年扩大，在2020年达到100亿美元。

以上论述，可以用下面的推理来概括：

只要而且只有合作，才有互利共赢

中蒙两国密切合作

所以，中蒙两国可以互利共赢

（这是充分必要条件假言推理的肯定前件式，其推理规则是：肯定前件就要肯定后件，即有前有后。见附录之三。）

政治上加强互信、发展上机遇共享、经济上互利共赢，自然会促使中蒙两国成为好朋友、好邻居、好伙伴。

下面，谈一点和中蒙有关的题外话。

三、为什么不拘泥于历史的恩怨？

提到中蒙关系，难免会想到中蒙之间的历史恩怨。中蒙之间有很深的历史渊源，分分合合，恩恩怨怨，有时候是一家人，有时候是两家人。有些同志，对习近平处理中蒙关系时没有涉及任何历史恩怨，不太理解。总觉得一打开清朝时代的中国地图，心中不由得就浮起了清朝时代的大国梦，憧憬当时疆域辽阔，希望当代的中国，也能重温清朝时代的大国梦。

这种朴素的民族感情可以理解，但这种想法不是理性思维，缺乏现实性和科学性。当代中国，绝不能重温清朝时代的大国梦。为什么呢？

其原因有三：

1. 清朝时代的大国梦和当代中国的强国梦不是一回事儿

清朝时代的大国梦和当代中国的强国梦不同，这是产生于不同历史年代、植根于不同的社会政治经济制度、内涵和特征都不相同的两种社会理想。清朝前期的大国梦，产生于清王朝的上升时期，虽然疆域辽阔，但缺乏真正富国惠民的实质内容。这种大国梦，无法摆脱封建社会盛衰发展的基本规律，很快就变成了鸦片战争以后丧权辱国的一系列的做不完的噩梦。而当代中国的强国梦，是在中国共产党的领导下，以建设富强、民主、文明、和谐的社会主义国家为目标的全体中国人民的强国梦、整个中华民族的振兴梦，是中国史上最辉煌的历史工程。我们的民族振兴梦，不但有明确的奋斗目标，还有实现目标的具体规划，具体地说，就是“两个一百年”的奋斗目标。由此可见：我们追求的目标，是当代中国的强国梦，不是清朝前期的大国梦。请看如下推理：

当代中国的强国梦是以建设富强、民主、文明、和谐的社会主义国家为目标的

清朝的大国梦不是以建设富强、民主、文明、和谐的社会主义国家为目标的

所以，清朝的大国梦不是当代中国的强国梦

（这是直言三段论推理的第二格。第二格的推理规则是：“大全称，有一否”。第二格是区别格，运用第二格进行推理，可以把两个表面相似而实质不同的事物区别开来。见附录之二。）

2. 国土和疆界的变化一般是通过战争手段实现的

纵观古今中外的历史，可以得出一条结论：国土和疆界的变化一般是通过战争手段实现的。如果要重温清朝时代的大国梦，就意味着选择战争。如果选择战争，就与我国和平崛起的方针背道而驰，破坏和平崛起的国际环境，阻滞“两个一百年”奋斗目标的实现，是完全不可取的。请看推理：

如果要重温清朝时代的大国梦，就意味着选择战争

如果选择战争，就无法实现“两个一百年”的奋斗目标

所以，如果要重温清朝时代的大国梦，就无法实现

“两个一百年”的奋斗目标

（这是充分条件纯假言推理的肯定前件式，其推理规则是：肯定“头”就要肯定“尾”①，即有头有尾。见附录之三。）

3. 重温清朝的大国梦，将使我国在世界格局中处于孤立被动的地位

重温清朝的大国梦，将会产生下面两种结果：

一种是：

如果重温清朝的大国梦，那么将使蒙古国变成敌对国家

如果蒙古国变成敌对国家，那么我国将腹背受敌

所以，如果重温清朝的大国梦，那么我国将腹背受敌

另一种是连锁反应：

如果重温清朝的大国梦，将使中俄关系恶化

如果中俄关系恶化，我们将失去俄罗斯这个重要的战略伙伴

所以，如果重温清朝的大国梦，我们将失去俄罗斯这个重要的战略伙伴

（以上两个推理，都是纯假言推理的肯定前件式。）

① 在纯假言推理中，“头”指第一个前提的前件，“尾”指最后一个前提的后件。

当美国战略重心东移，对中国实行遏制和围堵政策时，我国的东方受到极大压力；如果我们失去俄罗斯和蒙古国两个朋友，我国的正北方又会受到巨大压力。这样我们腹背受敌，将会处于极端不利的国际环境中。请看推理：

如果失去俄罗斯和蒙古国两个朋友，我们将在世界格局中处于被动地位

要避免在世界格局中处于被动地位

所以，我们要加强与俄蒙两国的友好关系

(这是充分条件假言推理的否定后件式，其推理规则是：否定后件就要否定前件，即无后无前。见附录之三。)

通过以上正反两个方面的对比，可以得出如下结论：

党中央在处理中蒙关系上的一系列决策，是实事求是的、富于远见的，是符合我国的国家利益的，也是符合蒙古国的国家利益的。

4

为什么筹建亚投行是一次成功的战略决策？

浅析亚投行受到亚洲各国普遍欢迎的逻辑必然性

习近平提出建设“一带一路”的构想①和筹建亚投行的倡议，是在中国经济转型期，发展对外贸易的一项大布局、大战略。它将有力促进中国与亚洲各国、欧洲各国，乃至非洲各国的经济交流和经济发展，并促进合作共赢的新型国家关系的形成和发展。

提出这项重大战略，既需要从宏观上把握全局的宽广视野

---

① 习近平提出的“一带一路”的构想，是指建设丝绸之路经济带和21世纪海上丝绸之路。

与政治魄力，又需要了解各地区情况和各国国情的洞察力。因为“一带一路”的构想和筹建亚投行的倡议，是涉及许多国家和地区的系统工程。既涉及亚洲各国，又涉及欧洲各国；既涉及许多发展中国家，又涉及许多发达国家，还涉及许多国际组织与多边的投资机构。

提出建设“一带一路”和筹建亚投行，是我国发展对外关系的一次重大战略决策。在这个决策过程中，既需要进行系统周密的调查研究，又需要与各国进行深入细致的沟通和磋商，还需要进行一系列的论证和逻辑推理。因为任何重大决策，都需要论证。任何论证，都离不开逻辑推理。这里仅就论证过程中涉及的逻辑推理，做一些粗浅分析。

亚投行，是亚洲基础设施投资银行的简称。它主要的投资范围是，亚洲地区国家的基础设施。决策者首先需要考虑的问题是，筹建亚投行有没有可行性？它的发展前景如何？亚洲有关国家愿意不愿意参加？国际上更多的国家会不会认可它？

论证亚投行的发展前景和可行性，必须关注下面三个问题：

一、筹建亚投行必须具备两个前提条件

筹建亚投行，必须具备两个前提条件：一是适宜的政治气候；二是巨大的市场需求。这两个条件缺一不可。亚洲具备这两个条件，亚投行的筹建，就可以成功；不具备这两个条件，

亚投行的筹建，就没有坚实的基础。谁都知道，没有牢固的根基，就盖不起高楼大厦。

请看逻辑推理：

> 只要而且必须同时具备适宜的政治气候和巨大的市场需求，亚投行的筹建才能取得成功
>
> 现在亚洲具备适宜的政治气候和巨大的市场需求
>
> ---
>
> 所以，筹建亚投行可以取得成功

（这个推理是充分必要条件假言推理，其推理规则是：肯定前件必须肯定后件，否定前件必须否定后件，肯定后件必须肯定前件，否定后件必须否定前件。）

这是一个必然性推理，它揭示了筹建亚投行可以成功的现实基础。下面分两个方面，继续阐明这个观点：

1. 亚投行是当今时代发展的产物

第二次世界大战以后70年来，殖民体系在亚洲的统治已经土崩瓦解，两大阵营严重对立的阴云在亚洲也逐步烟消云散，政治多元化和经济全球化的趋势，也同样席卷亚洲各地。振兴国家，发展经济，成了亚洲各国共同追求的目标。在经济全球化的大背景下，扩大对外交流，通过合作共赢促进本国经济发展，已经成了亚洲许多国家的共识。亚洲人民共同掌握亚洲命运的呼声越来越高，形成中的亚洲命运共同体的轮廓越来越清

晰。在这种时代大背景下，从整体上考虑亚洲基础设施的大布局，才成为可能；开创亚洲各国互联互通的局面，才具有现实性。正因为亚投行符合当今时代的潮流和亚洲各国的实际需求，所以才具有广阔的发展前景。

请看下面的推理：

凡符合时代发展潮流和各国实际需求的事物，是具有广阔发展前景的事物

筹建亚投行，是符合时代发展潮流和亚洲各国实际需求的事物

所以，筹建亚投行，是具有广阔发展前景的事物

（这是直言三段论推理的第一格，其推理规则是："大全称，小肯定"。第一格也叫证明格，它证明亚投行是具有广阔发展前景的事物。）

2. 筹建亚投行是亚洲经济持续发展的客观要求

30多年来，中国的改革开放，取得举世瞩目的成就，并崛起为世界第二大经济体。在此期间，亚洲多数国家的经济快速发展，使亚洲成了当今世界最具经济活力的地区。但是亚洲多数国家，仍处在经济起飞的初期阶段，很多基础设施相对落后，这些薄弱环节如不及时解决，就会影响亚洲经济的持续发展。

什么是基础设施？所谓基础设施，主要包括三个方面：一

是交通方面的基础设施，包括铁路、公路、机场、口岸等；二是能源方面的基础设施，包括油气、水电、煤电、核电、风电、太阳能等能源的开发和输送；三是通信方面的基础设施，包括电信、宽带、互联网等。但搞基础设施，所需资金量很大，建设周期相对较长，亚洲多数国家心有余而力不足，特别是缺乏必要的资金投入。

据亚洲开发银行预测，从 2010 年至 2020 年，10 年间，亚洲地区的基础设施建设，需要投入 8 万多亿美元。现有的多边开发机构，难以满足。亚洲开发银行驻中国代表处首席代表阿米德·谢里夫说：亚洲地区基础设施建设，每年需要投入 8 000 多亿美元，但亚洲开发银行只能提供 5%，因此筹建亚投行，意义巨大。

由于市场巨大，亚投行才应运而生。

请看下面的推理：

建立在巨大市场需求基础上的投资行为，经过努力是一定能够取得成功的

亚投行的运作是建立在巨大市场需求基础上的投资行为

所以，亚投行经过亚洲各国的共同努力，是一定能够取得成功的

（这是直言三段论推理的第一格。第一格是证明格，它证明亚投行一定会取得成功。）

得出这个结论，不是算命先生的胡言乱语，而是依据正确的逻辑推理，对它做出的科学预测。

二、筹建亚投行必须有亚洲有关国家的积极参与

筹建亚投行，涉及亚洲多个国家，必须有亚洲有关国家的积极参与，才能取得成功。决策者在论证筹建亚投行的可行性时，重点考虑的问题之一，就是亚洲国家的态度。那么，亚洲有关国家是否欢迎筹建亚投行呢？

让逻辑推理来回答这个问题吧：

只要对亚洲各国的经济发展有利，就会受到亚洲各国的普遍欢迎

筹建亚投行会给亚洲各国带来巨大的经济利益

所以，筹建亚投行会受到亚洲各国的普遍欢迎

（这是充分条件假言推理的肯定前件式，其推理规则是：肯定前件必须肯定后件。）

这个假言推理太简单了，但它说明的道理很不简单，正是这个假言推理，揭示出了亚投行受欢迎的真正原因（给亚洲带

来实际利益），也再次证明了筹建亚投行这项决策的可行性。

筹建亚投行，会给亚洲国家带来哪些实际利益呢？

1. 解决了资金瓶颈的问题

大规模的基本建设，需要大量的资金投入。没有大资金，就不会形成大规模。缺乏什么，送来什么，这才真正受欢迎。

请看下面的推理：

凡雪里送炭是会备受欢迎的

亚投行解决融资困难是给亚洲国家雪里送炭

所以，亚投行解决融资困难是备受欢迎的

（这是直言三段论推理的第一格，第一格是证明格，它证明了亚投行是会备受欢迎的。）

缺乏资金是发展中国家经常遇到的大问题之一。亚投行解决的就是基础设施建设所需的大量资金问题，当然会受到普遍欢迎。

2. 互联互通拓展了外贸发展的规模和空间

在经济全球化的大背景下，发展外贸成了亚洲很多国家经济发展的三大支柱之一。特别是在经济刚刚起飞的阶段，对外贸的依存度更高。所以，在亚洲发展外贸，受到普遍的重视。

按照“一带一路”的框架文件，“一带一路”贯穿亚欧非大陆，一头是活跃的东亚经济圈，一头是发达的欧洲经济圈，中间广大腹地国家经济发展潜力巨大。陆上丝绸之路有三条支线：第一条支线是：从中国经中亚、俄罗斯至欧洲（波罗的海）。第二条支线是：从中国经中亚、西亚至波斯湾、地中海。第三条支线是：从中国经东南亚、南亚到印度洋。

21世纪海上丝绸之路有两条支线：一条支线是从中国沿海港口，经过南海到印度洋，延伸至欧洲；另一条支线是从中国沿海港口，经过南海，到南太平洋。

有了互联互通的这个大布局，必然会给沿线国家的对外经济交流带来非常广阔的发展空间。请看推理：

如果有了欧亚互联互通的大布局，那么就会为经济交流开拓非常广阔的空间

“一带一路”和亚投行开创了欧亚互联互通的大布局

所以，“一带一路”和亚投行开拓了欧亚经济交流的巨大空间

3. 互联互通会全面激活亚洲国家的经济活力

沿线各国，经济发展各有优势，资源条件各有余缺，经济互补性较强，合作空间很大。互通有无，取长补短，可以全面激发经济活力。大规模的互联互通，可以促进经济全面发展繁荣。

“一带一路”和亚投行的构想，可以疏通和拓宽陆地和海上

两条交通大通道，像两条大动脉不断流淌血液，向各地输送养分和氧气。这样不仅会促进亚洲各国经济持续发展，也会促进其他地区的经济发展。

4. 进行大规模的基础设施建设有利于解决就业问题

在当今社会，就业是最大的民生问题。大量失业，是最大的社会问题，处理不好，还可能引发社会动荡。所以无论哪个国家，都把就业问题摆到重要的议事日程，不敢稍有疏忽大意。

而大规模的公路、铁路、机场、口岸等交通设施的建设，通信设备、网络基站、运营商、电子商务等通信设施和业务的发展，油气、电力、新能源等能源的开发和输送，都需要大量的人力物力，都会有力地推动就业问题的解决。

毋庸置疑，筹建亚投行，对亚洲有关各国是有利的。那么，对主要发起国之一的中国，是否有利呢？

回答也是肯定的。中国是制造业大国，很多产业部门，产能过剩；中国又是外汇储备最多的国家，资金利用，需要讲究效益；中国又有大量先进技术储备和优秀的人才资源，也需要用武之地。很显然，亚洲大规模进行基础设施建设，对我国也是有利的。

在国际交往中，合作共赢是最佳选择。如果一方得利，一方失利，是不能长久的。在现代国际关系中，合作共赢渐渐成为时代的主流。而亚投行的筹建和运作，正是这种时代主流推动的一只大船。筹建亚投行，又像是建设亚洲的“都江堰”，它不但灌溉着中国的沃野，也滋润着亚洲广阔的大地。

三、亚投行会不会得到国际上更多国家的认可

俗话说，众人拾柴火焰高。筹建亚投行，会不会得到世界上更多国家的支持呢？

筹建之初，美国有疑虑，首先提出了质疑。美国国务院发言人普萨基出席记者会时说：“任何新的多边机构，都应该采取国际社会在世界银行和地区性发展银行建立的高标准。”（她没有说出的话是：亚投行采取的标准不够高。）并表示美国没有参加亚投行的意愿。

美国不参加，当然会影响其他盟国也不参加。但亚投行的事情，似乎有些例外。美国的铁杆儿盟友英国，首先申请成为亚投行的意向创始成员国，紧接着德、意、法等国也提出了申请。令人意外的是，在七国集团中，除了美、日、加没有申请参加外，其他四国都申请成为亚投行的意向创始成员国。

那么，为什么欧洲许多发达国家也非常重视亚投行呢？

原因主要有三：

第一，它们认可筹建亚投行有巨大的市场需求和广阔的发展前景。

第二，它们认可亚投行开发包容与合作共赢的经营理念。

第三，亚投行的运作会加快“一带一路”的建设进程，有利于欧盟的经济复苏，也有利于整个欧洲经济的发展。

根据我国财政部网站公布的消息，截至 2015 年 4 月 15 日，亚投行意向创始成员国增至 57 个，包括奥地利、澳大利亚、阿塞拜疆、孟加拉国、巴西、文莱、柬埔寨、中国、丹麦、埃及、法国、芬兰、格鲁吉亚、德国、冰岛、印度、印度尼西亚、伊朗、以色列、意大利、约旦、哈萨克斯坦、韩国、科威特、吉尔吉斯斯坦、老挝、卢森堡、马来西亚、马尔代夫、马耳他、蒙古、缅甸、尼泊尔、荷兰、新西兰、挪威、阿曼、巴基斯坦、菲律宾、波兰、葡萄牙、卡塔尔、俄罗斯、沙特阿拉伯、新加坡、南非、西班牙、斯里兰卡、瑞典、瑞士、塔吉克斯坦、泰国、土耳其、阿联酋、英国、乌兹别克斯坦和越南。

这 57 个国家，既有亚洲国家，也有欧洲国家、非洲国家，还有大洋洲国家、拉美国家。其中既有许多发展中国家，也有许多发达国家。这么多国家，都愿意成为亚投行的意向创始成员国，说明它在国际上的认同度很高。

不妨做一个简单对比：

欧洲投资银行的创始成员国，是 6 个。

亚洲开发银行的创始成员国，是 31 个。

世界银行的创始成员国，是 28 个。

上述三个投资银行，都是世界性和地域性最大的投资银行。

亚投行不过是一个后来者。但这个后来者，人品很好，块头很大，受到亚洲各国和世界很多国家的普遍欢迎。

好的开始，是成功的一半。虽然开局的成功，不等同于今后的路会一帆风顺。但这意味着，今后不管遇到什么困难都会被克服，也意味着她的美好前景是毋庸置疑的。

祝福她吧！亚投行将成为亚洲大地上绽放的一株最美的鲜花，她将花香四溢，世界各地都会嗅到她的芬芳！

5

为什么说诸葛亮《隆中对》中的神机妙算是逻辑推理的结果？

诸葛亮《隆中对》中的逻辑推理

诸葛亮的隆中对策，是古今中外重大战略决策的最成功的范例之一。什么是重大战略决策？一般是指关乎全局和长期发展的根本性决策。战略决策的影响，带有全局性、长期性、根本性。国家重大战略决策是否成功，往往能够影响到国家的成败盛衰。而许多政治家在提出和论证重大战略决策时，都离不开最基本的逻辑推理。

东汉末年军阀混战，刘备集团势力最小。刘备为了打开局面，三顾茅庐，向诸葛亮请教建国良策，而诸葛亮在隆中对策中为刘备提出了一整套完整的建国方针，受到刘备的高度重视。正是在这整套正确的建国方针的指导下，刘备集团这个后起之秀，才能够由小到大，由弱变强，建立了蜀国，三分天下有其一。

诸葛亮在《隆中对》中说：

自董卓以来，豪杰并起，跨州连郡者不可胜数。曹操比于袁绍，则名微而众寡，然操遂能克绍，以弱为强者，非惟天时，抑亦人谋也(不只是天时有利，也还是人力谋划的结果)。今操已拥百万之众，挟天子而令诸侯，此诚不可与争锋(争高下)。

孙权据有江东，已历三世(经历孙坚、孙策、孙权三代)，国险而民附(地势险要且百姓归顺)，贤能(指有德有能的人）为之用，此可以为援(它可以作为援军）而不可图也(别想吃掉它)。

荆州北据汉、沔(指汉水和沔水)，利尽南海(全部取得南方沿海的物资。利，指物资。尽，指全部取得)，东连吴、会(吴郡和会稽郡。吴郡的治所在今之苏州，会稽郡的治所在今之绍兴，因绍兴有会稽山而得名。吴、会泛指苏州、绍兴等江浙一带)，西通巴、蜀，此用武之国，而其主不能守，此殆(大概是）天所以资(帮助）将军，将军岂有意乎？

益州(成都) 险塞，沃野千里，天府之土，高祖因之以成帝业。刘璋暗弱，张鲁在北，民殷国富而不知存恤(不知爱惜民力)，智能之士思得明君。

将军既帝室之胄(后代)，信义著于四海，总揽英雄，思贤如渴，若跨有荆、益(占领荆州和成都)，保其岩阻(守住险要的地方。保，保护，守住。岩阻，险要之处)，西和诸戎(与西边的少数民族和睦相处)，南抚夷越(安抚南方的少数民族)，外结好孙权，内修政理，天下有变，则命一上将将荆州之军以向宛、洛（南阳、洛阳)，将军身率益州之众出于秦川(秦川，泛指秦岭以北的陕、甘两省的平原地带)，百姓孰敢不箪食壶浆(携带食品酒水) 以迎将军者乎?

诚如是，则霸业可成，汉室可兴矣!

诸葛亮提出的这套建国方针，包括以下四个战略支点：

1. 主攻方向

为了正确地选择战略主攻方向，诸葛亮向刘备全面地分析了东汉末年军阀混战的天下形势。

诸葛亮首先分析了长江以北的形势。此时曹操已经打败了大军阀袁绍，基本上统一了北方，拥有上百万军队。在政治上，他还有一张王牌，就是汉献帝在他手里，可以“挟天子以令诸侯”。这些优势，都是刘备无法匹敌的。刘备集团的主攻方向不能放在北面，向北发展，是没有成功希望的。

接着诸葛亮又分析了长江中下游的形势。长江中下游是孙权的势力范围。东吴经过孙坚、孙策、孙权三代领导人的多年经营，实力也比较雄厚。再加上东吴地势险要、百姓归顺，还有许多有德有能的人士为他卖命，东吴集团的势力也是不可小觑的。如果你想吃掉东吴向东发展，也没有成功的可能性。

然后，诸葛亮分析西南方向的形势。西南方向有两个重要地区：荆州和益州。荆州北面占据汉水与沔水广大流域，南面可以得到沿海各地的丰富的物资，西面可以通达四川，东面可以通达江浙等地。这是兵家必争之地。而且统治荆州的刘表集团软弱无能，这是上天留给你的一块宝地，不知道你愿意不愿意得到它？

益州（成都）地势险要，物产丰富，沃野千里，是天府之国。而它的统治者刘璋集团更是昏庸无能，不知道爱惜民力，早已失去民心。而你是帝王的后裔，信义天下闻名，你若去拿这块地方，民众就会用食物酒水迎接你。

经过分析，诸葛亮得出一个结论：刘备集团的主攻方向，既不应该放在北方，也不应该放在东方，而应该放在西南方向，占领荆、益二州，建立自己的政权。

向物产丰富、地理位置重要、统治力量薄弱的西南方向发展，这是唯一正确的选择。这个选择可以使刘备集团避实就虚，趋利避害，事半功倍。而这个正确选择，又是依据下面一个基本的逻辑推理：

> 刘备集团或者向北发展，或者向东发展，或者向西南方向发展
>
> 向北发展没有出路，向东发展也没有出路
>
> ---
>
> 所以，只能向西南发展

（这是选言推理的否定肯定式，其推理规则是：“排除其他，肯定一个”。见附录之四。）

诸葛亮正是依据这个简单的选言推理，确定了刘备集团未来发展的主攻方向。

刘备从寄人篱下，到发展成独立的政治集团；从到处奔波，到建立巩固的根据地，走过了一条非常曲折的发展道路。当刘备在诸葛亮的帮助下，明确了主攻方向之后，就势如破竹，所向披靡，先后占领荆、益二州，并以此为根据地不断向外扩张，最后建国称帝。刘备集团的成功，在某种程度上，可以说是战略主攻方向选择正确的胜利。

2. 内政方针

诸葛亮在隆中对策中不但提出了刘备集团的主攻方向，还提出了建立政权后如何巩固政权的内政方针。这个内政方针主要包括两个方面：

一是内修政理，即加强政权建设和社会治理。为什么诸葛

亮这么重视政权建设和社会治理呢？因为在诸葛亮的头脑中，装有一个最基本的逻辑推理：

> 只有加强政权建设和社会治理，才能得到民众的拥护
> 只有得到民众的拥护，才能巩固政权
> 刘备集团要巩固政权
> ———————————————————————
> 所以，刘备集团必须内修政理

（这是一个必要条件纯假言推理的肯定后件式的变通形式。它的推理规则是：肯定后件，必须肯定前件。见附录之三。）这个假言推理，是由一般到个别的演绎推理。它的第一、第二前提，讲的内容是历史经验的总结，反映了封建统治者必须遵守的一般规律。第三前提指出了一个具体事物（蜀汉政权）的诉求，结论推出关于具体事物（蜀汉政权）的具体论断。这个演绎推理是必然性推理，它的结论是可靠的、科学的。这虽然也是一个比较简单的逻辑推理，但这个简单推理却是诸葛亮提出这项政策方针的重要依据。

蜀国建立后，诸葛亮担任丞相，总揽军政大权。在他主政时期，政治比较清明，社会比较稳定，政权相对比较巩固。事实证明，诸葛亮在隆中对策中提出的内修政理的方针是正确的。

诸葛亮提出的内政方针的第二点是：西和诸戎，南抚夷越。

诸葛亮非常清楚，刘备集团将要建立的政权，位于少数民

族聚居的西南地区。在少数民族聚居的地区建立政权，必须处理好民族关系；处理不好民族关系，政权就很难巩固。所以他才提出了西和诸戎、南抚夷越的民族政策。而制定这项政策的过程，实际上也是诸葛亮进行逻辑推理的过程：

只有西和诸戎、南抚夷越，才能处理好与少数民族的关系

只有处理好与少数民族的关系，社会才能稳定

只有社会稳定，才能巩固政权

所以，如果要巩固政权，就要西和诸戎，南抚夷越

（这是必要条件纯假言推理的肯定后件式，肯定后件式的推理规则是：肯定“尾”就要肯定“头”。见附录之三。）

《三国志》注引记载了诸葛亮七擒孟获的故事。孟获是益州豪强雍闿的旧部。雍闿反叛蜀汉政权被夷人杀死后，孟获还继续与诸葛亮的部队交战。他七次战败，七次被擒，七次被诸葛亮释放，允许他再战。孟获终于心服口服，对诸葛亮说：“诸葛公天威，南人不再反了。”诸葛亮进军至滇池，用本地夷人和汉人做官吏，大大改善了与少数民族的关系，社会也比较稳定。正因为蜀汉政权执行了西和诸戎、南抚夷越的方针，所以在一段时期内政权相对巩固。

3. 外交方针

诸葛亮在隆中对策中，还向刘备提出了外结好孙权的外交

方针。这条方针的实质是，与东吴结成统一战线，共同对抗曹操。在诸葛亮加入刘备集团的领导核心之后，就开始认真贯彻执行联吴抗曹的方针。公元208年曹操率几十万大军，企图渡过长江一举消灭东吴政权和刘备集团。刘备派诸葛亮到东吴说服孙权，最终与周瑜联合作战，并用火攻的办法取得了赤壁大战的完全胜利。这是刘备联吴抗曹取得的第一个大胜利。以后诸葛亮又用吴蜀联姻的方式进一步巩固了这条统一战线。但是刘备和孙权手下的一些将领，对联吴抗曹的方针，并不完全理解，执行不力，经常产生这样那样的摩擦。公元219年东吴杀了荆州守将关羽，取得荆州。公元221年，刘备又亲率大军攻吴，企图夺回荆州并为关羽报仇，结果大败而归，次年病死白帝城。此时吴蜀联盟已经土崩瓦解。刘备死后诸葛亮又全力修复吴蜀联盟，派遣使官到东吴，劝孙权与魏国绝交，终于使吴魏交恶，蜀吴归于和好。遗憾的是，在诸葛亮死后的一段时间内，魏国仍利用矛盾各个击破，先后灭掉了蜀吴两国。事实证明：当两国的统一战线牢固的时候，吴蜀两国都没有亡国之忧；而破裂的时候，亡国的厄运就在眼前。

那么我们要问：未出茅庐的诸葛亮，怎么就会意识到联吴抗曹的高度重要性，并且在以后的施政活动中去身体力行呢？

这是因为诸葛亮实事求是地科学分析了魏蜀吴三国的政治军事实力和三足鼎立的格局，进行了严密的逻辑推理，才得出必须联吴抗曹的正确结论。在三足鼎立的格局中，魏蜀吴的实力并不均衡，而是一强两弱。两个弱国必须联合起来，才能不被强国吃掉。这个推理可以用下面的逻辑竖式来表示：

两个弱国只有联合起来共同与强国抗衡，才不会被强国吃掉

蜀国要不被强国吃掉

所以，必须联吴抗曹

（这是必要条件假言推理的肯定后件式，其推理规则是：肯定后件就要肯定前件，即有后有前。见附录之三。）

显而易见，诸葛亮提出联吴抗曹的外交方针，也是以科学的逻辑推理为依据的。

4. 两路灭魏（此点不展开）

从以上的分析可以看出，诸葛亮在隆中对策中向刘备提出的建国方略，是一次成功的、富有远见的战略决策。蜀汉建国的成功，在某种意义上说，是这次战略决策的胜利。

年仅 26 岁的诸葛亮，在其未涉足政坛之前，就能够准确而深刻地分析了当时的政治军事形势，预见到以后将会出现鼎足三分的局面，并为刘备提出了一整套切实可行的建国方略。以后事态的发展，基本上符合隆中对策的预言。许多人把诸葛亮神化，认为他具有神仙般的“超智力”。诸葛亮的确很高明，但

他的高明之处，不在于他是神，而在于他遇事能够进行严密的逻辑推理。没有严密的逻辑推理，他就提不出隆中对策。没有隆中对策，刘备一时还很难找到建国的正确道路。最后两句话，实际上也表达一个推理过程：

> 没有严密的逻辑推理，就没有诸葛亮的隆中对策
>
> 没有诸葛亮的隆中对策，刘备集团一时就制定不出正确的建国方略
>
> ---
>
> 所以，没有诸葛亮严密的逻辑推理，刘备集团一时就制定不出正确的建国方略

（这是必要条件纯假言推理的传递式，它的推理公式是：留头留尾。见附录之三。）

6

为什么说明朝的第一谋臣刘伯温的神机妙算也与逻辑推理有关?

刘伯温的神机妙算和逻辑推理

刘伯温是明朝的第一谋臣，朱元璋打天下的军师。他对明朝建国的历史贡献，可以与诸葛亮对蜀国建国的历史贡献媲美，常说“三分天下诸葛亮，一统江山刘伯温”。

刘伯温和诸葛亮都是杰出的政治家、军事家，在中国历史上都被描绘成能掐会算、无所不知的超人，都能运筹帷幄、决胜千里之外，他们的神机妙算是来自哪里呢?

前面一节已经阐明诸葛亮《隆中对》中的神机妙算来自逻辑推理，那么刘伯温的神机妙算是否也来自逻辑推理呢?

答案是肯定的。

刘伯温原先是元朝的进士，后来弃官到应天（南京）投奔农民起义军领袖朱元璋。朱元璋问他怎么平定天下，刘伯温就献上《时务十八策》。《时务十八策》对朱元璋如何建国提出了十八条重要建议，其中有两条建议向朱元璋明确地提出了平定天下的战略方针。朱元璋采纳了刘伯温提出的战略方针，最终平定天下，当了皇帝。

一、确定战略方针

刘伯温为朱元璋制定的平定天下的战略方针可以用八个字概括：先陈后张，先南后北。

这八个字包含两方面的内容：一是先陈后张，即先平定陈友谅，再平定张士诚（见《时务十八策》之策五）。二是先南后北，即先扫平南方，再统一北方（见《时务十八策》之策二）。这个战略方针，把消灭陈友谅作为打天下的主要矛盾和主攻方向，消灭了陈友谅就可以顺利平定南方，然后挥师北上，统一全国。

元末的时局是这样的：

元朝末年，农民起义遍及全国。在北方，红巾军（农民起义军）转战中原各地，朝廷已无力应付，疲于奔命，元朝的统治力量已经非常薄弱，摇摇欲坠。

在南方，长江流域最有名的起义军领袖有三个：第一个是陈友谅，以江州（九江）为中心，占据湖北、湖南、江西等广大地区，势力最大；第二个是朱元璋，以应天（南京）为中心，势力范围在苏南、皖南、赣中等地，实力远逊于陈友谅；第三个是张士诚，以平江（苏州）为中心，占据江浙等沿海地区，实力也远逊于陈友谅。

陈友谅在朱元璋上游，张士诚在朱元璋下游。一个在西，一个在东，夹在二者中间的朱元璋要平定天下，就必须消灭这两个劲敌。摆在朱元璋面前的最重要的问题是，他应该集中主要兵力，首先消灭陈友谅，还是首先消灭张士诚呢？

先打谁，怎样打，这是决定全局的重大战略选择问题。

朱元璋召开军事会议，商讨今后的行动方针。朱元璋和部下大多数将领一致认为：应该先吃掉张士诚，然后再消灭陈友谅。先吃掉张士诚的理由主要有三个：一是张士诚的实力弱，先易后难，容易取得成功；二是张士诚占据的江浙地区经济发达、物产丰富，攻占江浙一带可以大大扩充自己的经济实力；三是朱元璋的老家在安徽凤阳，是张士诚管辖的地盘，吃掉张士诚可以及早解放朱元璋的老家。

在这次会议上，只有刘伯温一人反对“先张后陈”的战略方针，而且明确提出应该“先陈后张”。

他说：

陈友谅地盘最广，实力最强，吞并天下的野心也最大，对我们早就虎视眈眈。如果我们先打张士诚，陈友谅必然会乘虚而入攻击我们，使我们腹背受敌，那样我们就会陷于非常危险的境地，绝没有成功的可能。

刘伯温的这段话包含下面的逻辑推理：

如果我们先打张士诚，那么陈友谅必然会乘虚而入攻击我们

如果陈友谅乘虚而入攻击我们，那么我们就会腹背受敌

如果我们腹背受敌，就会陷于非常危险的境地

所以，如果我们先打张士诚，就会处于两面夹击的危险境地

（这是充分条件纯假言推理的肯定前件式，其推理规则是：肯定“头”就要肯定“尾”。）

刘伯温还说：

偏安一隅的张士诚，胸无大志，只求守业，没有吞并天下当皇帝的野心。如果我们先打陈友谅，张士诚就会坐山观虎斗，袖手旁观，这样我们就可以避免腹背受敌。所以先打陈友谅，我们无后顾之忧，对我们最有利。

刘伯温的这段话也是一个逻辑推理：

如果我们先消灭陈友谅，那么张士诚就会坐山观虎斗，袖手旁观

如果张士诚袖手旁观，那么我们就不会腹背受敌，受到两面夹击

所以，如果我们先消灭陈友谅，就不会腹背受敌，受到两面夹击

（这是充分条件纯假言推理的肯定前件式，其推理规则是：肯定“头”就要肯定“尾”。）

刘伯温的态度很明确：先张后陈，必然导致失败；先陈后张，可以逐步走向胜利。刘伯温的建议，解决了一个重大的战略问题，即防止两个敌人联起手来，从东西两面夹击自己。

朱元璋不是等闲之辈，他权衡利弊，最终采纳了刘伯温提出的“先陈后张”的战略方针，否则，当皇帝的可能不是朱元璋，而是他的最大敌人陈友谅或者其他什么人。他如果采纳“先张后陈”的战略方针，他自己的命运会很惨，不是阶下囚，就是刀下鬼。

先打张士诚，起初是朱元璋与多数部下的共识，只有刘伯温一人反对。刘伯温为什么能独具慧眼、力排众议，为朱元璋制定出正确的战略方针呢？是因为刘伯温能掐会算，识别天象，预知天命吗？

根本不是！

其根本原因是，刘伯温能够精准地把握元朝末年全国各地的基本形势，深刻认识各个起义军领袖的主要特点和实力，并精准把握其各自的动向，经过缜密的逻辑推理，科学地预测出未来的发展趋势，从而提出了朱元璋平定天下的正确的战略方针。

二、指挥三大战役

刘伯温不仅帮助朱元璋制定出正确的战略方针，还具体地协助朱元璋指挥三大战役，在朱元璋战胜陈友谅的过程中，起着出谋划策的关键作用。

1. 太平之战

元至正二十年（1360 年）五月，陈友谅率水军数十万沿长江东下，进攻朱元璋控制的太平（今安徽当涂）。朱元璋守将花云、朱文逊率兵拼死抵抗，城坚不可破。陈友谅把相当于三四层楼高的巨型战舰停泊在太平城西南的江边，让士兵沿着船尾登上城墙的垛口，攻克了太平城。

太平在应天（南京）西南，离应天只有一百五六十里，是应天上游最近的屏障和门户。如果陈友谅的舰队从太平沿长江顺流而下，一天多就能攻到应天。应天是朱元璋的大本营。太平陷落，应天就危在旦夕，朱元璋全军上下一片恐慌。朱元璋召集部下商讨对策：有人主张后撤逃跑；有人主张拼全力迎战，收复太平；刘伯温主张诱敌深入，设伏兵择机消灭敌人。

刘伯温认为，陈友谅水军人多势众，来势汹汹，如果自己的军队仓促后撤逃跑，就会溃不成军，一败涂地。如果全力迎敌拼死收复太平，敌强我弱，又难以取胜。只有诱敌深入，设伏兵击之，才可能取胜。

在三种可能中，刘伯温通过选言推理，做出了最佳选择：

或者仓促后撤逃跑，或者拼死夺回太平，或者诱敌深入，设伏兵歼灭之

仓促后撤逃跑容易溃不成军，拼死夺回太平难以取胜

所以，只能诱敌深入，设伏兵歼灭之

（这是不相容选言推理的否定肯定式，其推理规则是：否定其他，肯定一个。）

在刘伯温的劝告下，朱元璋采纳了“诱敌深入”的作战方案。朱元璋的部将康茂才和陈友谅是老朋友，于是康茂才修书一封，派人送到陈友谅营中，约陈友谅攻打应天，自己做内应。既然有了康茂才做内应，陈友谅就率舰队主力东进，准备一举攻下应天。朱元璋引诱陈友谅的水军在应天城外的龙湾舍舟登岸。陈友谅的部队登岸后，就进入了朱元璋早已设好的埋伏圈。朱元璋的两员大将常遇春和徐达，带领两路伏兵冒雨出击，陈友谅部队晕头转向，难以招架，死伤无数。龙湾惨败时，陈友谅乘小船逃走。朱元璋大获全胜，收复了太平，占领了信州、

安庆，俘获了敌军 7 000 余人，还缴获了许多巨型战舰。经过龙湾之惨败，陈友谅丢盔弃甲，狼狈逃回江州。

谁说刘伯温是神？其实他是通过一个选言推理，做出最佳选择，面对强敌不畏缩逃跑，也不死打硬拼，而是采取诱敌深入伏击之的策略，扭转了战局，使朱元璋转危为安，取得了应天保卫战的决定性胜利。

2. 安庆之战

元至正二十一年（1361 年），也就是太平之战的第二年，陈友谅又倾巢出动，带领主力部队东进，攻打朱元璋，并迅速占领了长江边上的重镇——安庆。安庆也在应天的西南面，也是应天上游的重要屏障。朱元璋带着几万人马溯江而上，想夺回安庆。但安庆的敌军防守严密，久攻不下。为了扭转不利局面，刘伯温建议放弃攻打安庆，避实就虚，调转方向攻打陈友谅的老巢——江州（九江）。

刘伯温是这么推理的：

> 如果陈友谅倾巢出动攻打安庆，那么他的老窝江州必然兵力空虚
>
> 如果他的老窝江州兵力空虚，那么我们攻打江州就会一举而克
>
> ---
>
> 所以，如果陈友谅倾巢出动攻打安庆，那么我们攻打

江州就会一举而克

（这是充分条件纯假言推理的肯定前件式，其推理规则是：肯定“头”就要肯定“尾”。）

朱元璋对刘伯温言听计从，于是改变策略，暂时放弃攻打安庆，而率主力攻打江州。果然不出刘伯温所料，朱元璋率大军突然进攻江州，陈友谅毫无准备，晕头转向，根本组织不起有效抵抗，只好带着妻儿弃城逃走，逃往湖北武昌。这一仗朱元璋又是大获全胜，不但收复了安庆，还占领了陈友谅的老窝江州。朱元璋占领江州后，陈友谅的饶州守将吴宏、建昌守将王溥、龙兴（即洪都，今南昌）守将胡廷瑞向朱元璋投降，陈友谅失去了江西大片土地，朱元璋向西大幅度地扩展了自己的地盘儿。

在安庆-江州战役中，陈友谅的兵力远大于朱元璋的兵力，但朱元璋采纳了刘伯温提出的“避实就虚，攻敌软肋”的策略，取得了战争胜利。这再次证明：打仗不仅仅是拼实力，更是拼智谋，谁懂得战争规律，谁精于逻辑推理，谁就会取得战争的胜利。

3. 鄱阳湖决战

元至正二十三年（1363 年）陈友谅率主力部队向朱元璋控制的洪都（今南昌）发起围攻，久攻不下。后来，朱元璋闻讯率 20 万水军溯江而上救援洪都。听说朱元璋率大军前来救援，陈友谅放弃围攻洪都，即率 60 万水军沿长江阻截朱元璋，双方的水军在鄱阳湖相遇，展开了空前规模、异常惨烈的大决战。

鄱阳湖大战打了 36 天，战争进程大体可以分为三个阶段：

第一，初始阶段。

战争开始，朱元璋处于劣势。陈友谅战舰数量众多，船体非常高大；朱元璋战舰数量较少，船体矮小。巨舰与小船交战，巨舰可以居高临下，小船只能仰攻，对朱元璋舰队十分不利。朱元璋的座舰，有几次搁浅，朱元璋都差点儿当了俘虏。

第二，相持阶段。

陈友谅的巨型战舰，高数丈，有上中下三层，船上还可以走马。陈友谅还让部下用铁索把战舰的船头和船尾拴在一起，把几条战舰连成一个整体。这样做，使战舰易于抵御风浪，战斗时不容易沉没，但机动性很差。朱元璋很快抓住了对方的这个弱点，并采纳大将郭兴的计谋，用火攻的方法攻击敌舰。他们在小船和竹筏上装满柴火、硫黄、火药等易燃物，点燃后冲撞敌舰，火借风威，风助火势，一时间火光冲天，烧毁了陈友谅的许多巨型战舰，使其元气大伤。朱元璋水军虽然数量较少，但作战勇敢，士气旺盛，随着双方力量的消长，战争逐渐进入了相持阶段。

在相持阶段中，双方互有胜负。有一天，刘伯温坐在指挥舰上协助朱元璋指挥战斗，忽然刘伯温从座椅上猛地一下站起来，大喊一声“快走”，拉住朱元璋逃到旁边的小船上，还未站稳，回头看见朱元璋的座舰被一颗炮弹炸得粉碎。朱元璋心想：好险！幸亏刘伯温能掐会算，才使我躲过这一劫。

其实，躲过这一劫不是因为刘伯温能掐会算，而是因为刘伯温精于逻辑推理。刘伯温是个细心人，他知道湖面上炮火纷飞，需要时刻警惕被炮弹击中，所以他两眼时时盯着天上，远远看见一团火光朝朱元璋座舰的方向飞来，所以能拉着朱元璋及时逃离。

刘伯温是这么推理的：

如果湖面上炮火纷飞，那么随时都有被击中的可能
如果随时有被击中的可能，那么两眼就要时时盯着天上

所以，如果湖面上炮火纷飞，那么两眼就要时时盯着天上

（这是充分条件纯假言推理的肯定前件式，其推理规则是：肯定“头”就要肯定“尾”。）

正因为刘伯温两眼紧紧盯着天上，远远看见炮弹飞来，才能迅速逃离，救了朱元璋和自己的命。而此时，陈友谅看见朱元璋的座舰被炮火炸得粉碎，不由得哈哈大笑，他兴奋无比地大喊：“朱元璋死了，我们胜了。”谁知没过多久，又看见朱元璋坐在别的战舰上指挥战斗，朱元璋军队的攻势更加猛烈，就大

失所望，立刻下令鸣金收兵，脱离战场。此后一段时间内，陈友谅的舰队就龟缩起来，“敛兵自守”，无论朱元璋的部队怎么挑战，陈友谅的舰队都不出来应战。

第三，湖口决战。

看到陈友谅的舰队多日不出来应战，刘伯温就劝说朱元璋把所有船只都调到鄱阳湖湖口，封锁陈友谅的退路。刘伯温是这么推理的：

> 如果敌人多日不出来应战，那么说明敌人元气大伤，士气非常低落
>
> 如果敌人元气大伤，士气低落，那么就会萌生撤军逃跑的意图
>
> 如果敌人打算撤军逃跑，那么必须封锁湖口，断其归路
>
> ---
>
> 所以，如果敌人多日不出来应战，那么就需要封锁湖口，断其归路

（这是充分条件纯假言推理的肯定前件式，其推理规则是：肯定“头”就要肯定“尾”。）

朱元璋接受刘伯温的建议，把所有船只都调往鄱阳湖湖口。湖口是从鄱阳湖进入长江的咽喉，封锁了湖口就截断了陈友谅的一切退路。紧接着刘伯温又建议，烧毁陈友谅派出筹粮的所

有船只。刘伯温说，陈友谅的 60 万大军离开根据地远道来作战，粮食供应必然会遇到很多困难，他会派出很多船只到鄱阳湖周边筹集粮食。

他还说：

> 如果烧掉陈友谅所有的筹粮船，那么敌人就筹不到一粒粮食
>
> 如果敌人筹不到粮食，那么就会不战而败
>
> ---
>
> 所以，如果烧掉敌人所有的筹粮船，那么敌人就会不战而败

（这是充分条件纯假言推理的肯定前件式，其推理规则是：肯定“头”就要肯定“尾”。）

不久陈友谅粮草殆尽，又筹不到粮食，只好率军冒死突围，向湖口方向逃跑，打算进入长江逃回老巢武昌。朱元璋早把鄱阳湖湖口封得死死的。朱元璋又用火铳、火炮、火舟、火筏攻击敌人，血战十余小时，陈军仍无法逃脱。陈友谅指挥战斗时，从战舰中伸出头来，正好被一只利箭射中眼睛，又从头颅中穿出，他当场毙命。陈友谅部下 5 万多人投降，其余四处溃散，陈友谅庞大的舰队全军覆没，朱元璋取得了彻底的胜利。鄱阳湖之战，扫除了朱元璋平定天下的最大障碍，奠定了朱元璋统一中国的基础。

鄱阳湖大战的第二年，即元至正二十四年（1364 年），朱元璋又亲率大军攻下了陈友谅的西部巢穴——湖北武昌，陈友谅的儿子陈理，向朱元璋投降。至此，陈友谅政权被完全消灭。

元至正二十七年（1367 年），朱元璋又攻下张士诚的老窝平江（苏州），张士诚自杀身亡。至此，张士诚政权也被消灭。

朱元璋平定南方之后，很快又挥师北上，统一了全国。

综上所述，朱元璋平定天下的历史进程，与刘伯温提出的“先陈后张，先南后北”的设想高度吻合。刘伯温制定的这条战略方针成功实施，一步步变为现实，帮助朱元璋取得了天下，令人不得不由衷地叹服！

鄱阳湖大战时，陈友谅兵力是朱元璋的三倍，但朱、陈争雄的结果是：弱者战胜强者，强者输给弱者，弱者最后称帝，强者最终战死。究其原因，不得不惊叹刘伯温卓越的军事才能！

就三大战役整体而言，太平之战，朱元璋转危为安，保住了自己的老窝应天，还占领了一些军事重镇；安庆之战，陈友谅由胜而败，丢掉了自己的老窝江州，还失去了江西大片土地；鄱阳湖决战，陈友谅舰队全军覆没，赔光了老本儿，丢掉了性命。在三大战役中，刘伯温协助朱元璋运筹帷幄，谋划全局，战无不胜，攻无不克，不愧为战略战术决策的高手！

然而，所有大政治家、大军事家无论怎么卓越，都不是神，他们的卓越才能都是来自他们对各种复杂形势的正确判断，对未来发展趋势的科学推理。离开缜密的逻辑推理，天才也会成为庸才。

7

蔺相如是如何运用逻辑推理完璧归赵的？

一介舍人　智勇双全

前几例讲的都是战略决策，本例讲的是战役决策，或叫战术决策。但无论战略决策还是战术决策，都离不开逻辑推理。请看蔺相如是如何运用逻辑推理完璧归赵的：

春秋战国时期，霸权主义盛行。强国欺凌弱国的事情司空见惯，比比皆是。《史记·廉颇蔺相如列传》中，就记载了秦王巧取豪夺、一心想霸占赵王的和氏璧，而赵国的使臣蔺相如与秦王斗智斗勇，进行了一系列针锋相对的坚决斗争，终于“完璧归赵”的故事。

赵惠王时，得到了一件价值连城的稀世珍宝——和氏璧。秦昭王听说这件事后，就写了一封信给赵惠王，表示愿意用秦国的15座城，交换赵王的和氏璧。名义上是互相交换，实际上是巧取豪夺。赵王接到秦王来信后，就与大臣们商量，如何应付这件事。大臣们觉得这件事情很难办，说："欲予秦，则秦城恐不可得；欲勿予，即患秦兵之来。"

如果把和氏璧给秦国，那么秦国不会兑现许诺，秦城得不到

如果不把和氏璧给秦国，那么秦国就会派兵来攻打赵国

或者给秦国，或者不给秦国

或者秦国不兑现许诺，或者派兵攻打我们

大臣分析了给与不给，会导致两种不同结果，但不管怎么做，对赵国都不利。这是一个二难推理的复杂构成式。这种局面使赵王左右为难，一筹莫展。

赵王无可奈何，只好问大臣们："那么，可以委派谁做大使，去与秦王周旋呢?"

宠臣缪贤说："我有一个幕僚叫蔺相如，他可以当此重任。"

赵王又问："你怎么知道他可以当此重任?"

缪贤说："我曾经犯过罪，害怕惩罚，就想逃亡到燕国

去。蔺相如反对我逃亡到燕国去，就问：您怎么知道燕王会收留您？我说：我曾经跟随大王到边界与燕王相会，燕王私下握着我的手说，愿意同我交朋友。所以他会收留我。蔺相如说：赵国强燕国弱，您受宠于赵王，所以燕王才想与您交朋友。您现在如果逃亡到燕国去，燕国害怕得罪赵国，必然不敢收留您。还会戴上枷锁把您遣送回赵国。您不如一五一十地向大王坦白罪行，或许能得到大王的宽恕。我听从了蔺相如的劝告，幸运地得到了大王的宽恕。通过这件事，我知道蔺相如有勇有谋，能当此重任。”

蔺相如为缪贤出谋划策时，提出好几个逻辑推理，其中最重要的是下面这个逻辑推理：

如果燕王收留您，那么就会得罪赵国

燕王出于自身利益一定不会得罪赵国

———————————————

所以，燕王一定不会收留您

（这是充分条件假言推理的否定后件式，其推理规则是：否定后件必须否定前件，即无后无前。见附录之三。）

缪贤不善于逻辑推理，所以想不到这一点。蔺相如善于逻辑推理，事先就想到了这种结果。正因为缪贤听从了蔺相如的劝告，所以才避免了叛国者身败名裂的可悲下场。

从这件事可以看出，蔺相如很有远见，那么他的远见来自哪里？来自逻辑推理。不仅蔺相如如此，所有智者的远见卓识，都来自逻辑推理，或者说都与逻辑推理有关。

听了缪贤的推荐，赵王就召见了蔺相如。

赵王问："秦王想用 15 座城，交换寡人的和氏璧，你说寡人答应不答应他？"

蔺相如回答说："秦强赵弱，不能不答应他。"

蔺相如的回答，包含着下面一个逻辑推理：

> 如果不答应秦王，那么就给了秦王进攻赵国的口实
>
> 为了不给秦王进攻的口实
>
> ---
>
> 所以，必须答应他

（这是充分条件假言推理的否定后件式。其推理规则是：否定后件必须否定前件。）

赵王又说："寡人给他和氏璧，他不给我 15 座城怎么办？"

蔺相如说："如果派我带着和氏璧去见秦王，秦王把 15 座城先交到赵国手里，我就把和氏璧给他留下；如果秦王不把 15 座城交给赵国，我就把和氏璧完好无损地带回来。"

蔺相如以其人之道，还治其人之身。秦王的伎俩是：我口头答应给你 15 座城，实际上根本不会给你一座城。蔺相如的对策是：我口头答应给你和氏璧，实际上，变着法儿不给你和氏璧。不但不给，我还会完好无损地把和氏璧带回赵国来。

于是，赵王就委派蔺相如，带着和氏璧去见秦王。

秦王在咸阳的离宫，接见了蔺相如。蔺相如双手捧着和氏璧，进献给秦王。秦王接过和氏璧，乐得哈哈大笑，并让左右的侍臣传看和氏璧，周围立刻爆发了一阵欢呼声。蔺相如仔细观察秦王，丝毫没有一点要给秦城的意思，就走过去，向秦王说："和氏璧上有一点儿瑕疵，请允许我指给您看。"秦王就把和氏璧交给了蔺相如，蔺相如接过和氏璧，向后退了几步，靠近一根石柱站立，瞪圆了眼睛，对秦王怒声说道："大王给我们赵王写信，要和氏璧。赵王与群臣商议说，秦国太贪得无厌，凭着国力强盛，许诺几句空话，就想拿走我们的和氏璧。我们就是把和氏璧给了秦国，也得不到秦国许诺的城市。所以不想把和氏璧给你们。但又觉得，布衣之交尚不相欺，一个堂堂的秦国难道会欺骗我们吗？况且为了一块儿璧玉，得罪了一个强国，也不可取。所以就改变了主意，派我来把和氏璧奉上。我出发前，赵王沐浴更衣，斋戒①五日，诚惶诚恐地让我把和氏璧送到秦国，奉献给大王。你们却在离宫②的普通楼台接见我，对我国使臣非常轻慢。拿到和氏璧后，诸臣传看说笑，闭口不谈交换 15 座城邑之事，这明明又是羞辱于我。所以我才把和氏璧要了回来。你们如果把我逼急了，我抱着和氏璧一头撞碎在这

---

① 古代君臣举行大礼前，沐浴更衣，不吃荤腥，住在清净的地方，不与外界往来，叫斋戒。

② 离宫不是正式接待外宾的地方，这样做不合外交礼仪。

根石柱上。”蔺相如说话时，斜眼瞧着石柱，好像立即就会抱着和氏璧撞个粉身碎骨。秦王一看，特别害怕撞毁和氏璧，婉言致歉，再三请求不要撞毁和氏璧。并且马上叫来主管地图的官员，指着地图上的 15 座城邑说，这 15 座城邑都划归你们赵国。蔺相如心里知道秦王又在耍花招，就将计就计地说：“和氏璧是价值连城的稀世之宝，既然大王喜欢，赵王不敢不献给大王。但赵王送和氏璧到秦国来时，沐浴更衣，斋戒五日，礼仪非常隆重。大王接受和氏璧时，也应该沐浴更衣，斋戒五日，并且请王亲贵族悉数到场，举行一个同样隆重的仪式。只有这样做，我才能把和氏璧奉献给大王。”秦王想了想，觉得对蔺相如不能硬来。就答应斋戒五日，然后再来接受和氏璧。于是就安排蔺相如到宾馆住下。蔺相如知道秦王虽然答应斋戒五日，但绝不肯把 15 座城交给赵国。于是让一个随员，换上老百姓的粗布衣裳，怀揣和氏璧，从小道悄悄地回到了赵国。

秦王为了得到和氏璧，斋戒五日，设九宾礼于廷，然后召见蔺相如。蔺相如见了秦王说：“秦国自穆公以来二十多个国君，都不认真遵守盟约和诺言，我实在担心被大王欺骗而对不住赵国，所以派人带着和氏璧，从小道儿已经回到赵国了。况且秦强赵弱，大王随便派一个使臣到赵国去，赵国就会乖乖地把和氏璧送来。凭着秦国的强大，你们先交出 15 座城给赵国，难道赵王敢留着和氏璧而得罪大王吗？我这样做，知道自己犯了欺骗大王的死罪，愿意接受大王最严厉的惩罚。”听了蔺相如的话，秦王与群臣互相看了一眼，接着就愤怒地叫出声来。左右侍从马上要把蔺相如拖出去处死。秦王说：“就是现在杀了蔺相如，也得不到和氏璧了，还会断送掉秦赵的友好关系。不如好好地招待他，让他回国。寡人不相信，难道赵王真的会因为一块儿和氏璧得罪秦国吗！”最后，秦王终于在朝廷之上，按照外交礼仪，正式接见了蔺相如，然后才送他回赵国去。

从《史记》的记载可以看出，秦王与赵王之间，围绕和氏璧之争，展开的是一场激烈尖锐的政治斗争和外交斗争。在这场曲折复杂的斗争中，赵国使臣蔺相如的表现，是十分出色的。蔺相如出使秦国，处于明显的劣势地位。一是因为他是弱国的使臣，二是因为一个外国的使臣，面对他国的暴君，处境的险恶，是可想而知的。但蔺相如凭着自己一身的正气和大智大勇，据理力争，寸步不让，随机应变，方法得体，化被动为主动，变弱势为强势，反而使不可一世的秦王，被动应付，处境尴尬。蔺相如的斗争勇气和斗争艺术，真让人拍案叫绝。

蔺相如之所以能取得这次斗争的完全胜利，主要有两方面的原因：一是因为他无私无畏，不怕牺牲；二是因为他有勇有谋，智力超人。

蔺相如为了捍卫赵国的国家利益，早把自己的生死置之度外，所以才能在与不可一世的暴君的面对面的斗争中，无所顾忌，无所畏惧。

又因为蔺相如智力超人，所以才能洞察一切，随机应变，应对自如。那么，他的智力来自何处呢？

一个人的智力水平，受多种因素的影响，但其中一个重要因素，就是逻辑推理能力的高低。蔺相如在完璧归赵的每个环节中，之所以都能做出正确的抉择，就是因为他精于逻辑推理。特别是以下的逻辑推理，对他的行动决策，都起到了非常关键的作用。

1. 从秦王接到和氏璧的表现，看出秦王没有诚意

秦王接到蔺相如献上的和氏璧后，洋洋自得，却闭口不谈交出 15 座秦城之事，使蔺相如看出秦王没有一点儿兑现承诺的诚意。请看蔺相如的推理：

如果秦王有兑现承诺的诚意，那么拿到和氏璧后，当场就会谈如何交接 15 座城的事宜

拿到和氏璧后，秦王闭口不谈交出城邑之事

所以，秦王没有一点儿兑现承诺的诚意

（这是充分条件假言推理的否定后件式，其推理规则是：否定后件必须否定前件。）

2. 从秦王手中，智取和氏璧

既然秦王没有兑现承诺的诚意，那么就得把和氏璧要回来。

但和氏璧到了暴君秦王手里，用一般的方法，是绝对要不回来的。蔺相如知道，除了智取，没有别的方法。他脑子里迅速进行了下面两个推理。

一个推理是：

如果我直接向暴君索要，那么是拿不回来的

我必须拿回来

所以，不能直接索要

（这是充分条件假言推理的否定后件式，其推理规则是：否定后件必须否定前件。）

另一个推理是：

如果我说和氏璧有瑕疵需要指明，那么秦王就会允许我指给他看

如果秦王允许我指给他看，那么就会把和氏璧递到我手里

所以，如果我说和氏璧有瑕疵需要指明，那么秦王就会把和氏璧递到我手里

蔺相如的这些思维活动，都是瞬间完成的，随机应变，非常机敏。

（上面的推理，是充分条件纯假言推理的肯定前件式，其推理规则是：肯定“头”必须肯定“尾”，即有头有尾。见附录

之二。）

3. 与和氏璧共存亡，才能制止秦王的轻举妄动

蔺相如要回和氏璧后，只身一人拿着它，随时都可能被秦王手下人夺走。意识到这种危险，蔺相如马上站到石柱旁边，誓言要与和氏璧共存亡，使秦王君臣有所顾忌，不敢轻举妄动。蔺相如是这么推理的：

只要我站在石柱旁边以死相拼，那么秦王就会有所顾忌

只要秦王有所顾忌，那么就不敢轻举妄动

所以，只要我站在石柱旁边以死相拼，那么秦王就不敢轻举妄动

这些思维活动也是瞬间完成的，以死相拼，临机决断，大智大勇。

一介书生，手无缚鸡之力，根本不是如狼似虎的秦王君臣的对手。但他站在石柱旁边，誓言与和氏璧共存亡，秦王君臣就对他无可奈何了，只能暂时妥协退让。

（上面的推理，是充分条件纯假言推理的肯定前件式。）

4. 让秦王斋戒五日，争取把和氏璧送回国的时间

从秦国到赵国，步行需要几天的时间，没有足够的时间，蔺相如的随从不可能逃回赵国。所以，必须稳住秦王，为随从

争取几天回国的时间。那么，怎样争取几天的时间呢？

蔺相如自有妙策，他是这么推理的：

如果我说赵王斋戒五日，那么就有理由要求秦王也斋戒五日

如果秦王能够斋戒五日，那么就能为随从争取到五天回国的时间

所以，如果我说赵王曾斋戒五日，那么就可以争取到五天的时间

蔺相如用斋戒五日以后再献上和氏璧的办法，稳住了秦王，争取了五天宝贵的时间。

蔺相如急中生智，智从何来？还是来自逻辑推理。

（上面的推理，是充分条件纯假言推理的肯定前件式。）

5. 蔺相如斗争方法得体，使自己自始至终处于主动地位

在只有强权没有公理的时代，弱者与强者斗争，要想取胜必须讲究斗争艺术。蔺相如自始至终，都不说不把和氏璧献出来的话，让秦王心中自始至终都有点儿盼头儿，不至于狗急跳墙，把事情做绝。如果一开始，赵国就拒绝把和氏璧献给秦王，那么就给秦国攻打赵国提供了借口，是很不明智的。又譬如，蔺相如到了秦国以后，看到秦王没有兑现承诺的诚意，如果他当场表示，以后不会再答应献出和氏璧，那么秦王就会感

到绝望。如果秦王感到绝望，就可能会用极端方法处理问题。如果秦王用极端手段处理问题，那么蔺相如就失去了一切回旋余地。这段话的意思，用逻辑竖式表示，就是下面的充分条件纯假言推理：

如果蔺相如明确表示此后不再同意献出和氏璧，那么秦王就会感到绝望

如果秦王感到绝望，就会用极端方法处理问题

如果秦王用极端手段处理问题，那么蔺相如就会失去一切回旋的余地

如果蔺相如没有了回旋的余地，那么就会使自己处于非常被动的地位

所以，如果蔺相如明确表示，以后不再同意把和氏璧献给秦王，那么就会处于非常被动的地位

外交政策和外交斗争，必须有回旋的余地。

精通斗争艺术的蔺相如，始终不说不同意献出和氏璧的话，这样就给自己留下回旋的余地。但他始终都明确要求秦王兑现自己的承诺。这样一来，被动的不是蔺相如，而是秦昭王。

6. 蔺相如在这场斗争中，自始至终都抓住了取胜的关键环节

蔺相如自始至终，都坚持秦国必须兑现承诺。抓住了这一

点，就抓住了取胜的关键环节。蔺相如是这么推理的：

只要坚持秦王必须兑现承诺，那么不管他耍什么花招，都拿不走和氏璧

只要保住了和氏璧，就取得了这场斗争的最后胜利

所以，只要坚持秦王必须兑现承诺，就会取得这场斗争的最后胜利

（这是充分条件纯假言推理的肯定前件式。）

通过以上分析可以看出，在完璧归赵的整个过程中，蔺相如自始至终都在进行逻辑推理。依靠这些逻辑推理，蔺相如在这场外交斗争的每个关节点上，都做出了正确决策。离开正确的逻辑推理，蔺相如就不可能完璧归赵，更不可能在我国历史上，留下让后人无比赞叹又如此精彩的一页。

案件侦破中的逻辑推理

8

她没有男友为什么莫名其妙地怀孕了？

见色起意　自投罗网[①]

女子江梅，青春靓丽，自惜自信，对未来充满憧憬。但到了 2012 年 1 月下旬，觉得身体有些异样，这个月例假也没有来，感到奇怪。到医院一检查，怀孕了，大吃一惊。自己没有男友，怎么会莫名其妙地怀孕了呢？

她百思不得其解。想来想去，想起来一个多月前，和某公司的业务员郝某、刘某喝过一次酒。她刚喝了半瓶红酒，就醉

---

① 这条新闻的来源是，《京华时报》2014 年 9 月 9 日第 10 版，原标题是《醉酒女一个月后发现怀孕》。记者张剑。

得不省人事了。他们俩会不会在她酒醉后做了什么坏事？她想：我得找他们问清楚，不能不明不白地被人欺负了。

她去质问郝某，郝某一口咬定，没有欺负过她。她又去质问刘某，刘某也一口咬定，没有欺负过她。事情已经过了一个多月，什么物证都没留下，无凭无据，他们俩都不承认，江梅也没办法。实在无可奈何，江梅只好报警。

警方介入后，觉得首先要弄清楚，江梅怀孕和他们俩有关系没有？如果有，谁是胎儿的父亲？于是就做了DNA检测，检测结果显示：郝某的DNA与胎儿相符，是胎儿的父亲。警方做出这个判断，有一个推理过程：

与胎儿DNA相符的是胎儿的父亲

郝某的DNA与胎儿相符

所以，郝某是胎儿的父亲

这是直言三段论推理的第一格。第一格是证明格，通过这个推理，证明了郝某是胎儿的父亲。

警方把检验结果拿给郝某看，郝某抵赖不过，承认和江梅发生过性关系。但又辩解说：当晚江梅根本没有喝醉，是江梅自愿与他发生关系的。警方又找江梅核实情况，江梅说："我醉得不省人事，怎么会同意与他发生关系？"两人各执一词，一时难辨真伪。

警方为了弄清真相，调取了事发地的监控录像。事发地是在一个洗浴中心。监控录像显示：是郝某去开的房间，开房后是由刘某把江梅背进房间的。根据录像，警方断定郝某强奸了江梅，于是就把郝某刑事拘留。警方的推理过程是：

如果江梅是被背进房间的，那么她肯定没有同意发生性关系

如果她没有同意发生性关系，那么就是强奸

所以，如果江梅是被背进房间的，那么江梅就是被强奸的

（这是充分条件纯假言推理的肯定前件式。它的推理规则是，肯定“头”就要肯定“尾”，即有头有尾。见附录之三。）

警方又用反证法，证明江梅不是自愿的：

如果江梅是自愿的，那么她就会自己走进郝某的房间

她不是自己走进郝某的房间

所以，她不是自愿的

上述结论是确实可靠的。

至此，警方已经完全查清了事情的来龙去脉：业务员郝某今年34岁，在工作中结识了客户江梅。见江梅清新靓丽，就暗中起意。2011年12月14日晚，郝某、刘某约江梅一起喝酒唱歌。江梅只喝了半瓶红酒，便醉得失去意识。郝某、刘某便把江梅弄到一个洗浴中心，开了个房间，郝某强奸了醉得不

省人事的江梅。次日下午江梅醒来，发现自己一个人躺在床上，全身衣着比较整齐，心中虽有疑惑，也不便说什么，就一个人乘车回家了。

事情真相查清后，江梅把郝某起诉到了朝阳区法院。一审法院审理认为，郝某构成强奸罪，判处其有期徒刑四年。郝某随后上诉，坚称江梅是自愿与他发生关系。市三中院审理后裁定，一审判决事实清楚、证据充分，驳回郝某上诉，维持原判。

这里需要补充说明一下：法院判决的过程也是根据事实与法律，进行逻辑推理的过程。

首先是定罪。我国刑法规定："强奸罪，是指违背妇女意志，使用暴力、胁迫或者其他手段，强行与妇女发生性交的行为。"

根据法律，法官运用直言三段论推理的第一格，判定郝某犯了强奸罪。这个推理用逻辑竖式表示是：

凡违背妇女意志，使用暴力、胁迫或者其他手段，强行与妇女发生性交行为的都是犯了强奸罪

郝某违背妇女意志，用欺骗手段，强行与江梅发生性交行为

所以，郝某犯了强奸罪

定罪以后，法官再根据罪名，依据刑法进行量刑。

我国刑法“第二百三十六条［强奸罪］ 以暴力、胁迫或者其他手段强奸妇女的，处三年以上十年以下有期徒刑”。

法官依据刑法规定，运用直言三段论推理的第一格判处郝某四年有期徒刑。这个推理用逻辑竖式表示是：

凡以暴力、胁迫或者其他手段强奸妇女的，处三年以上十年以下有期徒刑

郝某强奸妇女

所以，判处郝某四年有期徒刑

从以上的叙述可以看出：无论是警方的侦破过程，还是法官的判决过程，都离不开逻辑推理。在司法活动的广阔领域中，到处都有逻辑推理的用武之地，可以说，处处都有逻辑推理之花绽放，时时都会嗅到它迷人的芳香。

9

便衣警察为什么知道他们三人是贼？

火眼金睛

《京华时报》2014 年 7 月 13 日第 9 版登载了这样一条消息（记者　王晟）：仨中年男子，从四川老家一路行窃来到北京，假扮游泳者进入朝阳区团结湖一露天游泳场行窃。仅两天就偷窃 12 部手机和 1 块高档名表。受害者报警后，三名警察潜入游泳场，将三个窃贼抓获。

事情的经过是这样的（细节略有加工）：

民警乔装游泳者进入游泳场侦查，发现每天下午 2 点，有三个中年男子准时出现在游泳场内，他们换上泳衣却不下水游泳，只在泳池边上徘徊，并且反复进入男更衣室。这引起了便衣警察的警觉：

如果这三人是来游泳的，那么应该下水游泳
他们三人不下水游泳
———————————————
所以，他们不是来游泳的

（这是充分条件假言推理的否定后件式，其推理规则是：否定后件必须否定前件，即无后无前。见附录之三。）

只有蓄意行窃的人，才会盯着更衣室
他们紧盯更衣室
———————————————
所以，他们是蓄意行窃的人

（这是必要条件假言推理的肯定后件式，其推理规则是：肯定后件必须肯定前件，即有后有前。见附录之三。）

窃贼发现，有些粗心大意的人换泳裤时，将手机随意地放在一旁，很容易下手，所以他们便紧盯更衣室。但这一切，都看在便衣警察的眼里。

找出了初步的怀疑对象，但还需要进一步证实才能抓捕。7月6日下午，又有一名游泳者发现自己手机被盗了，便衣警察询问了失窃手机的号码，并输入到自己的手机里。几个便衣警察，先走到游泳场的出口，不一会儿，三个嫌疑人也走出来了。一个便衣警察拨打了失窃手机的号码，这时有一个嫌疑人身上的手机响起了铃声。几个便衣警察，立即动手控制住了嫌疑人，并从嫌疑人身上搜出了被盗窃的手机。在群众聚集的地方抓捕坏人，还要选择合适的地点，以免引起社会秩序的混乱。所以警察选择在游泳场出口动手。

当便衣警察拨打失窃手机的号码时，他们脑子里有这么一个推理：

只有窃贼身上，才会响起失窃手机的铃声

嫌疑人身上响起了失窃手机的铃声

所以，嫌疑人是窃贼

至此，完全证实了三个嫌疑人就是一伙窃贼。接着，警察又搜查了三个人的暂住地，起获了 12 部被盗手机、1 块高档手表、1 个钱包。

为什么这三个窃贼逃不过火眼金睛的便衣警察？因为便衣警察善于观察和推理。在侦破的过程中，他们进行了三次逻辑推理：

第一次推理：推出他们来游泳场不是游泳的；

第二次推理：推出他们是蓄意行窃的；

第三次推理：证实他们就是窃贼。

有了这三次推理，民警才会果断出手。这样做，既不会漏掉坏人，也不会误伤好人。

10

毫无线索的无头案为什么破得这么快？

逻辑推理的力量

这是某地农村真实发生的一件案子。

在一个人迹罕至的山洞里，勘探队员在探矿时，发现了一具成年人的尸骨。死者姓甚名谁、家居何村何地、死于何年何月、自杀他杀，一概不知。但从尸骨的衣服碎片推测，是当地农民。

这几乎是一件毫无线索的陈年旧案。死者是谁？毫无线索。家居何地？毫无线索。死于何时？毫无线索。因何而死？毫无线索。在一般人看来，这像是没有任何已知条件的几何难题，是无解的。但在善于逻辑推理的刑侦人员看来，虽有难度，但并非无解。

刑侦人员认为，至少有两点是已知的：其一，死者是当地男性农民；其二，有尸骨就可以提取 DNA。对于善于逻辑推理的刑侦人员来说，只要有针尖大的线索，就可以大海捞针。他们想：

只要当地有不明死者，那么当地就会有失踪者

只要当地有失踪者，那么家属就会向公安机关报案

只要家属向公安机关报案，那么就可以从失踪者档案中寻找

所以，只要有不明死者，那么就可以从失踪者档案中寻找

这是一个充分条件的纯假言推理。正是根据这个推理，刑侦人员找到了案件的突破口。谁也没有想到，刑侦人员以后只通过三个步骤，就快速地侦破了这个无头案。

1. 划定排查范围

从哪儿入手呢？

山洞中尸骨的衣服残片说明死者是当地农民。那么首先就要摸清，该县十来年间有多少农民失踪。调查结果是：十来年间全县共有 A、B 两个男性农民失踪。死者可能是其中的一个。

2. 弄清死者身份

刑侦人员想：只要有尸骨，就可以做 DNA 检测。A 与 B 两

人都有子女。经检测，死者与 A 的子女没有亲子关系，说明死者不是 A。推理过程是：

如果死者是 A，那么 DNA 检测结果应该证明死者与 A 的子女有亲子关系

检测结果证明死者与 A 的子女没有亲子关系

所以，死者不是 A

又经 DNA 检测，死者与 B 的儿子有亲子关系，证明死者是 B。其推理过程是：

如果死者是 B，那么 DNA 检测结果应该证明死者与 B 的儿子有亲子关系

检测结果证明了死者与 B 的儿子有亲子关系

所以，死者是 B

前一个推理，是充分必要条件假言推理的否定后件式，其推理规则是：否定后件必须否定前件。后一个推理，是充分必要条件假言推理的肯定后件式，其推理规则是：肯定后件必须肯定前件。这两个推理，都是必然性推理，其推理结果是可靠的。

3. 排除新的疑点

死者身份确定了，但新的疑点又产生了。经 DNA 检测，死

者与B的儿子有亲子关系，但与B的女儿没有亲子关系。这说明B的女儿是B的妻子与他人所生，很可能B的妻子有婚外恋。其推理过程是：

如果死者B不是他女儿的生身父亲，那么他的女儿就另有生身父亲

如果他的女儿另有生身父亲，那么他的妻子就可能有婚外恋

所以，如果死者不是女儿的生身父亲，那么死者的妻子就可能有婚外恋

这是充分条件纯假言推理，其推理结果也是真实可靠的。

这就确定了与案件有关的嫌疑人，公安人员就开始集中力量，对其妻子的情况进行深入的摸底调查，发现了不少新的疑点，然后对其妻子进行耐心的说服教育和政策攻心工作，促使她最终说出了事情的真相：其夫是其情夫所杀。七年前，其夫上山采药，被其情夫所害，藏尸于人迹罕至的山洞里。

无头案侦破得如此之快，是因为刑侦人员手里有三件重要法宝：侦查、技术鉴定、逻辑推理。特别是四次重要的逻辑推理，对案件的侦破起到了关键作用：

第一次推理：使排查范围从几十万人缩小到两个人。

原来只知道死者是当地男性农民，但全县男性农民有几十

万，范围太大，难以找出死者是谁。经过第一次推理，刑侦人员开始从失踪人员中寻找死者，寻找的范围大大缩小了。这是最关键的一步。

第二次推理：确定了死者不是A。

第三次推理：确定了死者是B。

第四次推理：发现了与案件有关的嫌疑人。

死者与B的儿子有亲子关系，与B的女儿没有亲子关系，说明死者的妻子可能有婚外恋，非常可疑。发现嫌疑人，也是破案最关键的一步。

可以说，有了这四次推理，所有问题都迎刃而解了。如果没有这四次逻辑推理，团团迷雾就难以解开。事实证明：逻辑推理，神通广大，威力无穷。

11

毫无线索的抢劫行凶案是如何迅速侦破的？

刑侦人员的重要法宝①

北京市宣武医院副院长王女士，家住在丰台区怡海花园小区。11 月 19 日早晨 6 点 34 分，王女士进入地下停车场，打开车门，准备开车去上班时，一个男子突然从她的奥迪车后面窜了出来，对她实施抢劫。在挣扎中，王女士被砍了四刀，此后凶手匆匆逃走。

北京市公安部门接到报案后，立即出了现场。现场勘察后，

① 本文取材于 2015 年 12 月 10 日《京华时报》一文《宣武医院副院长被砍案告破》。记者张思佳。

发现案发地点距离监控摄像头较远，而且地下车库光线暗淡，从车库的监控录像中，根本看不清凶手的相貌和体态，更无从了解凶手作案的全过程。

王女士经过抢救，脱离了生命危险。但慌乱中，她也没有看清凶手的相貌，连凶手高矮胖瘦都全无印象。

监控录像没有留下任何有用的资料，受害人也提供不出任何有价值的破案线索。这个无头案能侦破吗？

出人意料的是，刑侦人员根据一环套一环的逻辑推理，使侦破工作很快取得突破，在案发十一天后就抓到了犯罪嫌疑人。

刑侦人员的推理过程，大体分三个步骤：

第一，既然案发当天凶手避开了所有监控探头，那么说明凶手事先经过踩点儿。

勘查现场后，刑侦人员立即调阅了案发当天王女士住宅楼附近小区的所有监控录像，很快就发现了这个案件有一个非常明显的特点：凶手作案当天，避开了小区的很多摄像头，逃走时监控视频中没有留下他任何身影。这说明他熟悉周围环境。警方推测凶手事先经过踩点儿。

警方是这么推理的：

> 凶手只有经过事先踩点儿，逃走时才可能避开很多摄像头的监控

凶手逃走时避开了很多摄像头的监控

所以，凶手事先踩点儿了

经过这个推理，警方的思想非常明确：凶手事先肯定踩点儿了。

第二，既然凶手事先踩点儿了，那么他踩点儿时，很可能被监控录像拍到。

虽然凶手在作案当天没有被监控录像拍到，但他事先踩点儿时很可能被监控录像拍到。因为怡海花园是个较大的居民小区，楼房很多，小区内安装了上百个监控探头。凶手踩点儿时会东张西望，一不留神就会被某个摄像头拍到。

警方是这么推理的：

只要凶手去踩点儿，那么他就会在小区内东张西望（为了发现摄像头的位置）

只要他东张西望，就会被小区内的一些摄像头拍到

所以，只要凶手去踩点儿，就会被小区的摄像头拍到

经过分析，警方认为：虽然凶手在作案当天没有被监控录像拍到，但他事先踩点儿时，一定会被监控录像拍到。有了这个分析，警方除了调阅案发当天的监控录像外，还逐日调阅了案发前半个月内王女士住宅楼附近的监控录像。很快就有了新的发现：

在11月16日早上（即案发前三天），地下停车场的监控录像显示：有个陌生男子进入地下停车场，毫不迟疑地快步走到了王女士的奥迪车旁边，一直待了一个多小时。那天王女士上班没有开车，陌生人没有等到她，只得不情愿地离开了，王女士暂时躲过一劫。通过这个监控录像，警方初步掌握了嫌疑人的身高、体型和走路特征。

为了尽快破案，刑侦人员废寝忘食地逐日查看案发前的监控录像，每天只睡两三个小时。真是功夫不负苦心人，很快就有了更大的发现：

11月5日晚上6点多，地下停车场的监控录像显示：有个陌生男子在地下车库来回走动，像是在找车。他在找谁的车？此时正是王女士下班开车回到家的时间。很明显，这是嫌疑人在踩点儿，目的是找到王女士停放奥迪车的位置。从陌生人走路的步态来看，这个陌生人和11月16日早上在地下车库出现的陌生人是同一个人。

警方把这两段视频联系起来分析，更清晰地发现了凶手活动的轨迹：11月5日6点多，嫌疑人第一次进入地下车库踩点儿，寻找王女士的奥迪车车位。11月16日早上又第二次进入地下车库，因为他熟悉了王女士的车位，所以径直走到王女士的奥迪车旁，等了一个多小时准备作案，只是王女士那天没有开车，才暂时躲过了一劫。

警方还认为：种种迹象表明，嫌疑人在不停地跟踪王女士。

第三，既然凶手跟踪王女士，那么他就可能在宣武医院的监控录像中也留下过身影。

警方是这么推理的：

> 如果凶手跟踪王女士，那么他就可能在王女士住宅小区和工作单位经常出现
>
> 如果凶手在王女士工作单位经常出现，那么就可能在宣武医院的监控录像中留下身影
>
> ———————————————
>
> 所以，如果凶手跟踪王女士，就可能在宣武医院的监控录像中留下身影

根据这个推理，刑侦人员又重点调阅了案发时段宣武医院的监控录像，很快有了重要发现：

11 月 5 日下班前，嫌疑人曾在王女士的奥迪车附近徘徊很久。下班后，看到王女士走到医院停车场开车回家时，嫌疑人飞快地通过救急通道，迅速坐上自己的捷达车，尾随王女士的奥迪车，一直开到了她住家的怡海花园小区。

到了怡海花园小区，因为外来车辆不能进入王女士住宅楼下的地下车库，等嫌疑人在小区内找好车位停了车，只身进入车库时，王女士已经锁好车上楼去了。

（宣武医院的这段视频，和前面提到的 11 月 5 日下午 6 点多

钟王女士住宅楼下车库的监控视频的画面，时间上是互相衔接的。当时地下车库的视频画面显示：嫌疑人在地下车库来回走动，寻找王女士的奥迪车。这是嫌疑人从宣武医院尾随王女士到怡海花园小区后，第一次进入地下车库踩点儿。但嫌疑人进入地下车库时，王女士已经上楼回家了。）

宣武医院的上面一段监控视频，还清晰地录下了嫌疑人的相貌特征：他与众不同，眼眶上有两道向上翘起的倒八字眉。他嘴上还戴着一个大口罩。

警方很快查到了嫌疑人驾驶的那辆捷达车的车辆信息：车主姓李，今年 39 岁，在一家保险公司做销售工作。警方把车主车辆登记时留下的照片，与监控录像中的照片进行了比对，发现捷达车主李某正是犯罪嫌疑人。

11 月 30 日晚上 6 点，民警在李某家中将其抓获，对其进行刑事拘留审查。审查过程中，李某交代了作案的始末缘由。原来巨额债务缠身的李某，曾与王女士的丈夫有过经济业务来往，知道对方家境富裕，经济实力很强。为了还债，李某想通过跟踪、踩点儿、蹲守等手段，对王女士实施抢劫。结果没有抢到钱，反而将王女士砍伤。李某实施抢劫前，曾给妻子留下“诀别”的遗书。警方一一核实李某的口供，件件无误，于是结案。

纵观全案：侦破这样的案子，难度很大。因为凶手作案当天，没有留下任何蛛丝马迹。受害人报案后，凶手已经逃得无影无踪，哪里去找？何处去寻？简直无处下手，无从侦破。但刑侦人员手里有一个重要法宝：逻辑推理。侦破工作有了这个法宝，一个个难题就迎刃而解了。如果警方只调取凶手作案当天的监控录像，不调取作案前半个多月的监控录像；或者只调取住宅小区的监控录像，不调取宣武医院的监控录像，此案就侦破不了。正是在逻辑推理的指引下，侦破工作才一步一步全面展开，不断打开僵局，取得突破性进展，打了一个漂亮仗，一场速决战。

12

为什么这么复杂的疑难案件却难不住刑侦人员？

难不住的刑侦人员

CCTV－1《撒贝宁时间》2014 年 3 月 30 日“刻在墙上的号码”报道了这样一起案情复杂的凶杀案：

2013 年 3 月 15 日，四川省雅安市一个老旧居民区，发生了一起捆绑杀害两个中年妇女的血案。

让警方百思不得其解的是：现场的种种迹象表明是一个人作案，但一个人同时捆绑年轻力壮的两个妇女，又不太可能。这究竟是怎么回事呢？

案发当天早晨 8 点多，王胜林接到女友艾秋菊的电话，说她要去医生蒋芙蓉家里取东西。他的女友是护士，与医生蒋芙蓉在同一个诊疗所工作。到 11 点多，他给女友艾秋菊打过多次电话，始终都关机。他怕女友出事，当天下午就赶到医生蒋芙蓉家里，去找女友艾秋菊。但到了蒋芙蓉家，怎么都叫不开门，越发可疑，于是赶快报警。医生蒋芙蓉刚搬到这个小区住，还没几天。警方请开锁公司打开房门，进屋一看，王胜林的女友艾秋菊，俯卧在小卧室的地上，被尼龙绳五花大绑，已经死了。在小卧室的墙上，刻着 859418 几个数字。在旁边的大卧室里，户主蒋芙蓉死在床上，尸体盖着被子。揭开被子，蒋芙蓉上身穿一条睡裙，也被尼龙绳五花大绑。屋内没有打斗痕迹。两个死者的手机、几张银行卡、身上戴的金戒指等首饰和 1 000 多元现金都不见了。经检查，两个死者体内都有男人的精液，但精液又不是一个男人的，死前有被性侵的可能性。

这个案子非常复杂。警方勘查现场后，召开了第一次案情分析会，对案情做了如下分析：

1. 熟人作案

窗户和晾台上的灰尘分布均匀，没有攀爬痕迹，说明凶手不是从窗户和晾台爬进来的。门锁没有撬痕。屋内没有打斗痕迹，说明两个死者对凶手没有任何防范意识，可能是和平入室，熟人作案。

警方得出这个结论，经过三次推理。

第一次：

如果凶手是从窗户或晾台爬进来的，那么窗户和晾台上应该有攀爬的痕迹

窗户和晾台上都没有攀爬痕迹

所以，凶手不是从窗户或晾台爬进来的

第二次：

如果凶手是撬门进来的，那么门锁应该有撬痕

门锁没有撬痕

所以，凶手不是撬门进来的

第三次：

只有熟人作案，受害人才没有任何防范意识

两个受害人都没有防范意识

所以，是熟人作案

2. 死亡时间

用手指轻轻按压死者艾秋菊的背部，皮肤原有的血色就会立即褪去，说明浑身血液还没凝固，死亡时间不长。

警方是这么推理的：

如果死亡时间较长，那么死者的血液就会凝固

如果死者血液凝固，那么就没有原来的血色
死者的尸体仍有血色
———————————————————
所以，死亡时间不长

3. 死亡原因

经法医鉴定，两个死者都是窒息性死亡，是捆绑中被尼龙绳勒死的。身上没有其他伤痕。

4. 作案动机

两个死者体内都有精液（不是一个人的），有可能是劫色；银行卡、金首饰、现金都不见了，也可能是劫财。还可能既劫色，又劫财。

5. 几人作案

这个凶杀案，究竟有几个人作案，大家意见很不一致。

两个死者的捆绑方式完全相同，分明是同一个人所为。再说屋内除两个死者外，只发现一个人的鞋印和指纹，这说明是一个人作案。但一个人要同时捆绑两个年轻力壮的妇女，没有遇到任何抵抗，不发生搏斗，这又是不可能的，因此又不像是一个人作案。

两种对立的意见，好像都有道理，使刑侦人员感到非常困惑。

6. 是否移尸

既然一个人无法同时捆绑两个人，刑侦人员又提出了一种设想，是否在别处作案，然后移尸至此。也就是说，此处不是案发的第一现场。经过仔细观察后，大家又否定了这种想法，因为两个死者嘴边都流出了少量口水和血迹，而口水和血迹都留在原来的位置上，这说明尸体没有搬动过。

警方是这么推理的：

如果死者的口水和血迹都留在发现尸体的地方，那么说明尸体没有移动过

蒋芙蓉和艾秋菊的口水和血迹都留在发现尸体的地方

所以，蒋芙蓉和艾秋菊的尸体没有移动过

7. 墙上刻字

这个案子还有一个神秘之处：在艾秋菊死亡的那间小卧室的墙上，刻有一组数字：859418。这组数字，是凶手留下的，还是死者留下的？他们留下这组数字，想说明什么？因刻痕较深，估计是用匕首刻上去的。因刻字下边的地上还散落有细微粉末，所以推测是新刻上去的。刑侦人员还推测，这组数字，可能是银行卡密码、电脑开机密码、QQ 密码、手机开机密码等。但究竟是什么，一时难下结论。不过大家认为，是银行密码的可能性大。

8．捆绑方法

两个死者都被五花大绑，捆绑方法非常专业，不是一般人能做到的。这种捆绑方法，不易挣脱，也不会松扣儿。这种方法，以前监所的警察捆绑犯人使用过，现在早不用了。掌握这种方法的人，或者当过监所的警察，或者当过武警，或者坐过牢，见过这种捆人方法，自己也学会了。

9．勒痕特征

死者蒋芙蓉的脖子上有两条勒痕：一条较深，一条较浅。较深勒痕的皮肤下面有出血，说明她是在活着的时候被勒死的，因为只有活着的时候被绳子勒紧才会有皮下出血。较浅的勒痕下面，没有皮下出血，说明是死后被捆绑的。刑侦人员推测，凶手可能怕死者复活，所以第二次再捆绑一道绳子。

刑侦人员是这么推理的：

只有人活着时被绳子勒紧，才会有皮下出血

较深的勒痕有皮下出血

所以，较深的勒痕是人活着时被捆绑的

如果死后被绳子勒紧，肢体就不会有皮下出血

较浅的勒痕没有皮下出血

所以，较浅的勒痕是死后被捆绑的

警方估计：凶手捆绑第一道绳子之后，仍担心死者复活，所以又捆绑了第二道绳子。警方还估计：较深的勒痕在先，因为第一道勒痕是要把蒋芙蓉勒死，所以用力很大。较浅的勒痕在后，因为第二道勒痕是要防止蒋芙蓉复活，所以没用太大的力气。

死者艾秋菊，脖子上也有两条勒痕：一条较浅，一条较深。但这两条勒痕，都有皮下出血。这说明两条勒痕，都是在艾秋菊活着的时候，就开始捆绑造成的。刑侦人员认为，这两条勒痕的含义不同。较浅的勒痕在先，较深的勒痕在后。

当捆绑第一道绳子的时候，凶手并不想立即勒死她，她仅仅处于濒死状态，凶手还能与她对话。只不过用这种办法，逼她说出银行卡密码。所以第一道勒痕较浅。

她说出密码后，凶手用匕首把密码刻在墙上，然后用力把她勒死，留下第二道较深的勒痕。

刑侦人员经过分析，得出了与前面完全不同的结论：较浅的勒痕在先，较深的勒痕在后。

请看警方的推理过程：

> 如果凶手想逼问出银行密码，那么就不能一下子把她勒死
>
> 如果不能一下子把她勒死，那么就不能太用力
>
> 如果不太用力，那么捆绑的勒痕就会较浅
>
> ---
>
> 所以，如果凶手想逼问出银行密码，那么捆绑的勒痕

就会较浅

当艾秋菊说出银行卡密码之后，凶手就会用力把她勒死。所以第二道勒痕较深。

令人称道的是：刑侦人员的逻辑推理能力非常强。他们当时的分析，被以后的事态发展所完全证实。

通过第一次案情分析，大家最关注两个问题：（1）到底是一个人作案，还是多个人作案？（2）既然是熟人作案，嫌疑人是谁，他在哪儿？

不久，第一个问题有了答案。技术鉴定结果出来了：医生蒋芙蓉的死亡时间，是早上 8:00 左右。护士艾秋菊的死亡时间，是上午 10:30 左右。两个人的死亡时间，相距两个半钟头，凶手一个人完全可以利用时间差，先后捆绑并杀害两个女人。刑侦人员推测，凶手先把医生蒋芙蓉捆绑杀害，然后再把护士艾秋菊骗到这里捆绑杀害，趁机洗劫她们的财物。

在这里，警方主要进行了下面的逻辑推理：

只要有足够的时间差，凶手是可以先后捆绑害死两个身强力壮的妇女而不会遇到反抗的

蒋芙蓉与艾秋菊的死亡时间相差两个半小时

所以，凶手是可以先后捆绑害死蒋芙蓉和艾秋菊而不遇到反抗的

至此警方认定：凶手是同一个人。

不仅如此，警方还断定：凶手在杀害蒋芙蓉前，还与她发生过性关系。因为从捆绑死者的尼龙绳上提取了凶手的 DNA，经与蒋芙蓉体内遗留精液的 DNA 比对，二者相符（与艾秋菊体内精液的 DNA 比对，二者不相符）。这说明，凶手在杀害医生蒋芙蓉前与她发生过性关系。正是这个和蒋芙蓉发生性关系的人，先后杀害了医生蒋芙蓉和护士艾秋菊。

警方是这么推理的：

> 在尼龙绳上留下 DNA 的人，就是与蒋芙蓉发生性关系的人
>
> 凶手是在尼龙绳上留下 DNA 的人
>
> ---
>
> 所以，凶手是与蒋芙蓉发生性关系的人

究竟是几个人作案的问题解决之后，大家开始集中力量解决第二个问题：嫌疑人是谁？他在哪里？

既是熟人作案，那么警方就先在受害者的熟人当中寻找嫌疑人。

在艾秋菊的熟人当中，和她接触最多的是她的男友王胜林。她生前的最后一个电话是打给王胜林的，电话里她告诉王胜林：她要去医生蒋芙蓉家里取东西。于是王胜林成了警方第一个怀疑对象，并对王胜林展开了调查。王胜林 50 多岁，是雅安市名

山区某单位退休职工，他爱赌博，生活比较拮据，没钱买烟，烟瘾上来还捡拾地上的烟头抽。他知道医生蒋芙蓉和护士艾秋菊都有积蓄，所以他有作案动机。警方怀疑，他会不会来到蒋芙蓉家，敲开她的房门，蒋芙蓉见同事的男友来访，没有任何警惕。于是他趁机强暴并杀害了蒋芙蓉，洗劫了她的财物。正要离开时，他的女友艾秋菊也有事来找蒋芙蓉。见此情景，他一不做二不休，又杀害了艾秋菊。然后反锁房门，逃之夭夭了。为了不被怀疑，还装模作样报了警。但深入调查后，警方否定了对王胜林的怀疑。因为王胜林一直住在很远的名山区，距离案发现场 20 多公里，有人证明：案发当天上午，他没有离开自己的住处。因为没有作案时间，王胜林的嫌疑被排除了。

排除了艾秋菊的男友作案后，警方又开始把怀疑的重点转向蒋芙蓉的男友赵勉身上。赵勉在雅安市雨城区政府部门工作，和两个死者都很熟。他和蒋芙蓉同居了一年多，但因双方都有自己的孩子，经常发生矛盾，蒋芙蓉提出分手，赵勉不同意。但两人吵来吵去，还是在十天前分手了。蒋芙蓉于是搬到现在的小区来住。案发后，艾秋菊的男友王胜林说，是蒋芙蓉的男友给艾秋菊打电话，说有人从甘孜州给艾秋菊捎来一些虫草，让她到蒋芙蓉家里去取。警方设想，会不会赵勉不愿分手，特意给艾秋菊带来一些虫草，请艾秋菊出面帮他说和说和，使他们重归于好。可是他到了蒋芙蓉的新家，蒋芙蓉坚决不与他和好，话说得很难听，赵勉一怒之下才杀害了蒋芙蓉。后来被艾秋菊撞见，就一不做二不休，也杀害了艾秋菊，然后洗劫她们的财物，伪造抢劫杀人的现场。因此警方怀疑，赵勉也有作案的可能性。但经过调查，赵勉工作单位证实：赵勉案发当天上午在单位上班，没有作案时间。对赵勉的怀疑也排除了。

两个重点怀疑对象，都先后被排除了。这时候刑侦人员坐下来，对案情做进一步的分析研究。大家认为，下一步的侦破工作，应该换一个思路：改变从熟人中查找嫌疑人的做法，而重点从蒋芙蓉家周围及沿途的监控录像入手，查找嫌疑人。

经过分析，大家认为下面三个地方的监控录像，应该更加重视：一是蒋芙蓉所住小区的监控录像，因为查看这些录像，可以了解案发时段，进出蒋芙蓉家的人员的情况。二是通往蒋芙蓉家的大街小巷的监控录像，因为查看案发时段沿途的监控录像，可以掌握嫌疑人逃离杀人现场的情况。三是查看有关银行取款处的监控录像，因为凶手拿走两个受害人的银行卡之后，肯定会到银行取款，必然会在银行里留下影像。

思路明确了之后，刑侦人员分成三路人马，展开了紧张查看监控录像的工作。

第一路人马：案发现场的那个小区门口，有一个摄像头。刑侦人员调出监控录像查看时，发现艾秋菊在案发当天上午 10 点 28 分 41 秒，开着一辆小面包车到了小区门口，这时有一个穿灰色T恤衫的男子上了艾秋菊的小面包车，进入小区后，艾秋菊的面包车停在了蒋芙蓉家楼下的单元门口。刑侦人员认为，那个穿T恤衫的男子，很可能跟艾秋菊一起走进了医生蒋芙蓉的家，估计他刚一进屋，就把艾秋菊捆起来，逼问出银行卡密码后把她杀害（艾秋菊的死亡时间是上午10:30左右）。他们推测，穿T恤衫的男子就是凶手。但监控录像不太清晰，经过对录像清晰度的处理后，把比较清晰的截图拿给蒋芙蓉和艾秋菊工作单位的人辨认。蒋芙蓉的同事认出了穿T恤衫的男子，叫徐杰，是蒋芙蓉和原男友赵勉分手后，在一周前新交的男友。徐杰自称是雅安市公安局刑侦支队的支队长。

这一次可是假李逵碰上真李逵了，这些刑侦人员都是雅安市公安系统的人，他们知道，雅安市公安局刑侦支队，根本就没有这个叫徐杰的支队长。刑侦人员认为：这个穿T恤衫的男子，是个十足的骗子，非常可疑。

第二路人马：按照案发时段，在通往蒋芙蓉家的大街小巷中，一条街一条街地仔细查看天网录像。当办案人员追踪到小北街的时候，看到这个自称徐杰的人，和路边一个坐着喝茶的人，打了个招呼就匆忙离开。这时候是上午11点多，离凶案发生刚过了半个小时。办案民警很快找到了这个在路边喝茶的人，他姓刘，坐过牢。他说："和我打招呼的人叫余应刚，是我坐牢时的狱友。但他和我打过招呼就匆匆走了，像是有急事儿。"这个情节很重要，使警方掌握了嫌疑人的真实身份和真实姓名。

第三路人马：重点查看有关银行营业网点及其附近的监控录像。这些监控录像非常清晰地记录了嫌疑人到几个网点取款的图像，使警方完全掌握了嫌疑人的长相和体貌特征。

几经周折，刑侦人员还查出，嫌疑人作案后，连夜逃回了他的祖籍甘孜州康定县。他在甘孜州新都桥待了两天，然后逃往泸定，接着又逃往西昌。

这时候还查清了余应刚的背景资料：余 38 岁，16 岁因盗窃入狱。出狱后继续作案，又两次坐牢。从 16 岁到 38 岁的 22 年中，有 19 年在狱中度过。这次作案，刑满释放才刚满两个月。

随着侦查工作的不断深入，警方掌握了嫌疑人越来越多的情况，下一步的关键问题是：如何尽快抓到嫌疑人。但是，嫌疑人四处游荡，要在茫茫人海中抓到他，就像大海捞针一样困难。

为了解决这个难题，警方又召开了第三次案情分析会。在案情分析会上，有的刑侦人员说："余应刚（嫌疑人）出狱后，和蒋芙蓉根本不在一个城市，他们怎么会相识呢？"有的同志回答说："他一定是通过上网聊天，勾搭上蒋芙蓉的。余应刚可能经常上网。"通过讨论，大家很快统一了思想：应该把下一步的侦查的重点，放到网吧里。

到追捕的第 5 天时，办案民警锁定了西昌火车站旁边的一个网吧。但当办案人员赶到这个网吧时，余应刚刚刚离开，走得十分匆忙，连电脑上他刚刚登录过的 QQ 页面都没有来得及关掉。这次上网聊天，他以“随缘”的名字，和一个 30 多岁的离异的女子建立了联系。又冒充西昌公安局刑侦支队队长，与这名女子在 QQ 上约定，在 3 个小时后与这名女子在她居住的小区附近见面。当天是 2013 年 3 月 20 日，也就是杀害蒋芙蓉和艾秋菊后的第 6 天，余应刚又以刑侦支队队长的身份，骗得了距雅安市 600 公里外的西昌市的一位离异女子的信任。当晚他就住进了这个离异女子的家里，在办案人员抓捕他的时候，他正准备上床。如果不是刑侦人员及时赶到，这名女子就一定是下一个被害者。

抓捕嫌疑人后，办案人员第一时间内提取了他的血样，送雅安市公安局检验。检验结果证明：与蒋芙蓉体内遗留精液的 DNA 相符。在铁证面前，余应刚终于承认，蒋芙蓉和艾秋菊都是他杀害的。接着他交代了作案的详细过程：

他刚出狱就学会了上网聊天，打算从网上寻找中年离异女性做猎物。之所以选择中年离异女性做猎物，是因为：一是她们生活寂寞，渴望异性关爱；二是她们生活节俭，手中都有积蓄。他选择三八妇女节这天上网，一上网就遇到了网名“黑玫瑰”的中年女性，也就是医生蒋芙蓉。对方问他干什么工作，他随口就说是雅安市刑侦支队队长。蒋芙蓉一听，就急着约他见面，当晚他就住进了蒋芙蓉的家里。

第二天，蒋芙蓉邀请几个要好的同事，到家里吃饭。吃饭时几个同事都很羡慕，蒋芙蓉刚与前男友赵勉分手，就找到了这么体面的新男友，竟然是雅安市刑侦支队队长。在饭桌上闲聊时，护士艾秋菊说要买房，第二天去取住房公积金，得有七八万。余应刚一听，暗中也把她列入下手的对象。

接着，余应刚还到蒋芙蓉和艾秋菊工作的诊所与大家见面，一见面就与大伙混得很熟，蒋芙蓉感到满脸生辉。不几天余应刚就套出了蒋芙蓉所有银行卡的密码，所有密码都是730520，意思是“亲爱的我爱你”。

余应刚怕时间长了败露，就在3月15日早8点，先把蒋芙蓉捆绑杀害，然后用蒋芙蓉的手机，给护士艾秋菊打电话说：“我从甘孜给你带来一些虫草，你赶快到蒋芙蓉家里来拿，我到小区门口等你。”二人上楼后，余应刚打开房门，让艾秋菊走在前面，他悄悄拿起尼龙绳，从后面套住艾秋菊的脖子，逼问出银行卡密码，然后用匕首把密码刻在墙上，接着把她勒死。然后洗劫二人的财物，逃之夭夭。

不久刑侦人员还查出，艾秋菊体内的精液，是她另一个隐蔽的男友所为，与本案无关。

案件侦破后，交由检察院起诉，雅安市中级人民法院以抢劫杀人罪，判决余应刚死刑。

从上面的叙述可以看出：三次案情分析会，对案件的侦破起到了非常重要的作用。第一次案情分析会后，侦破的重点是：从熟人当中寻找嫌疑人；第二次案情分析会后，侦破的重点是：从有关监控录像中，查找嫌疑人的踪迹；第三次案情分析会后，侦查的重点是：从网吧中，查找嫌疑人的踪迹。在三次案情分析会上，刑侦人员都进行了大量的逻辑推理。正是这些正确的逻辑推理，为侦查工作及时指出了侦破方向和侦查重点。有了正确的侦破方向和侦查重点，侦查工作才可以有条不紊地全面展开，并迅速取得预期的效果。

从案件侦破的全过程来看，大大小小的逻辑推理，至少使用了上百次之多。笔者用逻辑竖式列出的逻辑推理，仅是其中很少一部分。由此可见，以刑事侦查和技术鉴定为基础的逻辑推理，对案件的侦破是至关重要的。通过逻辑推理，提出侦查假说，明确侦破方向，确定侦查重点，使侦破工作有序地逐步展开，并拨开层层迷雾，弄清来龙去脉，最终查个水落石出。可以说，逻辑推理对侦破工作，起着关键的指导作用，没有正确的逻辑推理，任何复杂案件都无法侦破。

医疗养生中的逻辑推理

13

他们的怪病是怎么治好的？

死里逃生　峰回路转

北京电视台科教频道《健康北京》栏目2014年10月8日以《“隐形毒药”现形记》为题，报道了山东女子王永丽等人到北京求医的事情。

王永丽女士是山东人，得了一种怪病，从小学一年级起，就经常头疼、肚子疼、胸闷憋气，多次到医院就诊也查不出病因。结婚生子后，身体发生了更多的变化，爱感冒，胸闷，肚子疼，头疼，皮肤瘙痒，用手一挠，一片一片地起疙瘩，而且犯病次数越来越频繁。最严重的一次是，下班回家的路上，感到皮肤有点痒，接着就喘粗气，憋得不行，走不了道，一步一步往家挪，好不容易回到家里，想着睡一觉就好了，谁知一躺下就昏死了过去。幸亏被邻居大婶发现，打电话通知她爱人，赶紧把她送到医院，当时还继续休克。抢救过来，做了各种检查，出人意料的是，所有检查结果都正常。后来到别的医院就诊，所有检查结果也都正常。都说：你没有什么病，回家好好养着就行了。

王女士病得这么厉害，为什么医院检查不出病因呢？

大凡医生看病，都要进行逻辑推理。因为她头疼，就要检查脑血管方面的病；胸闷，就得检查心脏方面的病；肚子疼，就要检查消化系统的病；呼吸困难，就得检查呼吸系统的病；浑身起疙瘩，就得检查皮肤风湿方面的病。在确诊之前，针对王女士的多种病情，医生怀疑她可能患有多种疾病，并做了下面一个选言推理：

王女士或是心脏病，或是脑部的病，或是呼吸系统的病，或是消化系统的病，或是皮肤风湿方面的病

检查结果证明王女士没有心脏病，没有脑部的病，没有呼吸系统的病，没有消化系统的病，没有皮肤风湿方面的病

所以，王女士什么病也没有

但是这个推理是不正确的，因为它的大前提选言肢不穷尽。按照选言推理的要求，大前提的选言肢，必须做到绝对穷尽或相对穷尽，推出的结论才可靠。所谓绝对穷尽，是指大前提的选言肢列举出一切可能情况；相对穷尽是指大前提的选言肢列举出了主要的可能情况。选言肢不穷尽，就可能遗漏重要的选言肢，推出的结论就不正确。（参见拙著《实用逻辑教程》（第5版）第五章第二节。）

王女士多次发病，多次检查，医生都说她没有什么病。这使王女士的丈夫很不理解她，一秒钟前还好好的，转眼间就病得死去活来，闹得天翻地覆，好像她在装病。起初还好好照顾她，后来就经常和她吵架、闹别扭。疾病的折磨和丈夫的不理解，使王女士痛苦不堪，甚至想过自杀。

实在没有办法，王女士就坐火车，从山东到北京世纪坛医院看病。接诊的是变态反应科的主任医师王学艳。王女士痛哭流涕地向王医生诉说了自己的病情。根据她头疼、肚子疼、胸闷、憋气、浑身起疙瘩等病情，王医生也做了一个选言推理：

王女士可能是脑部的病，也可能是心脏病、肺病、胃病、风湿病，也可能是过敏引起的病

其他医院排除了前五种病

所以，王女士可能是过敏引起的病

这个推理的大前提，多了一个选言肢，就是“过敏引起的病”。因为根据她的诸多症状，患过敏性疾病的可能性很大。因为过敏可以造成身体器官严重缺氧，导致头疼、胃疼、胸闷、呼吸困难等症状。以前各家医院都没有把这种疾病列入选项，而王医生把它列入了选项。以后的事实证明王医生的推理是正确的。

依据这个推理，王医生马上给王女士开化验单，让她去做皮肤过敏试验。王女士拿着化验单，到化验室外，排队等候检查。就在这时候，忽然有病友高喊：“快来人呀！救命。”王医生跑过去一看，王女士晕倒了。病友说：“她刚才还好好的，吃了几粒花生，不知道怎么着就突然晕倒了。”

王医生断定，这是吃花生过敏引起的急性过敏性休克，就立即展开抢救。马上给她打一针肾上腺素，接着又打了 5 毫克地塞米松，然后把她抬到床上吸氧。又过了几分钟，她才慢慢睁开了眼，恢复了知觉。王医生说，这种情况非常危险，如果在火车上，抢救不及时，随时都有死亡危险。

王女士从山东到北京看病，坐了一宿火车没吃东西，有点饿，就从提包里掏出一包花生，谁知刚吃了几粒，就晕倒了。

王医生很有经验，她一看吃几粒花生就晕倒了，初步断定她是吃花生引起的急性过敏性休克。王医生是这么推理的：

如果吃几粒花生就马上晕倒，那么可能是花生引起的

过敏性休克

王女士吃几粒花生就晕倒了

所以，王女士晕倒可能是吃花生引起的过敏性休克

（这是充分条件假言推理的肯定前件式，其推理规则是：肯定前件就要肯定后件，即有前有后。见附录之三。不过，大前提的后件带有模态概念“可能”，其结论也应带有模态概念“可能”，结论是或然性的。）

有了初步的判断，还需要做过敏试验，才能最后确诊王女士患的是什么病。起初王医生让王女士去做皮肤过敏试验，现在发现王女士病情危重，就改变了原来的检测方法。做过敏试验有两种方法：一种是做皮肤试验，另一种是抽血化验血清。但对急症、重症等病人，不能使用第一种方法，因为做皮肤试验，可以诱发和加重发生过敏性休克的可能性。王医生改变检测方法，使用第二种方法进行检测，也是经过逻辑推理的：

或者做皮肤试验，或者抽血化验血清

王女士不能做皮肤试验（病情危重）

所以，改用抽血化验血清检验

（这是一个选言推理，其推理方法是否定一个选言肢，肯定另一个选言肢。见附录之四。）

经过抽血，检测血清特异性 IGE 抗体，最后确诊王女士是

吃花生引起的过敏性休克，和她事前的判断完全一致。

王医生还指出，过敏的严重程度和自身的身体状况有关。王女士坐了一宿火车，特别疲劳，身体抵抗力严重下降，所以刚吃几粒就休克了。

王女士的病确诊了，那么这么危重的病能否治好呢？用什么方法治疗呢？

治疗食物过敏的最有效方法，就是让病人脱离过敏源。这是国内外通行的做法。治疗王女士的病，也得使用这种方法。请看推理：

凡治疗食物过敏都是需要让病人脱离过敏源的

王女士是食物过敏

所以，王女士也是需要脱离过敏源的

（这是直言三段论推理的第一格，其推理规则是：“大全称，小肯定”，见附录之二。）

脱离过敏源的办法，也就是忌口。在治疗期间，严格做到不吃一粒花生。也不吃含有花生的其他食品，如花生奶、花生酱等。也不能吃榛子、腰果等坚果，因为它们与花生都含有引起过敏的共同成分。王女士按照医嘱，严格做到了。至今两三年过去了，非常健康，并取得了丈夫的理解，开始享受幸福的家庭生活了。

现在，回头看王女士求医的过程，不禁使人想到一个问题：王女士病了几十年，被疾病折磨得死去活来，为什么许多医院都查不出病因呢？为什么王医生不但很快查出了病因，而且三两天就能使她的疾病奇迹般地好转、转眼间就把她从死亡线上救下来呢？那些医生和王医生的差别在哪儿？差别有两点：一是医术问题，二是逻辑素养问题。王医生不但医术更高一筹，逻辑推理能力也更强，所以，对王女士这样的怪病，好多医生都束手无策，而王医生却能妙手回春。

由此可见，逻辑推理在医疗诊断中，起着相当重要的作用。从王医生诊病的过程可以看出：不但查清病因需要逻辑推理；选择什么样的检测方法最佳，也需要逻辑推理；制订治疗方案还需要逻辑推理。越是复杂的病，越是需要严密的逻辑推理。离开逻辑推理，再高明的医生，也无能为力了。

再看一个例子：

有个美国小伙子，经常出现食物过敏反应。经美国医院诊断，是花生过敏。医生要求他严格脱离过敏源，这一点他做到了，而且做得很好。为了预防万一，医生还让他随身带上一只肾上腺素笔，如果犯病了，赶快扎一针就缓解了。按说，这个治疗方案已经很完美了，但他此后还是时有发病。后来他听说，北京世纪坛医院变态反应科擅长治疗这个病，就专程跑来就医了。

接诊的仍然是变态反应科的主任医生王学艳。美国小伙子要求，把医院所有的过敏源都对他检查一遍，看有没有他以前不知道的过敏源。医院把几十种过敏源一一对他做了检查，最后得出结论：没有其他过敏源，只有花生对他过敏。

既然只有花生这一种过敏源，而且他已经“完全”脱离了这种过敏源，为什么还会发病呢？

王医生断定：他还没有完全脱离过敏源，他可能仍然接触过花生类的东西，只是他不知道。

王医生是这么推理的：

如果他完全脱离了过敏源，那么就不会再发病了

他还时不时发病

所以，他没有完全脱离过敏源

（这是充分条件假言推理的否定后件式，其推理规则是：否定后件必须否定前件，即无后无前。见附录之三。）

王医生推测患者接触过敏源，有两种情况：

或是接触了明显的过敏源，或是接触了潜藏的过敏源

他远离了所有明显的过敏源

所以，他一定是接触了潜藏的过敏源

（这是有两个选言肢的选言推理，推理方法是否定一个选言肢，肯定另一个选言肢。见附录之四。）

通过这个选言推理，王医生断定，他一定是接触了潜藏的过敏源。为了查出潜藏的过敏源，王医生对美国小伙进行了详细的询问。

问："你是否自始至终都远离了花生这种食品？"

答："是。"

问："你是否排除了任何含有花生成分的其他食品，如花生酱、花生奶及其他含花生的饮料？"

答："是，非常严格。"

问："你是否吃过腰果、榛子等坚果？"

答："肯定没有。"

问："你再想想，还有没有接触过与花生有关的其他过敏源？"

答："实在想不出来。"

问："那么，你是否记得，你最近是什么时候犯的病？"

答："（不好意思地）和我新交的女朋友接吻后，犯过病。"

问："她都爱吃什么东西？"

答："不知道。"接着小伙子当场和国内的女朋友通电话，然后笑着说："她爱吃花生酱。"

"这就是问题的根源。"王医生也笑了，说："饭后让女朋友先刷一刷牙，过两个小时你们再亲热。或者干脆就别让她吃花生酱了。"

小伙子说：“这太好了，谢谢您！这次到中国没有白来。”

应该说，查出潜藏的过敏源，并不是一件容易的事情。如果很容易，小伙子就不会不远万里跑到中国来求医。王医生之所以能查出潜藏的过敏源，是得益于缜密的逻辑推理。她首先通过假言推理，明确地断定小伙子没有完全脱离过敏源，然后她又通过选言推理，断定他接触了潜藏的过敏源。有了这两个推理，才可能通过进一步深入地调查，最后找到潜藏的过敏源。

事实证明：医生看病，一靠医术，二靠逻辑推理。

14

一根8厘米长的铁钉是怎么进入杨先生的脑袋的？

杨先生头疼之谜

江西卫视《传奇故事》栏目在2014年4月8日以《8厘米长的铁钉是如何进入杨先生脑袋的》为题，报道了一件闻所未闻的奇闻。

2013年12月28日晚上，在南京市，50多岁的杨先生和妻子吃过晚饭，看了一会儿电视，就早早地睡觉了。夜里10点多钟，妻子被丈夫痛苦的叫喊声惊醒了。杨先生头疼得非常厉害，两手抱着头满床打滚儿。妻子感到非常奇怪，丈夫身体一向很好，怎么忽然病得这么厉害？妻子以为丈夫受了风寒，让他吃了一些止痛片，疼痛暂时缓解了。谁知到了夜里 2 点多，头疼得更厉害了，嘴唇发紫，面庞浮肿，两眼肿得像核桃。妻子要通知在苏州工作的儿子赶回来，杨先生坚决不让打扰儿子。

天亮后，杨先生和妻子走进了南京市第一医院，做了脑 CT 检查后，医生大吃一惊：杨先生脑腔里有一个异物，细细的，长长的，一头尖，一头圆，一头插入眼眶，一头插入颅底，像是一个铁钉子。医生测量了一下，有 8 厘米长，这根 8 厘米长的钉子穿越了杨先生的半个脑腔。医生说："你们能够在家里坚持了整整一夜，他还走着来就医，真是奇迹了。"

一听医生说杨先生脑腔里钻进了一根 8 厘米长的铁钉子，杨先生的妻子根本不相信，她提出两点质疑。

第一点质疑是：

如果是脑袋里钻进了 8 厘米长的铁钉子，那么头部应该有伤口

丈夫头部没有伤口

所以，不可能是钻进了铁钉子

第二点质疑是：

如果是铁钉子钻进脑腔，那么他应该感觉到剧疼

事发时他根本没有任何感觉

所以，不可能是铁钉子钻进脑腔

杨先生妻子的质疑，很有道理。因为以上这两个推理，都是充分条件假言推理。乍一看，其推理都符合推理规则。

医生看了看杨先生的头，头部没有明显的伤痕。再说，人的头盖骨大约有 1 厘米厚，非常坚硬，能够承受 200 公斤的外力，钉子是很不容易钻进去的。如果说他脑壳里的异物是钉子，这些现象都无法解释。如果说不是钉子，脑 CT 检测显示，分明是根长钉子。

为了查清真相，医生利用更清晰的脑血管造影技术，做了进一步检查。这一次看得更清楚了：在他脑腔里，的的确确有一根 8 厘米长的铁钉子。

8 厘米长的铁钉子，钻进人的脑袋会出现什么结果？当然会造成脑部大量出血，还会阻断人的神经，使人立即死亡。但这些情况都没有发生，杨先生竟能和妻子一起走到医院就医，这又是怎么回事呢？

医生解释说：这是不幸中的万幸，巧得很，铁钉子从眼眶下面进入脑腔时，避开了他所有的大血管和神经，所以当时没有发生严重后果。但发生这种巧合的概率非常非常低，太罕见了。

医生还说：“尽管杨先生很幸运，但他的情况仍然十分危急，必须赶快做手术，取出铁钉子，不然就会死亡。但手术风险很大，死亡率也很高。”

听了医生的话，杨先生的妻子说："不做手术是死，做手术也是死，那我们不做手术了。"她的话，实际上是下面一个简化的二难推理：

如果不做手术，那么是死

如果做手术，那么也是死

或者做，或者不做

所以，都是死

妻子的态度很明确：怎么着都是死，所以不做手术。

出于医生的职业责任感，医生还是想劝家属做手术。医生说："不做手术，是等死；做手术，还有一线希望。两种选择不一样，有一线希望也要尽力争取。"医生的话也是一个简化的二难推理：

如果不做手术，那么是等死

如果做手术，那么还有一线希望

或者做，或者不做

所以，或者等死，或者还有一线希望

杨先生的妻子提出的二难推理，是二难推理的简单构成式。但这个二难推理是错误的，因为它的第二个假言前提是虚假的（不是做手术一定能死）。

医生提出的二难推理，是二难推理的复杂构成式。这个推理是正确的。因为这个二难推理的所有前提都是真实的，并且符合推理规则，所以结论是可靠的。

这时杨先生在外地工作的儿子，也赶到了医院，他觉得医生的话有道理，就劝母亲同意做手术。在儿子的规劝下，杨先生的妻子在手术告知书上签了字。[①]

从杨先生的妻子签字同意做手术这件事来看，作为患者家属来讲，也必须懂得逻辑推理。如果不懂逻辑推理，就可能做出错误决定，贻误时机，使杨先生丢掉性命。幸亏杨先生的儿子受过高等教育，帮助妈妈做出了正确的抉择。

作为医生来讲，不但诊断疾病需要懂得逻辑推理，做家属的思想工作，也需要懂得逻辑推理。善于逻辑推理，才能更好地说服患者及其家属配合医生治疗。医生在上面提出的二难推理，说服了杨先生的儿子和妻子签字同意做手术。

家属签了字，那么这个手术该怎么做呢？

脑袋是人体的司令部，其结构非常精密复杂，脑腔里充满了大大小小的神经和血管，做手术稍有不慎，就会瘫痪和死亡。对这样的手术，医院是高度重视的。医生为什么这么重视这次手术呢？

医生是怎么推理的：

---

① 中央电视台也报道了此事，其中有家属是否同意做手术的争议。

凡难度大、风险高的手术必须加倍重视

从脑腔中取出 8 厘米长铁钉子的手术，是难度极大、风险极高的手术

所以从脑腔中取出 8 厘米长铁钉子的手术，更需加倍重视

正因为医生高度重视这次手术，所以才能制定出十分周密的医疗方案。医院经过多次会诊，提出了多种预案，安排了最有经验的医生和麻醉师，邀请神经科、眼科等医生在现场辅助指导，经过 4 个多小时的艰苦奋战，终于取出了 8 厘米长的铁钉子。

因为这根铁钉子离视神经太近，起初医生担心患者会失明。几天过后，拆掉杨先生头部的纱布，结果视力正常。这真是喜出望外，一家人欢天喜地，不住地感谢医生和护士。

手术成功，使杨先生儿子心中的一块石头落了地。但他心中还有另外一块石头悬着：这根 8 厘米的长钉是这么打入父亲的脑壳的？会不会有人谋害他的父亲？

父亲告诉他，出事那天，他在新房干活儿。原来，儿子要结婚，家里给他买了新房，父亲带着装修工人去装修儿子的新房。为了查出真相，儿子就到新房去实地考察。

起初，儿子推测：父亲和装修工人发生了矛盾，个别工人报复父亲，把钉子打入父亲的脑腔。但父亲告诉他，装修工人

都很和善，听他指挥，没有发生任何矛盾。

听了父亲的话，儿子进行了下面的推理：

如果装修工人报复父亲，那么他们之间一定是发生了激烈矛盾

父亲说他们之间没有任何矛盾

所以，不可能是装修工人报复父亲

排除了装修工人报复父亲的可能性，儿子又开始寻找别的原因。

儿子到了新房一看，地板上散落着一些装修器材。地上还有十几根长钉子，经过对比，这些钉子和父亲脑腔里取出的钉子一模一样。地上还有一台老旧的瓷砖切割机。切割机旁边，还扔着一只手套，手套上还有几滴血迹。

原来这台瓷砖切割机不好使，更换刀片时，切割机底盘儿跟着转，刀片就拧不紧，刀片拧不紧就无法切割瓷砖。而底盘上有几个小圆洞，儿子估计，父亲可能是把一根铁钉子插入小圆洞中，把切割机底盘固定住，然后更换了刀片，接着推上电闸。瓷砖切割机飞速转动时，钉子从底盘的小圆洞中飞出来，以极高的速度从眼眶下面插入父亲的脑腔。

儿子的估计和父亲事后的叙述完全一样，父亲当时只有一个人在场，在推上电闸前忘记从底盘的小圆洞中拔出铁钉子，

切割机高速转动时，铁钉子就飞了出来，这时他感到额头稍微有点痛，用手一抹，还有几滴血，但无大碍，他像什么事也没发生过一样就回家了。因此儿子肯定地认为，是切割机高速转动时，铁钉飞出来，打入了父亲的脑壳的。

原因找到了，但有两个疑问仍然没有解决：

第一，8 厘米长的钉子飞入脑壳，杨先生头部为什么没有明显伤痕?

医生解释说，眼眶下有一片很小很薄的头骨，尖利的铁钉以极高的速度击穿这块头骨飞入脑腔，非常侥幸地避开了所有重要血管，流血不多，伤口很小，容易自然闭合，所以没有明显的伤痕。

医生是这么推理的：

如果尖利的钉子高速飞入脑壳而没有伤及重要血管，那么就会伤口小、流血少

如果伤口小、流血少，那么伤口就会自然闭合

如果伤口自然闭合，就不会留下明显的伤痕

所以，如果尖利的钉子高速飞入脑壳而没有伤及重要血管，那么就不会留下明显的伤痕

（这是充分条件纯假言推理，其推理规则是：肯定“头”就要肯定“尾”，即有头有尾。见附录之三。）

第二，铁钉飞入脑腔，当时杨先生为什么没有感到剧疼？

医生解释说，铁钉以极高速度飞入脑腔，大脑来不及反应，所以当时不会感到剧疼。请看医生的推理：

> 如果铁钉高速飞入，那么大脑就来不及反应
> 如果大脑来不及反应，那么当时就不会感到剧疼
> ———————————————————————
> 所以，如果铁钉高速飞入，那么当时就不会感到剧疼

（这还是充分条件纯假言推理，其推理规则是：肯定“头”就要肯定“尾”，即有头有尾。见附录之三。）

从杨先生动手术的过程可以看出：无论是医生，还是患者家属，都需要懂得逻辑推理。懂得逻辑推理，许多不明白的疑难问题都会弄明白。如果不懂逻辑推理，就会懵懵懂懂，一直蒙在鼓里。

15

孙阿姨为什么会患上乳腺癌？

事出有因　并非偶然

我国乳腺癌的发病率每年增加4.6%，西方国家乳腺癌每年的发病率增加2%，我国是西方国家乳腺癌增速的两倍。特别是像北京、上海及东南沿海的一些大城市，乳腺癌的发病率增加得更快，每年增加6%～8%，是国外增速的3～4倍。乳腺癌是影响女性健康的主要杀手之一，必须引起人们的高度重视。

那么，乳腺癌究竟是怎么发病的呢？

中国医学科学院肿瘤医院内科中心主任徐兵河教授，2014年10月21日做客《健康北京》栏目，以乳腺癌患者孙桂荣阿姨为例，全面分析了乳腺癌发病的几个原因，普及了许多关于预防乳腺癌的知识，对预防乳腺癌的发生有很多重要启示。

先介绍一下孙阿姨患病前后的情况：

孙阿姨是北京人，2000 年得了乳腺癌，那时她 50 岁，刚退休。那年国庆节前有一天，她刚洗过澡，无意中在胸部靠近腋下的地方，摸到一个像枣那么大的一个疙瘩，虽然不疼不痒，她脑子里马上出现了一个可怕的念头：是不是乳腺癌？

过了国庆节，她立即上医院做 B 超检查，确诊是乳腺癌。当她看到检查报告时，腿都软了，连走都走不动了，觉得好像被判了死刑了。她还有孩子正在上学，她是全家的顶梁柱，如果有个三长两短，孩子怎么办？她觉得自己真倒霉，北京两千多万人、一千多万妇女，为什么偏偏她得了可怕的乳腺癌？她弄不明白，这个病究竟是怎么得的。

徐教授做客《健康北京》栏目时，给她分析了导致她患乳腺癌的几方面的原因：

1. 遗传因素的影响

孙阿姨有个妹妹，1995 年妹妹得了乳腺癌，当时妹妹才 40 多岁。过了 5 年孙阿姨又得了乳腺癌。徐兵河教授认为，这可能与基因遗传有关。

现代医学研究表明，有 5％到 10％的乳腺癌，与遗传因素有关。这在母女之间或姐妹之间都有表现。如果母亲得了乳腺癌，女儿得乳腺癌的风险就会增加。姐妹中有一个得了乳腺癌，另一个得乳腺癌的风险也会增加。这种遗传因素和某些共同的基因有关。

请看徐教授是如何推理的：

如果有血缘关系的家族成员共同患有乳腺癌，那么有可能是基因遗传造成的

孙阿姨与妹妹共同患有乳腺癌

所以，孙阿姨患乳腺癌可能与基因遗传有关

（这是充分条件假言推理的肯定前件式，其推理规则是：肯定前件就要肯定后件，即有前有后。见附录之三。这个推理的大前提，是医学科学研究得出的一般性结论，根据这个一般性结论，又推导出孙阿姨患病的具体原因。不过，这个推理的大前提的后件包含有模态概念“可能”，其结论也应该包含模态概念“可能”，所以结论是或然判断。见拙著《实用逻辑教程》（第 5 版）第五章第五节“模态判断”。）

徐教授还指出，多个家族成员都患有乳腺癌，最常见的可能是与基因遗传有关，但也有一些人不是基因遗传造成的，而是与家族成员共同的生活环境与生活习惯有关，如全家都特别爱吃高脂肪、高能量的食物，所以也会增加患乳腺癌的风险。

2. 与过度的紧张劳累有关

孙阿姨年轻时，是下乡知青，农活很累。回城后先后在酒

店与写字楼干临时工，工作时间长，没有休息日。早上很早出门，晚上很晚回家。一天到晚忙忙碌碌，觉得心力交瘁。徐教授指出，长期的过度紧张劳累会造成身体免疫力的下降，免疫力的下降又和乳腺癌的发生有关。

徐教授是这么推理的：

长期的劳累会导致免疫力的下降（小前提）

免疫力的下降又会导致患乳腺癌风险的增加（大前提）

长期的劳累会导致患乳腺癌风险的增加

（这是直言三段论推理的第一格，其推理规则是："大全称，小肯定"，见附录之二。不过，这个推理调换了大小前提的位置。）

徐教授指出，免疫系统会阻止人体细胞发生癌变。免疫系统像哨兵一样，对癌细胞有监视功能。一旦发现有某些细胞发生癌变，免疫系统就会立即把它消灭掉。如果免疫系统的功能下降，就不能及时发现和阻止体内细胞发生癌变。癌细胞就会由少到多慢慢生长，人就会患上癌症。

3. 与精神压力过大有关

孙阿姨早年是插队知青，觉得在乡下生活没有什么盼头儿。40来岁才回城，东奔西跑找工作，着了很多急。退休后又在酒店和写字楼做临时工，工作也不称心。自己有两个孩子上学，家庭负担很重，总想多挣点钱，补贴家用。生活中总有一些难事解决不了，精神压力很大，内心十分焦虑，又无处发泄，只好闷在心里。

徐教授指出，她精神压力过大，不良情绪过多，也会导致免疫力的下降，免疫力的下降又会导致患乳腺癌风险的增加。请看徐教授的如下推理：

精神压力过大是会导致焦虑烦躁等不良情绪的
焦虑烦躁等不良情绪又是会导致免疫力下降的
免疫力的下降又是会导致患乳腺癌风险增加的

精神压力过大是会导致患乳腺癌风险增加的

（这是后退的连锁三段论，它的推理方法是：第一个前提的主项做结论的主项，最后一个前提的谓项做结论的谓项。见附录之二。）

徐教授还指出，精神压力过大，还会导致雌激素分泌的紊乱，使雌激素水平忽高忽低。而雌激素水平过高又会导致乳腺的过度增生，从而增加患乳腺癌的风险。请看徐教授的推理：

精神压力过大是会导致雌激素分泌紊乱的（小前提）
雌激素分泌紊乱是会导致雌激素水平忽高忽低的（大前提）

所以，精神压力过大是会导致雌激素水平忽高忽低的

（这是直言三段论推理的第一格。）

如果雌激素水平过高，就会导致乳腺的过度增生

如果乳腺过度增生，就会增加患乳腺癌的风险

所以，如果雌激素水平过高，就会增加患乳腺癌的风险

（这是充分条件纯假言推理的肯定前件式。）

因此，精神压力过大，既会导致免疫力的下降，又会导致雌激素分泌的紊乱，从而增加患乳腺癌的风险。

4. 过于肥胖

不但精神压力过大会诱发雌激素水平过高，过于肥胖也会导致雌激素水平升高。孙阿姨原来体型偏瘦，到酒店和写字楼当临时工以后，早餐、午餐都在单位吃，伙食很好又油腻，体重很快增加到 132 斤，她个头只有 1.56 米，体重指数严重超标。徐教授说：更年期的肥胖，是诱发乳腺癌的一个高危因素。因为身体过胖时，体内生长的细胞多是脂肪细胞，而脂肪细胞中过多的脂肪可以转化成雌激素，导致雌激素水平过高，从而增加患乳腺癌的风险。在正常情况下，女性更年期的雌激素水平会缓慢地降低，因为肥胖，雌激素不但不降低反而升高，所以很容易诱发乳腺癌。

徐教授分析叙述的过程，也是逻辑推理的过程：

过于肥胖是会导致脂肪细胞增多的

脂肪细胞增多又是会导致雌激素水平升高的

雌激素水平升高又是会增加患乳腺癌风险的

所以，过于肥胖又是会增加患乳腺癌风险的

（这是后退的连锁三段论，它的推理方法是：第一个前提的主项做结论的主项，最后一个前提的谓项做结论的谓项。见附录之二。）

徐教授还指出：除了肥胖，其他原因也会导致雌激素水平升高。人的一生，如果雌激素分泌时间过长（如女性 12 岁左右来月经，55 岁左右绝经，行经的跨度太长）或雌激素浓度过高，也会导致患乳腺癌风险的增加。

总之，上面几种危险因素叠加在一起，就容易患上乳腺癌。而要预防乳腺癌的发生，就要防止几种危险因素的叠加，譬如不能长期紧张劳累，保持良好愉快的心态，控制体态不能过胖（特别是更年期的肥胖），注意防止雌激素水平的升高和波动等。

从以上徐教授对乳腺癌病因的分析，还可以看出，医生在探寻病因的时候，自始至终都离不开逻辑推理。医生的全部诊疗活动，包括诊断、病因分析、治疗、愈后疗养，都离不开逻辑推理。医生每天一上班，就开始了一系列的推理活动。所以，一个好的医生，必须有好的逻辑推理和判断能力。医生职业也像公安部门一样，也是运用逻辑推理最多的行业之一，也应该具有较好的逻辑素养。

（顺便说一下，孙阿姨的乳腺癌经过科学治疗，逐渐恢复了健康。14 年过去了，两个孩子都参加了工作，现在心情很好，生活得很幸福。）

16

医生在诊断中是如何运用逻辑推理的?

诊断即推理

医生诊治疾病的过程，也是逻辑推理的过程。所谓推理，是根据已知为真的判断，推出未知新判断的过程。要推理，必须有前提。直言推理和假言推理，不但需要大前提，还需要小前提。那么，什么是医生推理的大小前提呢?

医生推理的大前提，是医生掌握的医疗专业知识。这些专业知识包括疾病发生发展的机理和规律、治疗疾病的各种机理和规律，以及各种检测结果与各种疾病相联系的规律等。这些一般规律性的东西，都是医生进行演绎推理依据的大前提。

患者本人的症状和检测结果，都是医生进行演绎推理依据的小前提。

演绎推理，是从一般到个别的必然性推理，只要大小前提真实，推理形式正确，它的结论是可靠的。所以，一个高明的医生经过科学诊断提出的治疗建议，一个聪明的患者是会高度重视的。否则就会尝到苦头，甚至丢掉性命。

中日友好医院心脑血管外科主任刘鹏教授，在做客《健康北京》栏目的访谈节目时提到下面一个例子：

有个大款，50多岁，是东北一个大矿的矿主，拥有几十亿财产。他来北京看病，找到刘鹏教授。检查后发现，他的颈总动脉堵塞了90%。但他本人感觉不到任何症状，吃喝玩乐都不受影响。刘大夫说：你是无症状型的颈动脉疾病。国外研究证明：颈总动脉堵塞90%以上而无症状的患者，5年内患脑中风的占28%。这表明：颈总动脉堵塞90%以上的患者随时都有发生脑中风的可能性。因为心脏是通过颈总动脉向大脑输送血液的，如果颈总动脉堵塞，大脑就会缺血缺氧，发生脑梗。医疗实践证明，许多脑梗是由血栓堵塞颈部和脑部血管造成的。血栓堵到语言中枢，患者就会发生语言障碍，甚至失语；堵到运动中枢，就会发生肢体活动障碍，甚至偏瘫；堵到眼部的血管，就会视物不清，甚至失明。大面积脑梗，就会死亡。以上这些内容，又进一步被医学科学研究证明是符合规律的。这些一般规律性的东西，又是医生进行逻辑推理的重要前提。

根据脑中风发生发展的规律和这位矿主的病情，刘教授建议赶快做手术。医生是这么推理的：

颈总动脉堵塞90%以上的患者随时都有发生脑中风的可能性

这位大款是颈总动脉堵塞90%以上的患者

所以，这位大款随时都有发生脑中风的可能性

（这是直言三段论推理的第一格，其推理规则是："大全称，小肯定"，见附录之二。第一格是证明格，证明这位大款随时都有患脑中风的可能性。）

这位矿主，日进斗金，日理万机，想回东北把工作安排安排，再到北京做手术。谁知他回东北整日忙工作，过了半年，都没有来北京做手术。有一天，刘教授接到他秘书的电话，说他的老板突然偏瘫了，连话都说不利落了，恳请刘教授到东北去一趟。刘教授到了东北一看，这位矿主的病情暂时有所缓解，但不能再拖，告诉他恢复恢复，然后赶快到北京做手术。

谁知又过了3个月，这个患者还没有来北京做手术。刘教授就主动地给他的秘书打电话，秘书说：几天前他的老板突然发生大面积心梗，没有抢救过来，去世了。刘教授感到十分惋惜，本来做一个小手术就完全可以治愈的病，因为不及时治疗，

竟把命丢了。

他为什么没有按照医嘱及时动手术呢？

不仅是因为他缺乏医疗专业知识，更重要的是他不懂逻辑推理。如果他善于逻辑推理，当医生告诉他“颈总动脉堵塞90%以上的患者随时都有脑中风的可能性（包括心梗）”的规律时，他就会以此为大前提进行下面的直言推理：

> 颈总动脉堵塞90%以上的患者随时都有脑中风的可能性（包括心梗）
>
> 我是颈总动脉堵塞90%以上的患者
>
> ---
>
> 所以，我随时都有脑中风的可能性（包括心梗）

如果这个矿主能进行上面这个推理，就会得出和医生推理完全一致的结论，那么他就会非常重视医生的建议，立即去动手术。可惜他不善于逻辑推理，对医嘱半信半疑，心存侥幸，一拖再拖，误了自家性命。

刘鹏教授做客访谈节目时，还谈到一个相反的例子：

他还有个朋友，是另一个大企业的董事长，也非常强势。在饭桌上，只听他一个人滔滔不绝地说话，其他人都是听众。过了一段时间后，刘教授又应邀出席这位董事长招待的聚餐，聚餐时只听董事长的老伴儿说话，董事长却一言不发地低着头进餐。刘教授感到有点异常，就问董事长怎么了？他老伴儿说：

“董事长最近反应迟钝，说话不利落，人也变得沉默寡言了。”刘教授说：“说话不利落，说明董事长有语言功能障碍。语言功能障碍，是脑中风的前兆，赶快去医院，我给他做检查。”刘教授是这么推理的：

> 语言功能发生障碍是脑中风的前兆
>
> 董事长有语言功能障碍
>
> ———————————————
>
> 所以，董事长有脑中风的征兆

刘教授根据心脑血管疾病发生发展的规律和董事长症状的表现所做的逻辑推理，是必然性推理，是非常可信的。

听了刘教授的话，董事长和老伴儿都感到问题的严重性，当天就到医院做了检查，检查结果显示：董事长颈总动脉堵塞了95%。刘教授给他做了一个微创手术，取出了堵塞颈总动脉的血栓。手术的第二天，董事长在病房中就谈笑风生，健谈如初，语言功能完全恢复了。再经过一段时间的治疗，发生脑中风的危险就基本排除了。

在访谈中，刘教授着重分析了颈总动脉堵塞与脑中风的关系。而颈总动脉堵塞，也有两种不同情况：一种是动脉粥样硬化和血栓形成的堵塞，另一种是外力打击造成的颈总动脉损伤引起的堵塞。后一种比较少见，刘教授讲了一个非常罕见的病例：

在办公室里，有一排高高的文件柜，一个女同志够不着文件柜顶上放置的东西，就请同办公室的一个小伙子帮助拿下来。谁知小伙子猛地一扭头，向上伸手去够，用力过猛扭着了脖子，突然晕倒在地，怎么也爬不起来了。送到医院，诊断结果是脑中风。

这个小伙子才 30 多岁，平时不抽烟不喝酒，也不胡吃海塞，怎么会得脑中风呢?

检查发现，他的颈总动脉撕裂。由于颈总动脉撕裂，形成大量血栓，堵塞了脑部血管，导致脑中风。原来，他扭着身子猛地向上伸手，用力过猛过急，造成颈总动脉撕裂。医生之所以说他是脑中风，也是根据脑中风发生发展的规律和患者的症状与检查结果，经过严密的逻辑推理得出的。

颈总动脉损伤形成大量血栓，是会导致脑中风的

小伙子颈总动脉撕裂形成大量血栓

所以，小伙子是脑中风

刘教授说，这种非常偶然的现象，在热恋的青年男女中也出现过。有个男青年，魁梧高大，他的女友非常喜欢他。一见面，她就跳起身来搂着男友的脖子打秋千，然后两腿往他的腰间一盘。男青年就用力紧紧搂脖子，谁知女友两手一松，就倒在了地上，神志不清，半身不能动弹。赶快送医院，检查结果显示：颈总动脉损伤，造成脑中风。

颈总动脉损伤形成大量血栓，是会导致脑中风的
女友颈总动脉损伤形成大量血栓
———————————————
所以，女友是脑中风

这个诊断结果仍然是根据脑中风发生发展的规律和患者的症状及检查结果，通过严密的逻辑推理得出的。

原来男青年用力紧紧一搂，不巧勒住了女友的颈总动脉，导致颈总动脉损伤。男青年后悔极了，万万没有想到，一个热烈的搂抱会把女友害得如此之惨。

刘教授还说：脖子是人体最薄弱的地方之一，特别是颈总动脉裸露的地方。颈总动脉上有一个地方，叫“颈总动脉窦”，这个地方受到攻击，人马上就会晕倒，严重的还会丧命。中国武侠书上有“点穴”之说。所谓“点穴”，就是用手指攻击脖子上的“颈总动脉窦”，只要用力一点，敌人就会应声倒下。

笔者在介绍中国武术的电视栏目中，看到有一个武术流派叫“八极拳”。“八极拳”非常厉害，招招致命。它有两个特点：一是出拳极快，对手防不胜防；二是他们的十个手指练得像铁棒一样坚硬，只要用手指一戳，就能把人体的肌肉戳一个洞。“八极拳”有许多致命招数，其中一招就是“点穴”。在格斗中，他们会以极快的速度攻击敌人的颈总动脉，敌人就会应声倒下。刘鹏教授的话，揭示了“点穴”能致人死亡的科学依据。

17

我在看病、养生中是如何运用逻辑推理的？

自己给自己当家庭医生

一、三个事例

个人看病也需要逻辑推理？没听说过。

如果不信，请看我的亲身经历。

事例之一

20 世纪 90 年代，我还没退休。有一天正开会，突然两眼模糊了，眼前一片黑，眼中有两团黑雾弥散开来，什么都看不清了。我赶快闭上眼睛，休息了 20 多分钟，再睁开眼，才看清东西。过了几天，我到医院看了眼科，眼科大夫说：“这可能是视神经痉挛造成的，现在还没有什么好办法治疗，注意休息就行了。”听医生这么一说，我就不再把这件事放在心上了。

此后两年中，这种现象又出现五六次。后来一位朋友告诉我，他听神经内科的专家说过：这叫“眼睛黑蒙”现象，是脑卒中的前兆之一。听了朋友转述专家的话，我脑子里立刻进行了下面一个推理：

> 我“眼睛黑蒙”是发生脑卒中的前兆（小前提）
> 有脑卒中前兆就可能发生脑卒中（大前提）
> ———————————————
> 所以，我眼睛黑蒙有发生脑卒中的可能

（这是直言三段论推理的第一格，其推理规则是：“大全称，小肯定”。第一格是证明格，证明我有发生脑卒中的可能性。）

这个推理，引起了我的警惕。我及时到神经内科就诊，做了脑 CT 检查，结果是腔隙性脑梗塞。所谓腔隙性脑梗塞，就是脑部的一些很细小的微血管堵塞了，这是轻度的脑梗塞。医生给我开了一些药，连续吃了三年多。至今已经过去了十七八年，基本上没有再出现过眼睛黑蒙现象。

上面的逻辑推理，使我提高了对脑梗塞的警惕性，及时就诊，发现了脑部的重大隐患，否则就会失掉最佳的治疗时期。

事例之二

2012年4月17日，我到医院检测血糖，餐后2小时血糖8.8 mmol/L。内科医生说："正常值是7.8以下。略高于正常值，问题不大。"听了医生的话，我就放心了。我爱吃点心，蛋糕、桃酥照吃不误。

到了2013年12月20日，餐后2小时血糖，已经到了10.11 mmol/L。超过正常值不少，但仍没有引起我的警惕。

检测糖尿病，还有一项重要指标，就是糖化血红蛋白。这项指标反映最近三个月血糖的平均水平。2010年12月7日我的糖化血红蛋白是5.9，到了2014年2月7日糖化血红蛋白是6.4，偏高一点，我仍不在意。

有一次，在北京卫视《养生堂》节目中，我听到治疗糖尿病的知名专家说：糖化血红蛋白在5.7～6.4之间，处于糖尿病的前期，这些人都是糖尿病的后备军，其中有三分之一的人最终会发展成糖尿病。听了这个专家的话，我情不自禁地进行了下面的推理：

凡糖化血红蛋白在5.7～6.4之间的人都是糖尿病的后备军

我是糖化血红蛋白在5.7～6.4之间的人

所以，我是糖尿病的后备军

（这是直言三段论推理的第一格，其推理规则是："大全称，小肯定"。第一格是证明格，证明我有发生糖尿病的可能性。）

这个推理，使我不敢再掉以轻心了。过了两天，我到医院做糖耐量实验，结果达到 12.44，被确诊为糖尿病，正式戴上了糖尿病患者的帽子。安贞医院内分泌科主任周教授告诉我："你的糖尿病还在初期，病情较轻，先不用吃药，用控制饮食和加强锻炼的方法，就可以控制病情的发展。"我严格按照周教授说的做，一年后复诊，各项指标都比较理想。周教授高兴地说："你只要严格这样做，以后可能就不再需要吃药了。"

上面的逻辑推理，使我提高了对糖尿病的警惕性，及时就医，取得了比较理想的治疗效果。

事例之三

2014 年 2 月，在我刚查出糖尿病的同时，膝盖以下双腿发凉，以前没有出现过这种情况。我看《养生堂》节目，听广安门医院的一个中医专家说："有些人刚查出糖尿病时，已经患上了并发症。下肢血管病变，就是糖尿病的并发症之一。腿发凉、发麻、疼痛都是下肢血管病变的一些迹象。吃一些三七粉或者含三七的中药，可以预防下肢血管病变的发生。"

有一次我看病时，告诉医生我双腿膝盖以下发凉，言辞婉转地希望她给开一些含三七类的中药。她问我："你吃不吃阿司匹林?"我说"吃"。她说："阿司匹林就有活血的作用，吃阿司匹林就不用再吃三七类的中药了。”

回到家我一想，不对。只吃阿司匹林，肯定解决不了我下肢发凉的问题。为什么这么肯定？因为我进行了下面一个逻辑推理：

如果吃阿司匹林能解决下肢发凉的问题，那么我的下肢就不会发凉了

因为我吃了20多年阿司匹林，下肢还发凉

所以，只吃阿司匹林不能解决下肢发凉的问题

(这是充分条件假言推理的否定后件式，其推理规则是：否定后件必须否定前件，即无后无前。)

于是我又挂了血管科的号。经过超声检查，显示双腿血管有多发性血栓，还有一条下肢血管变细。医生给我开了药，连续吃了半年，下肢发凉的问题，基本缓解了。

通过上面的推理，我感到看病也要独立思考。因为再高明的医生，通过一二十分钟问诊，也不可能非常详细地掌握患者的所有情况。而患者自己，最了解自己。一个有头脑的人，应该自己做自己的家庭医生。因为你比医生更了解自己的病情，哪怕身上最细小的变化，自己都一清二楚。

但是，自己给自己做家庭医生，必须具备两个基本条件：一是要认真向专家学习医疗知识；二是要掌握逻辑推理的正确

方法。二者缺一不可。因为只懂些医疗知识，不会逻辑推理，就不知道怎样运用这些医疗知识。但只懂逻辑推理，不懂医疗知识也不行。因为专业的医疗知识，反映疾病发生发展的一般规律，它是患者进行逻辑推理的大前提。没有必要的前提，任何推理都无法进行。

二、三控八防

人老了，像机器老化一样，多个零件都出了毛病。而有些毛病，是致命的。所以，老年人身上，往往有多种危险因素同时存在，不管哪种危险因素控制不好，都容易发生意外。

我通过逻辑推理，筛查出自己身上的多种危险因素，并制定出下列“三控八防”的管控措施：

1. 控血压

血压过高，血液在血管中流动的时候，血管壁承受的压力很大，就容易损伤血管壁。血管壁遭到损伤，血小板就会凝聚到损伤的地方，这样又容易形成血栓。血栓形成后，受血液流动的冲刷，又会脱落，堵塞心脑血管，导致心梗与脑梗的发生。请看下面的推理：

如果血压过高，那么容易损伤血管壁，形成血栓，导致心梗与脑梗的发生

要防止损伤血管壁并形成血栓，导致心梗与脑梗的

发生

所以，必须控制血压

（这是充分条件假言推理的否定后件式，其推理规则是：否定后件必须否定前件。）

我知道，演绎推理是必然性推理，只要推理正确，它的结论是确定不移的。通过这个推理，我一直按时按量服降压药，还经常检测血压变化，始终把它控制在合理的范围内。控制住血压，就控制住了这项对老年人危害最大的危险因素。

2. 控血脂

胆固醇（血脂），本来是好东西，因为它是合成人体细胞的不可缺少的原料。但胆固醇过高，又会成为诱发多种疾病的祸根。血脂过高，会使血管壁凹凸不平，失去弹性，形成动脉粥样硬化。血脂还是构成血栓的主要成分，血脂过高，还会促进血栓的形成。如果血栓脱落，堵塞四肢血管，四肢就会瘫痪。如果血栓堵塞心脑血管，就会发生心梗和脑梗，致人死亡。请看推理：

如果长期血脂过高，那么就会产生粥样动脉硬化，形成血栓，诱发心梗、脑梗等致命疾病

为了不发生动脉粥样硬化与心梗、脑梗等致命疾病

所以，血脂不能过高

（这是充分条件假言推理的否定后件式，其推理规则是：否定后件必须否定前件。）

通过这个推理，我对高血脂的危害性坚信不疑。思想明确了，行动才坚决。医学界对一般人群、高危人群、极高危人群制定了不同的血脂标准。我属于极高危人群，近年来我严格按时按量服药，并通过加强运动和控制饮食，把血脂水平始终控制在极高危人群所需要达到的指标以下。

控制了血脂，也就控制住了第二个重要的危险因素。

3. 控血糖

高血糖的危险性，不亚于高血压、高血脂，三者是等危症。

长期的高血糖会使全身各个组织器官发生病变，导致急慢性并发症的发生。糖尿病对微小血管的损伤，会导致双目失明（视网膜病变）、肾衰竭（尿毒症）、肢体坏疽（神经病变）、性功能障碍等。如下肢肢体坏疽（糖尿病足），严重的还要截肢。糖尿病引发的心脑血管病变会导致心脏病、脑溢血及脑中风等。据专家统计，70%～80%的糖尿病患者死于心血管疾病。可以说，糖尿病的并发症是导致糖尿病患者死亡的“元凶”。糖尿病，往往会导致心、脑、肾、眼、足五种器官的并发症。请看推理：

如果长期血糖过高，那么容易使许多器官发生病变，导致严重的并发症

为了不使器官发生病变，导致严重的并发症

所以，必须控制血糖

逻辑推理，可以使人预知某种疾病发展的后果，事先加以防范。我查出糖尿病两年多来，严格按照医嘱去做，取得了比较好的治疗效果。这意味着，我初步控制了糖尿病这种危险因素。

上面三种危险因素，对许多老人都是威胁。但其危险程度，又不相同。凡血管中有活动性血栓的人，都是高危人群。血管堵塞70%以上，或糖尿病出现严重并发症的人，以及同时患有上面三种疾病的人，都是极高危人群。

面对以上的危险因素，有的人积极控制，有的人掉以轻心。积极控制就能长寿；掉以轻心，就会发生意外。

上面三种病，可以说是引发祸端的三条祸根。而下面提到的，多是引发祸端的导火索。

4. 防严寒

严寒是诱发老年人心脑血管事件的导火索。冬天气温到了零度以下，如果不戴帽子，我就会感到头皮发紧发皱；到了零下5度之后，不戴帽子，就会感到头疼。通过逻辑推理，我想到了下面的结果：

如果老人受到严寒刺激，那么血管就会急剧收缩

如果血管急剧收缩，那么血压就会急剧升高

如果血压急剧升高，那么就会诱发心脑血管疾病的发生

所以，如果老人受到严寒刺激，那么就容易诱发心脑血管疾病

（这是充分条件纯假言推理的肯定前件式，其推理规则是：肯定“头”，必须肯定“尾”，即有头有尾。）

通过这个推理，使我认识到：老人受到严寒刺激，容易诱发心脑血管事件。为了避免这种情况的发生，我准备了单帽、夹帽、毛线帽、棉帽四种帽子。随着气温的变化，随时更换。在严寒条件下，做好头部的保温工作，老人才不至于发生意外。

5. 防酷暑

有一年夏天，特别热。我突然感到严重眩晕，赶快躺到床上，不敢抬起身，稍一抬头，就天旋地转，又呕又吐。赶快打120，送医院抢救，打了两天吊针，才恢复了正常。

此后我才知道，酷暑对老年人也是危险因素。因为老年人对体温的调节能力较差。在酷暑时，人体的体表血管就会扩张，血液就会大量流向体表，头部就容易缺血。请看推理：

如果老人遇到酷暑，那么体表血管就会急剧扩张

如果体表血管急剧扩张，那么大量血液就会流向体表

如果大量血液流向体表，那么头部就会严重缺血

如果头部严重缺血，那么就会发生严重眩晕

所以，如果老人在酷暑时，就容易发生严重眩晕

（这是充分条件纯假言推理的肯定前件式，其推理规则是：肯定“头”，必须肯定“尾”，即有头有尾。）

这件事使我认识到，酷暑对老年人的伤害也很厉害。以后遇到酷暑，没有要事就躲在家里不出门，打开空调，听听音乐，好好休息。

6. 防暴怒

《京华时报》曾报道这么一件事：在公共汽车上，一个年轻人不给老人让座，争吵起来，老人盛怒之下，打了年轻人一耳光。年轻人没有还手，到站后他下了车。谁知老人自己却噗通一声，摔倒在地，没有抢救过来就去世了。这件不幸的事儿，给所有老人敲响了警钟：暴怒可以致命。请看推理：

如果老人暴怒，血压就会骤然升高

如果血压骤然升高，脑血管就可能破裂

如果脑血管破裂，就可能会得脑溢血

所以，如果老人暴怒，就可能得脑溢血

（这是充分条件纯假言推理的肯定前件式，其推理规则是：肯定“头”，必须肯定“尾”，即有头有尾。）

一般说来，人老了，性格就会变得柔和，遇事让人三分。但他感到实在忍无可忍的时候，就控制不住自己，突然间暴怒。所以老人平常就应该牢固树立一个观念：任何情况下，都不能暴怒。

7. 防跌倒

老人不慎跌倒，除了发生骨折，还可能意外死亡。请看推理：

如果老人不慎跌倒，那么容易撞击到头部
如果撞击到头部，那么就容易意外死亡

所以，如果老人要避免发生意外，就要防止不慎跌倒

（这是充分条件纯假言推理的否定后件式，其推理规则是：否定“尾”，必须否定“头”，即无尾无头。）

前些年，我先后跌倒过六次，有两次摔得很重，被人搀起来，坐着休息老半天，才缓过劲儿来。老伴说，这太危险了。以后我注意加强锻炼，体质大大增强，近十年来，再没有摔过一次跤。

8. 防久坐

久坐看电脑（电视），对“三高”人群，也潜伏着巨大危险。

有一天，我连续看了三个多钟头电脑，刚起身，站立不稳，

天旋地转，直想呕吐。我知道，血压太高了，赶快躺到床上，吃了半片儿蒙诺，休息了三四十分钟，才恢复了正常。为什么加服降压药？因为我是这么推理的：

> 如果老人长时间看电脑，那么血压就会大幅度升高
> 如果血压大幅度升高，那么就会引起严重眩晕
> ———————————————————————
> 所以，如果老人长时间看电脑，那么就会引起严重眩晕

（这是充分条件纯假言推理的肯定前件式，其推理规则是：肯定“头”，必须肯定“尾”，即有头有尾。）

有了这次教训，我以后看电脑（电视），最长不超过一个钟头。时间稍长，我就外出散步。我有个习惯，写东西爱打腹稿。边散步边打腹稿，经过一个多小时散步，腹稿也就打好了。然后回到电脑桌前，三四十分钟就打出文稿了。这样做，既放松了身心，又完成了写作任务。

9. **防感冒**

感冒，对“三高”人群的杀伤力很大。

20 多年前，我到医院做心电图，医生告诉我：“你的心脏不太好，千万别感冒。”20 多年过去了，这句话我始终记在心里。

请看推理：

> 如果老人得了重感冒，不但可以引起肺炎，还可以直

接诱发各种心脑血管疾病

为了不得肺炎，也不诱发各种心脑血管疾病

所以，老人不要得重感冒

（这是充分条件假言推理的否定后件式，其推理规则是：否定后件必须否定前件，即无后无前。）

为了不得感冒，我和老伴儿，每年都打预防流感的针。我还制定了“七”字诀：“吃七成饱，用七成力；出七次门儿，换七次衣。”其中，每天出七次门儿，是为了多散步。换七次衣，是为了根据气温变化，随时更换衣服。虽然每天不一定真换七次衣服，但每天换四五次衣，是常有的事儿。由于我随时增减衣服，多年来很少感冒。

10. 防便秘

便秘，对老人来说，也是潜在威胁。

解不出大便，一使劲儿，血压骤然高，导致脑血管破裂，悲剧转瞬之间就发生了。这种事，屡见不鲜。我很早就注意到这种潜在威胁，每天都大量吃青菜，辅之以水果，从不发生便秘。

11. 防癌变

现代医学研究表明：一个人抵御癌变的能力，和自身免疫力强弱有关系。因为正常人体内，也会产生癌细胞，但健康人的免疫能力较强，癌细胞一出现，就会被免疫细胞识别出来，然后把它吞噬掉，这样就不会得癌症了。如果一个人的免疫能力低下，识别不出也消灭不了体内产生的癌细胞，它越分裂越多，最后就会患上癌症。但是，随着年龄的增长，人的免疫能力也会下降，所以老年人患癌症的概率也会增大。因此老年人，要特别注意防癌变。

前些年检查身体，发现我左下肺有结节影。医生说：结节影有癌变的可能，需要进一步检测。我做了胸部螺旋 CT 平扫，很幸运，排出了癌变的可能。

2014 年做 B 超，发现我胆囊中有一点儿息肉。医生说，有少数人的息肉也会发生癌变，要求我每年做一次检查。2015 年我又按照医嘱去做了检查，没有发现任何问题。有病早治，无病早防。我也注意加强锻炼身体，养成健康的生活方式，经常保持愉悦的心情，提高自身的免疫能力。

人老了，多种危险因素都会在体内聚集，需要防范之处甚多。但对这些危险因素，只要认真对待，严格管控，一般来说，健康长寿还是可以做得到的。

我今年 78 周岁了，老伴儿 74 周岁了。结婚 50 年来，彼此守护，相濡以沫。老伴儿特别关心我的健康，唯恐我注意不到，有所闪失。过马路时，她总是拉着我的手说："别着急，莫抢道儿。"我爱雨中散步，她总是反对，劝阻说："道路湿滑，摔倒危险。”我们常到湖边溜达，她总是提醒我：“低头看路，小心台阶。”我出门办事儿，她又会提醒我：“有理莫较真儿，有气儿别发火。”我出门买东西，回家晚一点儿，她又会坐立不安。这一切，都使我非常感动，情不自禁地写了下面一首小诗：

老夫妻

银婚早已过，
金婚在眼前。
父母早离世，
孙辈已成年。
辛劳大半生，
相守无遗憾。
出入常搀扶，
同行手相牵。
老妻如靓妹，
朝夕看不厌。
老翁须发白，
且作帅哥看。
有事勤商量，
家务共同干。
清贫也知足，
平淡也浪漫。

分开两三日，
心中常惦念。
出门回家迟，
时时把心耽。
街上车马多，
缓行莫争先。
下雨慎摔跤，
台阶低头看。
与人莫争吵，
遇事心放宽。
提防心脑病，
时刻记心间。
不求大富贵，
只求身康健。
山高路又远，
终生做陪伴。
老来情更浓，
古稀也缠绵。
下辈做夫妻，
今生同许愿。

三、养身养心

我说：养生也需要逻辑推理。

你会说：我不信。

其实，我没有说错。养生真需要逻辑推理。没有逻辑推理，我就找不到养生的正确方法。请看下列事例：

事例之一：牙疼的困惑

有一段时间，我的牙龈反复发炎，我不得不三天两头跑口腔科看牙。我有个牙，需要补，补好牙后医生告诉我，今后你的牙齿还会反复发炎。果不其然，在以后两个半月的时间内，十来天就得去看一次牙，最长也不会超过半个月。牙科医生给我开了三种药，加上心内科、神经内科、眼科医生开的药，共有 15 种。我每天吃这么多药，肝脏怎么受得了？如果不吃牙科医生开的药，牙疼又治不好。吃也不好，不吃也不好，真是左右为难。

正在这个节骨眼儿上，在《养生堂》节目中，有个中医专家介绍说，天天叩齿，可以保持牙齿的健康。他还指着在场的一个女嘉宾说：“这个女同志，从年轻时就开始叩齿，现在 60 多岁了，没有掉过一颗牙，还能用牙齿咬开硬核桃。”

当时我就想：

如果叩齿对牙齿保健没有显著作用，那么她就会掉牙

她 60 多岁，一颗牙齿不掉

所以，叩齿对牙齿保健有显著作用

（这是充分条件假言推理的否定后件式，其推理规则是：否定后件必须否定前件。）

我还进一步想，为什么叩齿会有这么大的作用呢？

经过思考，我认为：主要是因为经常叩齿，可以改善牙龈的血液循环并激发牙神经的活力，从而提高牙齿的抗病能力。

我是这么推理的：

只要天天叩击牙齿，那么就可以改善牙龈的血液循环并激发牙神经的活力

只要能改善牙龈的血液循环并激发牙神经的活力，那么就能提高牙齿的抗病能力

所以，只要天天叩击牙齿，就会提高牙齿的抗病能力

（这是充分条件纯假言推理的肯定前件式，其推理规则是：肯定“头”必须肯定“尾”，即有头有尾。）

此后，我就坚持天天叩齿，每天都叩二三百下，不久奇迹就出现了。从我开始叩齿，到现在的三年半中，我没有再去医院看过一次牙。

这件事使我认识到中医养生方法的奇妙。但是，没有专家的介绍和自己的逻辑推理，就找不到这个保护牙齿的好

办法。

事例之二：耳鸣的难题

20 多年来，我的左耳总有轻微的耳鸣，但鸣声不大，不影响我正常学习和生活。不知为什么，前一段时间，左耳的鸣叫声突然增大了。

这种增大的鸣叫声，还影响到我看书和集中精力做事。我感到问题的严重性，赶快到医院看耳鼻喉科。

经过检查，医生让我做第一个疗程，先输液和打针，并开了 2 300 多元的药。我问医生："这些药主要起什么作用?"医生说："主要作用是扩张血管。"听了医生的话，我就开始犹豫起来。心内科、神经内科、眼科给我开的药，有好几种都是扩张血管的，如果再天天输液和打针，继续扩张血管，那么我脆弱的血管受得了吗？再说，平常我已经吃了十二三种药，如果再大量输液和打针，我的肝脏受得了吗?

我想了想，决定放弃这个医疗方案。但这个医疗方案对我也有启发：既然治我的病，需要扩张血管，这说明我的中耳和内耳供血不足。那么，有没有其他方法可以改善中耳和内耳的血液循环呢?

这使我想到了中医提倡的耳朵保健的一种方法——震耳。所谓"震耳"，就是把两个食指的指尖，插入两个耳孔，扭动几下，使空气不能进入耳孔，然后突然拔出两个指尖，使气流骤然涌进耳朵的深处，并使中耳、内耳的各个零件受到气流的挤压和按摩，从而改善耳朵深处的血液循环。我是这么推理的：

震耳的方法可以使气流骤然涌进耳朵的深处

气流骤然涌进耳朵的深处可以使中耳和内耳的细小血管受到挤压和按摩

中耳和内耳的细小血管受到挤压和按摩可以改善耳朵深处的血液循环

所以，震耳的方法可以改善耳朵深处的血液循环

（这是连锁直言三段论的后退式，其推理规则是：第一个前提的主项做结论的主项，最后一个前提的谓项做结论的谓项。）

通过逻辑推理使我坚信，震耳有利于耳鸣的缓解。于是我天天都做震耳的锻炼，一次做震耳 80 下，每天两次。连续做半个月后，耳鸣开始缓解，一个月后，较大的耳鸣声音就变小了，恢复到以前的状态，不再影响我正常的生活了。

这次逻辑推理，使我找到了耳朵保健的好方法，没有输液和打针，也解决了耳鸣加重的问题。

事例之三：搓脚心的学问

以前看《养生堂》，听一位中医专家说，经常用手搓脚心

儿，可以保健。我不明白其中的道理，所以听了不以为然。后来，随着我对糖尿病的了解越来越多，才逐渐悟出了其中的科学道理。糖尿病的发展，容易引起血管和神经的病变。特别是距离心脏较远的肢体的末端，由于供血不足，更容易发生血管和神经的病变。两只脚，离心脏较远，它的血管和神经，也容易供血不足而发生病变，形成“糖尿病足”。严重的“糖尿病足”，还必须截肢。经常用手搓脚心，可以改善脚上的血液循环，并激发足部神经的活力，有助于预防足部血管和神经发生病变。

我得糖尿病以后，膝盖以下双腿发凉，这是下肢供血不足的表现，也是下肢血管和神经可能发生病变的一个小苗头。所以经常用手搓脚心，对我大有好处。

我是这么推理的：

经常搓脚心可以改善足部的血液循环并激发足部神经的活力

改善足部的血液循环并激发足部神经的活力可以预防足部血管和神经的病变

预防足部血管和神经的病变就可以防止出现“糖尿病足”

所以，经常搓脚心，可以预防出现“糖尿病足”

（这是连锁直言三段论推理的后退式，其推理规则是：第一个前提的主项做结论的主项，最后一个前提的谓项做结论的谓项。）

明白了这个道理，我开始每天都用手搓脚心。早晚各一次，每次搓 150 下。我原来膝盖以下双腿发凉，经过药物治疗，配合长期搓脚心，小腿发凉的问题大大缓解了。

总之，通过逻辑推理，我逐渐找到了健身的正确方法。

现在，我把自己养生的体会概括成下面两点：

第一，选择适合自己的锻炼方法。

老年人健身，不适合选择竞技型、力量型、技巧型的锻炼项目，而应该选择适合自己年龄特点和身体状况的锻炼方法。我选择锻炼方法的指导思想是：对症下药，有的放矢。即：针对自己身体中存在的各种隐患，选择相应的锻炼方法，这叫“按需锻炼”，就是针对自己身体的短板，需要什么，锻炼什么。

根据这个指导思想，我从中医“床上八段锦”、乾隆皇帝“十常练”① 等传统健身方法中吸取营养，有所取舍，有所创造，形成自己的一套锻炼方法。我用四句顺口溜儿，来概括这种锻炼方法的内容：齿舌耳眼都要练，上下前后揉又按。梳头搓脚

---

① 乾隆皇帝活了 89 岁，是中国历史上最长寿的皇帝。他的“十常练”是：齿常叩，津常咽，耳常弹，鼻常揉，睛常运，面常搓，足常摩，腹常捋，肢常伸，肛常提。

多提肛，游泳散步太极拳。

齿舌耳眼都要练

譬如我耳鸣加重，我就选择震耳的方法。经常牙疼，我就选择叩齿的方法。眼睛模糊，我就做眼睛保健操。我有心脑血管疾病，容易引起中风，导致说话不利落，所以我就经常“转舌”，注意锻炼说话发声的能力。

上下前后揉又按

上，指上肢；下，指下肢。因为我血管中有血栓，上下肢的微循环不好，所以我每天都按摩上下肢。

前，指揉前面的肚子。用手按着肚子，顺时针揉一百圈，逆时针揉一百圈。因为有一段时间，我的腰围较粗，二尺八，偏胖。专家说：揉肚子可以减肥。我坚持揉了两年半，腰围就降到了二尺四，身材苗条多了。

后，指搓后面的腰眼儿。搓腰眼可以强肾。有一两次，我从沙发上站起来，忽然觉得有点直不起腰来。以后我就坚持多搓腰眼，再没有出现过这种情况。

梳头搓脚多提肛

老年人爱脱发，用十指梳头可以预防脱发，也有利于大脑健康。搓脚心，可以改善脚部的血液循环，预防双脚发生血管和神经病变。吸气时向上提肛，可以增强肛门的收缩力，每天提肛四五十次，可以预防老人发生便秘。

游泳散步太极拳

我天天游泳，坚持两年半后，体质明显增强。过去经常胸闷，现在不胸闷了；过去时有摔跤，现在不摔跤了；过去有时感觉疲乏，现在感觉浑身是劲儿。我每天都散步一个来小时。有时也打太极拳。打太极拳，可以缓解紧张情绪，放松身心。

由于我的锻炼方法，是对症下药，有的放矢，所以锻炼效果比较明显。体内影响健康的各种隐患，逐渐消失、减少或者减轻。

第二，找到娱乐自己的娱乐方法。

一个健康的人，不仅仅是体质健康，还包括心理健康。对一个老人来说，要保持心理健康，就要找到娱乐自己的娱乐方法。每个人的性格、阅历和文化程度不同，喜欢的娱乐方式也不同。我不爱下棋，也不爱打牌，但喜欢下面几件事：

看戏

我每天都会打开电视和电脑，欣赏戏曲表演节目。不管是京剧、豫剧、越剧、黄梅戏、评剧、锡剧、苏州评弹等都爱看。只要是经典剧目，都百看不厌。对家乡的豫剧，则更加痴迷。我也经常欣赏优秀的歌舞节目。从艺术欣赏中，我品味到人生无穷的乐趣。

我还喜欢跟着音乐的节奏，在家中边走边舞，且听且跳，自我娱乐，自我陶醉。这时候我深切感到晚年生活的悠闲与幸福，这简直是我人生的一大享受。

赏画

我喜欢优秀的风景画和自然风景摄影，把能收集到的风景画和风景摄影，都放到电脑的几个文件夹中，一有工夫，就打开细细欣赏。每年春天，我都用照相机把各种盛开的鲜花拍下来，放在一个叫“百花园”的文件夹中，不时打开，反复玩味。

听虫

听虫，是我独特的娱乐方式。每逢秋夜，我就提着一个小马扎儿，走进小树林，坐到一片灌木丛旁，独自静听虫鸣。此时无数小虫，在你耳旁低吟浅唱，越听越柔和，越听越入神，而且非常有节奏，使你百虑俱消，荣辱皆忘。于是我就写了《听虫》一诗，竟受到著名文学评论家阎纲同志的赞赏，颇感荣幸。

听虫

林中夜来灯光稀，
虫声一片自唧唧。
低吟浅唱千百遍，
胜过最美小夜曲。

乐队看不见，
乐手千千万。

合奏没指挥，
吟唱无琴弦。
乱叫成和谐，
嘶喊腔也圆。
随声即合拍，
随意节奏现。
只唱唧唧词，
变化却万千。
唧唧复唧唧，
百听不生厌。
越听越柔和，
久听心坦然。
怒者怒气消，
怨者怨气散。
忧者忘其忧，
烦者忘其烦。
心如平湖水，
清澈无波澜。
奇哉小虫鸣，
妙哉大自然。

清代文学家张潮在《幽梦影》一书中说过：“春听鸟声，

夏听蝉声，秋听虫声，冬听雪声。白昼听棋声，月下听箫声，山中听松风声，水际听欸乃声（桨声）。方不虚生此耳。”令我感动的是，数百年前的张潮，竟然也道出了我今日听虫的心情。

老年人，不但要保持精神愉悦，还要保持心情平静。而要保持心情平静，就要戒除心中各种不当的欲望，忘却年轻时的是是非非。各种奢望少了，才能够取得心理宁静，安享晚年。我还写过下面一首小诗：

心境

心静如水，
意闲神飞。
无欲无求，
忘名忘利。
似禅非禅，
似愚非愚。
清清溪水，
奔流不息。

人老了，离上帝越来越近。但我心中还有一个未了的夙愿。我希望在自己有生之年，亲眼看到中国的 GDP 总量，超过美国，成为世界第一（这大概还需要 15 年左右的时间）。因为中国人在近代史上，受尽了屈辱，近些年又受了不少美国的窝囊气，我愿意亲眼看到中国人在世界上扬眉吐气的那一天。我认为，中国人不应该称霸，但应该向世界展示自信。头一天实现自己的夙愿，第二天上帝召唤我，我就会带着满脸笑容去见上帝。如果上帝在我实现夙愿之前呼唤我，那么对不起，我就会不听召唤，抗争到底！

灾难事故中的逻辑推理

18

一次户外穿越活动为什么害了儿子的命？

母子同行　却阴阳相隔

CCTV-1《今日说法》2014年11月14日报道了一位年轻母亲带着儿子小温与驴友参加户外穿越活动，儿子不幸遇难的事故。令人痛惜！令人唏嘘！令人警醒！

事情的经过大体是这样的：

陈女士本来有一个幸福温馨的家庭。丈夫是企业高管，家庭生活富裕。儿子14岁，体格健壮，长相俊秀。出事那年，他小学刚毕业。紧张的考试过后，陈女士想让儿子放松放松，想带他爬山，于是就加入了一个相约搞户外穿越活动的QQ群。

群主叫“心跳”，他发起穿越浙江省温州市苍南县大峡谷的活动。苍南县大峡谷有15公里长，山峦起伏，瀑布成群，溪水奔流，风景秀丽，有浙南九寨沟的美称。

陈女士问群主“心跳”：“我带孩子去，能否报名？”

群主“心跳”问：“你孩子多大了？”

陈女士说出了自己儿子的年龄、身高和体重。

群主“心跳”回答说：“可以去。这次户外活动不会太累。不过，要带一些装备。”

陈女士说：“我什么装备也没有。”

群主“心跳”说：“我替你准备一些装备。你人过来就行了。”

经过网上约定，共有八个人参加这次户外探险活动。2013年6月23日早上，户外穿越活动发起人“心跳”，带着七个驴友从温州市乘车来到苍南县，10点钟左右到达大峡谷入口处。从这里徒步进入苍南县大峡谷，开始了难忘的探险之旅。

八名驴友，谁都没有到过这个大峡谷，出发前只是参考了别的驴友的穿越攻略，对这次穿越活动的难度有多大心中无数。究竟应该怎样穿越这个大峡谷，发起人心中也没有明确的计划，只是带着大家沿着溪水向下游走。但出发不久，就遇到了问题，一座宽约300米的水库拦住了去路。八名驴友只好分成两组前进：会游泳的游过水库；不会游泳的沿山脚绕过水库，然后在水库大坝上汇合。陈女士的儿子小温，水性很好，还带着救生衣，恳求妈妈同意他泅水过去。一起泅水的五人中，除了领队“心跳”，还有陈女士过去的同事徐先生，陈女士托付徐先生和领队照顾自己的儿子小温，于是就同意儿子与徐先生等四个驴友一起泅水过去。陈女士不会游泳，与其他两名不会游泳的驴友仍然走山路。谁知这个决定是一个天大的错误，母子从此一别，再也见不到自己心爱的儿子了。

游过水库的五个驴友，与沿山脚而行的三个驴友，本来打算在水库大坝上汇合，但临近了才知道，大坝的中部有一个很宽的溢流槽，溢流槽中水流湍急，两组驴友无法汇合到一起，只好分头前行，谁也没有想到，两组驴友越走离得越远，再也无法汇合到一起。

游过水库的五个驴友本来是一块儿往前走，但领队等三个驴友，在前面走得快，徐先生和小温在后面走得慢，走到下午3点来钟，徐先生和小温，就和前面的三个人走散了。不知不觉，徐先生和陈女士的儿子，走到了一个很大的悬崖上，无法继续前进。这时候，天已经快黑了。

陈女士和儿子分开后，打手机始终联系不上，心中越来越不安。当徐先生和小温走到悬崖上，有了信号，得知他们二人困在悬崖上，更是焦急万分。陈女士告诉徐先生，你们待在原地不要动，我马上报警。通话后徐先生的手机快没电了，只好关掉手机。令人气愤的是，他们这次户外探险的准备活动太差了，只带一块电池，也没有带任何照明设备。

当地警方接到报警后，迅速联系了苍南县桥墩镇镇政府，镇政府马上组织乡村干部、村民 、林场职工与民警一起连夜展开搜救。当晚 10 点多，陈女士等三人走出了峡谷，不久，另一组驴友，领队等三人也走出了峡谷。陈女士看不到儿子和徐先生，格外着急，请求领队等三人和她一起返回去寻找他们。除了领队，其他二人都不肯返回找人。只有陈女士和领队返回找人。但是峡谷内，山高林密，人迹罕至，无论当地政府和陈女士怎么尽力，直到夜里三点，都没有找到徐先生和小温二人，只好暂时收兵。

徐先生和小温二人在悬崖上待了一夜，等到黎明时分，也没有发现搜救队伍。徐先生决定，他们二人自己从悬崖上爬下去。他们抓住悬崖上长的枝藤往下爬，爬到一半的地方，有个很小的平台，能站下两三个人。再往下爬，就没有任何抓头儿了。徐先生还试着慢慢往下爬，一不留神，一下滑到了悬崖的底部。小温一个人待在悬崖半腰的小平台上，不敢再往下滑。徐先生在悬崖底部打开手机与外面联系，没有信号。徐先生对站在悬崖半腰的小温说：“你待在原处别动，我去找一个有信号的地方，联系人来救你。”交代完以后，他就离开悬崖底部，继续往前走。实际上，徐先生做出了一个非常错误的决定，他把

14岁的孩子一个人孤零零地丢在悬崖的半腰上，上不去，下不来，叫天天不应，叫地地不灵，这样做究竟会发生什么事情，他是应该想得到的。

徐先生一个人往前走，始终没有找到有手机信号的地方，在第二天早上8:30左右，他一个人走出了峡谷。当地政府第二天早上，又组织了上百人，展开第二次营救，在峡谷口正好遇见了徐先生，徐先生说明情况后，所有人都感到形势万分危急。搜救队伍立即分成几组，沿不同路线，向徐先生描述的悬崖方向搜索。遗憾的是，直搜到下午三点多，也没有在悬崖处找到小温。

小温失踪的消息，很快在网上传播开来，当地许多有经验的驴友和民间组织都自发地加入了搜救队伍。紧接着，杭州、宁波、福州的人们，也加入了搜救队伍，最多时达到3 000多人，展开了浙江历史上最大的一次搜救活动。连最高的山峰也不放过，对大大小小的水潭也潜水下去搜了。在小温失踪的第三天，在一个叫梅花潭的水潭边上，发现了一只小温穿的洞洞凉鞋。这里离开他们露宿的悬崖，大概有两三小时的路程。大规模的搜救持续了15天，在21平方公里范围内，展开了多次拉网式搜查，仍不见小温的人影。搜救活动不得不停止下来。

小温的父亲，是一名企业高管，承受不了这个打击，他下定决心，找不到儿子，誓不罢休。他在大峡谷内发疯似的连续寻找了126天，终于在一个水潭里发现了儿子的尸体。儿子的身体被压在一根木头下面，还被夹在石缝中，没有游出来，过早地结束了自己幼小的生命。

陈女士自儿子失踪以后，整天以泪洗面，痛不欲生。既痛恨自己在水库前与儿子分手，又深怨同行驴友没有尽到应有的责任，天天愤懑不已，无法解脱。陈女士在一年后，把其他六名驴友起诉到苍南县人民法院，追究他们应付的民事责任。

苍南县人民法院审理后做出判决：陈女士作为小温的第一监护人，在户外探险活动中，同意儿子游过水库，脱离了对儿子的直接监护，对小温的遇难，应付75%的民事责任。徐先生受托照顾小温，却把他一人留在悬崖上，独自走出大峡谷，应承担13%的民事责任，赔偿陈女士夫妇10.7519万元。发起人“心跳”吴某，没有尽到领队应尽的责任，应承担8%的民事责任，赔偿陈女士夫妇6.6165万元。与领队一起走出大峡谷的两个驴友，也没有完全尽到注意和救助的义务，各承担2%的民事责任，各赔偿陈女士夫妇1.6541万元。与陈女士一起走山路的两个驴友，与小温没有同行，不具备救助条件，不承担民事责任。

小温遇难的不幸事件，引起了浙江省社会舆论的广泛关注，因为这件事包含着太多的教训。这次户外穿越活动，存在一系列的决策错误，而这些决策错误，又和一系列的判断和推理错误有很大关系。

首先看陈女士。陈女士主要有两点错误：

第一，她缺乏必要的风险意识。

陈女士对户外探险活动一无所知，特别是对这些活动中潜藏的风险缺乏必要认识。如果她对户外探险活动的一般状况和规律有所了解，就会进行如下的推理：

穿越原始状态的大峡谷是有许多潜在风险的

穿越苍南大峡谷就是穿越原始状态的大峡谷

所以，穿越苍南大峡谷是有许多潜在风险的

（这是直言三段论推理的第一格，其推理规则是："大全称，小肯定"。见附录之二。）

陈女士既不了解户外探险活动的潜藏的一般风险，也不了解苍南大峡谷的具体情况，更不会进行上面的三段论推理，所以她的行动是盲目的，缺乏理性思维的。一个缺乏理性思维的人，往往对自己将要做的事情，事先缺乏基本了解，也没有明确的思路，更没有风险意识，常常盲目行动，难免不做错事情。反过来说，如果她是很有理性的人，就会有足够的风险意识，自然不会给未成年儿子报名参加这样的穿越活动。即使参加了这样的活动，也不会同意儿子离开自己，跟别的驴友一起行动。

第二，她最大的失误是让儿子脱离自己的直接监管。

户外探险活动充满风险。在这样的活动中，还同意儿子离开自己，跟随其他驴友泅水渡过水库，这是她最大的失误。请看如下推理：

如果同意儿子离开自己跟随其他驴友泅水，就是让儿子脱离了自己的直接监管

如果让儿子脱离了自己的直接监管，就使儿子失掉了母亲最有力的保护

如果儿子失掉了母亲最有力的保护，那么遇到危险就可能发生意外

所以，如果同意儿子离开自己跟随其他驴友泅水，那么遇到危险就可能发生意外

如果陈女士是善于逻辑推理的细心人，心中就会进行上面这个逻辑推理。如果她能进行上面这个逻辑推理，就不会让儿子离开自己，只要母亲不离开儿子，儿子就不会遇难。可惜陈女士，不够细心，也不善于逻辑推理，所以她的决策失误，和她推理能力不强有很大关系。

（上面这个推理，是充分条件纯假言推理的肯定前件式，其推理规则是：肯定“头”就要肯定“尾”，即有头有尾。见附录之三。不过这个纯假言推理的第三个前提的后件，带有模态概念“可能”，所以其结论也应带有模态概念“可能”，其结论是或然性的。）

试想：如果是妈妈带着儿子走到悬崖上，绝不会丢下孩子，自己一个人走出峡谷，儿子也就不会遇难。

正因为陈女士缺乏理性思维，没有必要的风险意识，又让儿子脱离了自己的直接监管，盲目的行动使她付出了无比沉重的代价，永远失去了心爱的儿子，跌入了无限悲伤的深渊。

再看徐先生。徐先生有三点主要的错误：

第一，他俩没有待在原地等待救援。

他和小温在悬崖上待了一宿，没有见到搜救队伍，作为中年人的徐先生应该冷静地想一想，是当地政府没有组织搜救队伍，还是搜救队伍暂时没有找到他们。

如果他冷静思考，就应该做出如下的推理：

> 只要当地政府接到报警电话，就一定会组织人员搜救
> 陈女士已向当地报警
> ———————————————
> 所以，当地政府一定会组织搜救

（这是充分条件假言推理的肯定前件式，其推理规则是：肯定前件就要肯定后件，即有前有后。见附录之三。）

接着他应该进一步分析，当晚他们没有见到搜救队伍的原因。如果徐先生能做下面一个选言推理，原因就很容易找到：

> 没有见到搜救队伍的原因，或是当地政府根本没有组织搜救队伍，或是由于山高林密暂时没有找到他们

当地政府不可能不组织搜救

所以，是由于山高林密暂时没有找到他们

（这是有两个选言肢的选言推理，小前提否定其中一个选言肢，结论肯定另一个选言肢。见附录之四。）

在危难中，徐先生应该冷静思考，并借助逻辑推理，对情况做出正确的判断。但徐先生没有借助逻辑推理做出正确的判断，因而放弃了“留在原地等待救援”的想法。

徐先生的错误，还不止于此。他不但放弃了“留在原地等待救援”的合理方案，还选择了一个错误的自救方法：抓住枝藤下到悬崖底部。他带着一个14岁的孩子，用这样危险的方法自救，是根本行不通的。请看推理：

用危险的方法自救，是未成年人无法完成的

抓住枝藤下到悬崖底部是用危险的方法自救

所以，抓住枝藤下到悬崖底部，是未成年人无法完成的

（这是直言三段论推理的第一格，其推理规则是：“大全称，小肯定”。见附录之二。）

正因为这种自救方法，未成年人无法完成，所以造成了徐先生滑到悬崖底部，小温留在悬崖半腰，上不去也下不来的尴尬局面。

第二，他的致命错误是，丢下小温独自离开。

徐先生滑到悬崖底部，打开手机，没有信号，想找到一个有信号的地方，联系人来救小温。结果越走越远，最后一个人走出了大峡谷，把一个14岁的孩子独自留在悬崖半腰。孩子上不去，下不来，冷、饿、孤独、无助、恐惧、惊慌，陷入极度危险的境地。出现这种局面，徐先生事先是应该想得到的。如果小温是他的亲儿子，他绝对不会这样做。徐先生这样做，是无法原谅的。请看推理：

如果两个人待在一起，那么小温就不会发生意外

让小温一个人留在悬崖半腰

所以，小温容易发生意外

（这是充分必要条件假言推理的否定前件式，其推理规则是：否定前件就要否定后件，即无前无后。见附录之三。）

第三，事前的准备工作很不充分。

他们在悬崖上待了一宿，没有带照明设备，也没有带哨子之类的呼救设备，徐先生也没有带备用电池。如果带了这些东西，搜救队伍就容易发现他们。这也是徐先生很大的失误。

接下来，再说领队“心跳”。领队有下面几点错误：

第一，同意未成年人参加户外探险活动。

领队“心跳”有二三十次户外穿越活动的经历，但他对户

外穿越活动仍缺乏本质性认识，特别是对穿越原始状态的大峡谷潜藏的风险没有足够认识。他同意陈女士带孩子参加户外穿越，说："可以去，不会太累的。"他的这个判断失误，是发生小温遇难事件的前提。

第二，他缺乏组织户外探险活动的基本经验。

资深驴友有一条重要经验，就是驴友们不能分散活动。大家一起行动，发生危险时，依靠集体的力量容易脱险。兵分几路，互相隔绝，不能互相照应和帮助，容易发生意外。所以，"分兵"是穿越活动的大忌。而这次穿越活动，恰恰就犯了多次分兵的大忌。本来人数就不多，刚启程不久，8 个人就分成了两组：会游泳的 5 个人走水路；不会游泳的 3 个人走山路。走着走着，原来走水路的 5 个人，后来又分开了。领队"心跳"等 3 个人，把走得慢的徐先生 2 人丢下，他们先走了。徐先生和小温走到了悬崖上。后来徐先生又扔下小温，一个人走出了大峡谷。多次分兵，最后只剩小温一个人。自救能力最差的 14 岁孩子，就这样不幸遇难了。

如果领队懂得"不能分兵"的道理，事先宣布"8 个驴友不能分散活动"的纪律，就不会发生这场灾难了。请看推理：

如果 8 个人集体行动，那么就不会丢下小温一个人
如果不丢下小温一个人，那么小温就不会遇难

所以，如果 8 个人集体行动，那么小温就不会遇难

（这是充分条件纯假言推理的肯定前件式，其推理规则是：肯定“头”就要肯定“尾”，即有头有尾。见附录之三。）

第三，物资准备很不充分。

穿越原始状态的大峡谷，没有携带照明设备、呼救设备，也没有让队员多带备用电池，这也是领队的重大失误。

第四，思想教育工作没有跟上。

凡是组织群体活动，必须做好群体自身的思想教育工作。出发之前，领队应该讲一讲大峡谷的基本情况，穿越的路径和方法，注意的事项，可能遇到的问题，应采取的对策，对驴友的要求等。这一切都不做，只是带着大家顺着溪水向下游走。思想工作缺位，就留下了各种隐患。

总之，领队“心跳”吴某，虽有多次户外穿越的经历，但缺乏领队的基本素质，他的种种失误，说明他没有很好地履行领队的职责。

在不同的社会组织和社会活动中，每个人都承担一定的社会角色，并按照不同的社会角色承担不同的社会责任。从古至今都是这样。即使是自发的、临时性的社会组织，也要受这个规律的约束。法院也是按照不同的社会角色的失误程度，来划分民事责任的。

在这次穿越活动中，发起人“心跳”是领队的角色，他应该尽领队的职责。领队是个很重要的角色，他的种种失误，导致了这次穿越活动的失败。所以他承担8%的民事责任。

徐先生受陈女士之托，充当了小温临时监护人的角色，受托之后他应该尽小温临时监护人的职责。但在发生危难的关键时刻，他没有尽到临时监护人的职责。他的失误，直接导致了小温的死亡。所以应该承担比领队更多的民事责任，即承担13%的民事责任。

陈女士是小温的母亲，她的角色是小温的法定监护人。在小温成年之前，她的角色是不能解除的。她的决策失误，对小温的遇难起决定作用，所以她承担75%的民事责任。

与领队一起走出大峡谷的两个人，他们的角色是“同行驴友”，“同行驴友”的角色，负有互相注意和互相帮助的义务。他们拒绝返回大峡谷寻找失踪的小温，没有履行互相帮助的义务，所以各承担2%的民事责任。

法院判决后，有关当事人对陈女士夫妇进行了民事赔偿，这个诉讼案件暂告一段落。但这件事的教训，却永远留在了人们心中：

第一，户外探险活动虽然成为现代人追求的一种时尚，但此项活动绝对不适合未成年人参加。

第二，户外探险活动的发起人，应该对穿越的地区有所了解，并具有领队应具备的基本素质。不具备这些素质，不应在网上随意发布组织户外穿越活动的信息。

第三，活动的组织者，应该事先制定出穿越的具体方案、穿越的路径和方法，提出应携带的物资、注意事项、对驴友的具体要求，并在出发前做好动员和思想教育工作。

第四，注意记取兵分多路的教训，时刻防范不测事故。

第五，受人之托，就要忠人之事，特别是人命关天时，一定要尽力而为，不可掉以轻心。

第六，所有参与者，在报名前应对穿越地区、穿越方案及发起人的大体情况有所了解，然后再决定是否报名参加该项活动。

19

新郎为什么会惨死在洞房花烛夜之后？

死在新婚之后

贵州卫视2014年5月19日以《惨死洞房的新郎》为题，报道了一件非常离奇的新郎意外死亡的案例，令人唏嘘不已。

2014年农历腊月二十九日，山西太原的一个偏僻的小山村里，婚礼热闹非常，小伙子张亮娶到了十里八村最漂亮的姑娘。正当小青年对张亮无比羡慕，而张亮一家无比欣喜之时，新郎张亮却离奇地死亡了。

谁也想不到，婚后的第三天，即大年初一，张亮就被送进重症监护室抢救，医院还给家属发了病危通知单，婚礼过后42

天张亮就死在了医院。

张亮是一个身强力壮的小伙子，没灾没病，怎么会突然死亡了呢？

新婚之夜，在入洞房之后，到底发生了什么事呢？

真让人百思不得其解。

医院诊断结果是：气管破裂，导致大脑严重缺氧，又诱发肺部感染，造成患者死亡。医生推测，气管破裂是外伤所致。

这太不可思议了！洞房花烛夜，谁会去攻击浸沉在无限幸福之中的新郎呢？新娘是一个十分柔弱的女子，更不会对自己新婚丈夫下此毒手。再说她如此柔弱，也不是身强力壮的小伙子的对手呀。

事后，新娘讲出了洞房花烛夜发生的真实情况：

洞房花烛夜的第一天，新郎和她，各睡各的。新郎根本不理她，一个人独自睡觉去了。一连两天晚上，新郎都不搭理她，还是各睡各的，对她非常冷淡。她心里觉得很别扭，怕传出去被人笑话。但转念一想，又觉得可能是折腾了好几天，新郎太累了，过几天就会好起来。除夕夜里，新郎悄悄地对他姐姐说："我手麻得厉害，喘不过气来。"姐姐帮他打了一盆洗脸水，说："你可能累了，洗一洗睡吧。"谁知天亮以后，喘得更厉害，呼吸困难，赶快打120，送到山西大医院，病情又急剧恶化，体检发现：是外伤导致气管破裂，并且肺部严重感染。马上动手术，并送到重症监护室，对家属发出了病危通知单。抢救了一个多月，不幸，人还是走了。

家属十分纳闷，新郎在婚礼上怎么会受外伤呢？

为了寻找原因，家属们认真观看了婚礼录像。通过反复观看婚礼录像，大家一下全明白了：新郎可能是在婚礼上被打死的。

婚礼录像显示，婚礼当天上午11点半，张亮接完新娘回到村里，刚一下娶亲的汽车，就冲过来十几个年轻人，对新郎一顿猛打，下手一点都不客气。打张亮的都是他从小玩到大的同学和朋友。原来，这个地方有“打新郎”的风俗。按照这种风俗，在婚礼上人们可以随意打新郎，不管打得多疼，都不能翻脸，更不能反抗。谁也没想到，这些年轻人没有分寸，出手太重，头上、脖子上、身上，没头没脑乱打一通，导致张亮气管撕裂，不幸死亡。此后不久，对这件非正常死亡事件，当地警方已展开调查。

说到这儿，有人会问：这件事和逻辑推理有什么关系呢？

笔者认为：关系太大了。参与婚礼的当事人，每个人脑子里都有逻辑推理。但是，这些人脑子里的逻辑推理都错了，所以才导致悲剧的发生。如果他们能进行正确的逻辑推理，悲剧就不会发生，至少不会闹出人命。请看下面的分析：

先说十几个猛打新郎的年轻人。这些年轻人，心中也许没有什么特别的恶意，但他们脑子里的逻辑推理却完全是错误的。

他们想：

在婚礼上打新郎不管打得多重都是闹着玩儿的
我在婚礼上猛打新郎

所以，我是闹着玩儿的

这是直言三段论推理的第一格，其推理规则是："大全称，小肯定"。这个推理的推理规则没有错，但推理的大前提是不能成立的。当地绝大多数成年人都知道，打新郎的风俗只是象征性地打，没有抡圆了胳膊朝死里打的。在逻辑推理中，设定什么判断做大前提，是非常有学问的。不善于逻辑推理的人，往往设定错误的判断做大前提，所以推出了非常错误的结论。

愚蠢的推理导致愚蠢的行动，引发了这场悲剧。这些年轻人，太没有分寸了。如果他们能进行下面这样的推理，就可以避免这场悲剧发生：

如果出手太重，就会打伤新郎
如果打伤新郎，就会伤了和气，并承担法律责任
如果要避免伤和气并承担法律责任

所以，出手不能太重

这个充分条件的纯假言推理，非常简单。大部分人都会进行这个推理。但这些年轻人，逻辑素养太差，连这个最简单的

逻辑推理都不会，才闯下了大祸。一些基本的逻辑推理能力，是可以从生活实践中逐步培养起来的，但对于懒于动脑、疏于思考的人来说却是例外，他们很难从生活实践中培养出基本的逻辑推理能力。什么是缺心眼？连最简单的逻辑推理都不会；该想到的问题，想不到；该预见到的结果，预见不到——这就是缺心眼。所以，缺心眼和不懂逻辑推理有关。

再看新郎是如何推理的，新郎想：

在婚礼上闹着玩儿，是不能翻脸的
他们猛打我是在婚礼上闹着玩儿的
———————————————
所以，他们猛打我，是不能翻脸的

（这是直言三段论推理的第一格，其推理规则是：“大全称，小肯定”。）

这个推理的推理规则没有错，但推理的小前提是错误的。（如果把人打死了，还能是闹着玩儿的吗？）因为小前提是错误的，所以才推出了错误的结论。又因为推理错误，新郎才没有及时制止他们狠打自己的过分行为。如果新郎当场制止了他们的过分行为，悲剧就不会发生。如果能当场制止他们的过分行为，无论对新郎自己来说，还是对他的同学来说，都是有莫大好处的。

正因为新郎不会进行正确的逻辑推理，所以才没有保护好自己。

新郎不善于逻辑推理，还表现在他对自己身体状况的认识上。如果他善于逻辑推理，洞房花烛夜的当天晚上，他就会感到自己身体出了严重问题。

只有身体出了严重问题，才无力与新娘同房
我根本无力与新娘同房

所以，我的身体出了严重问题

这是必要条件假言推理的肯定后件式。这个推理，一般人都会进行。只要会进行这个推理，就能意识到问题的严重性，就会及时去医院就医，问题就会有转机。

那么，新娘当时是怎么想的呢？

新娘想：可能是新郎累了，才不与自己同房。如果新娘善于逻辑推理，她第二天就会推翻自己第一天的想法：

如果新郎累了，那么他休息一个晚上就会恢复过来
他第二天没有恢复过来（第二天仍不与自己同房）

所以，他不是累了

或者是累了，或者是身体出了严重问题
不是累了

所以，是身体出了严重问题

如果新娘意识到新郎身体出了严重问题，就会督促他及时

就医。如果能及时就医，情况也仍会有转机。

再看参与婚礼的其他成年人。参与婚礼的还有很多成年人，他们为什么没有站出来制止打人者的过分行为呢？这可能有各种各样不同的原因。虽然原因各不相同，但他们头脑里都会有推理活动。不幸的是，这些推理活动也都是错误的。

其中，有些人会想：

打新郎是多年形成的风俗

多年形成的风俗是不应该反对的

所以，打新郎是不应该反对的

其中，还有人会想：

打几下是出不了大问题的

出不了大问题是不应该管的

所以，打几下是不应该管的

另外，还有人会想：

不管打得多重都与我没关系

既然与我无关我也不用管

所以，不管打得多重我也不管

对当地一些农民来说，产生这样那样的想法，也许并不奇怪。但这些推理却充满了逻辑错误。如果他们心中能进行正确的逻辑推理，就会果断地站出来，当场制止打人者的过分行为。

从以上分析可以看出，无论是打人者还是旁观者还是新郎新娘自己，逻辑素养都不高。社会上一些不幸事件之所以屡屡发生，细细想来，都和某些社会群体成员不懂逻辑推理有某种关系。缺乏逻辑知识和逻辑素养，造成了一幕又一幕人间悲剧，整个社会难道还不应该有所惊醒吗！

20

护送死者的4个亲属为什么离奇地死在急救车上？

不该发生的意外

《西安晚报》2014年7月8日以《雇急救车运尸返乡，4男子车内离奇身亡》为题（记者　于忠虎），报道了一件谁也想不到的意外事件。

事情的经过大体如下：

甘肃省镇原县农民张学俊到福建厦门打工，6月26日凌晨，在工作中触电身亡。张学俊的亲属赶赴厦门处理后事，几位哥哥希望将张学俊的尸体运回原籍埋葬。但运尸的车辆很难找到。几经辗转，联系到一辆120急救车运送尸体。与司机谈好相关运输费用等共3.6万元。

7月2日晚11时许，运送尸体的急救车上路了。张学俊的尸体放在冰棺内，一台汽油发电机，为冰棺提供电源。张学俊的大哥、两个堂哥及姐夫在急救车上护送死者。

张学俊的弟弟张学荣，在老家等着他们回来。7月3日晚上，在老家的张学荣，一直和车上的几位哥哥保持着电话联络，过半个小时就打个电话，或者发个短信，问问走到哪里了。

刚上路时车上的两位哥哥，还用电话和老家的弟弟联系，通报车辆到达的位置，但从11时18分开始，他轮流给几位哥哥打电话，20次都无人接听，这使他非常不放心。无奈，从零时14分开始，他又连续19次给120急救车司机打电话，让司机查看跟车的四个家属的情况，司机多次答复：4个人好着呢，都睡着了。

到凌晨6时许，还不见运送尸体的车辆回来，在老家的张学荣越来越担心，就严厉命令司机停车，叫醒陪送的哥哥接电话。谁知这时候，司机竟告诉他：车上陪送的4个人，不知道什么时候都死了。

此时，急救车行驶到了咸阳市永寿县，于是急救车司机向当地公安局报案。公安局接警后，迅速立案调查。在老家的弟弟张学荣，也很快赶到案发地。经死者家属同意，公安人员对4名死者尸体进行解剖检验，检验报告显示，4人一氧化碳中毒死亡。

那么急救车上，哪儿来的一氧化碳呢？

警方很快注意到，为冰棺提供电源的汽油发电机，因为汽油发电机发电时会产生大量的一氧化碳。原来，急救车驾驶室与后车厢隔断，后车厢内空间是封闭的，中部放置一个冰棺，还有一台汽油发电机。发电机的排气管，通常都通往车厢底板外。但不幸的是，发电机排气管与机身连接处开裂，一氧化碳不能排到车外，都排到了封闭的车厢内，使 4 人中毒死亡。

警方立即对急救车的两个司机进行刑事拘留。

农民工张学俊触电死亡，已是大不幸。四个亲人赶去处理后事，又一氧化碳中毒死亡。这对张学俊家族，无疑是天塌地陷，身处绝境，苦上加苦，痛上加痛。

这件事本不该发生，但为什么就偏偏发生了呢？汽油发电机的排气管不应该开裂，为什么就偏偏开裂了呢？为什么排气管开裂了，而两个司机就偏偏没有发现呢？

这件事的发生，两个司机是直接的责任人。他们有三个重大疏失：

1. 该检查的没检查

两个司机既负责开车，又负责汽油发电机的操作。他们当然知道，汽油发电机发电时会产生一氧化碳。如果他们是细心人，在打开发电机的开关之前，就会认真检查排气管是否完好。下面的推理非常简单，他们应该想到：

汽油发电机发电，是会产生大量一氧化碳的

产生大量一氧化碳，是有泄漏的可能的

有泄漏可能，是需要认真检查排气管是否完好的

所以，汽油发电机发电，是需要认真检查排气管是否完好的

（这是连锁直言三段论的后退式，其推理规则是：第一个前提的主项做结论的主项，最后一个前提的谓项做结论的谓项。）

他们如果能够进行上面这个推理，当然就会去检查排气管是否完好。但是，他们不懂逻辑推理，认识不到检查排气管是否完好的重要性，该检查的不检查，以致酿成大祸。这是他们的第一大疏失。

2. 该想到的没想到

还有一个重要问题，两个司机应该时时刻刻想到：后车厢是封闭空间。他们非常清楚，驾驶室与后车厢是互相隔绝的，后车厢是个完全封闭的空间。汽油发电机发电时，稍有一氧化碳泄漏，坐在车厢内的人员，就会中毒死亡。所以上路后，必须特别注意：经常检查车厢内的情况。下面的推理，两个司机也应该想得到：

如果在封闭的空间内使用汽油发电机，就要时时提高

警惕

如要时时提高警惕，就要不断检查后车厢内人员的情况

所以，如果在封闭的空间内使用汽油发电机，那么就要不断检查后车厢内人员的情况

（这是充分条件纯假言推理的肯定前件式，其推理规则是：第一个前提的前件做结论的前件，最后一个前提的后件做结论的后件。）

汽车一上路，就应该及时检查车厢内的情况。但恰恰就是这最重要的一点，又被他们忘得一干二净。人命关天，他们却漠不关心，这是他们的第二大疏失。

3. 该喊人时不喊人

有些人头脑清醒，主动做事；有些人见识较慢，别人提醒后才行动；还有些人浑浑噩噩，不管别人怎么提醒，就是不动。当在老家的张学荣轮流给几位哥哥打电话，20 次都无人接听，才连续 19 次给急救车司机打电话，两个司机却始终坐着不动，一次又一次地回答说：四人好着呢，都睡着了。

两个司机的麻木不仁，到了令人发指的地步。停下车来打开后车厢，查看四个跟车家属的情况，是再简单不过的事儿了。但无论多么简单的事儿，两个懒家伙，都不肯去做。如果做了，

情况就会完全不同。请看推理：

如果及时查看车内情况，就会发现异常

如果发现异常，就可以及时抢救

如果及时抢救，四人也许不会死亡

所以，如果及时查看车内情况，四人也许不会死亡

（这是充分条件纯假言推理的肯定前件式，其推理规则是：第一个前提的前件做结论的前件，最后一个前提的后件做结论的后件。）

不管事儿大事儿小，都漫不经心，敷衍应付！

如此麻木不仁，是可忍孰不可忍！

世界上有两种人：一种人勤于动脑，善于思考；一种人懒于动脑，疏于思考。两个司机，属于后者。他们之所以产生三大疏失，主要是两个方面的原因造成的：

一是做事不认真，缺乏责任心，甚至达到麻木不仁、漠视生命的程度。二是思想慵懒，不懂逻辑推理，不能预知自己行为可能产生的严重后果。

一个人，如果善于逻辑推理，就会想到：在什么情况下，可能会产生什么问题；应该采取什么措施，防范问题的发生；知道哪些环节最重要，哪些问题绝对不能忽视。懂得逻辑推理，事事做到位，事故就可以避免；不懂逻辑推理，事事都疏忽，

事故就可能发生。

不及时叫醒跟车家属，是他们的第三大疏失。

悲乎！不胜其悲！两个司机的三大疏失，断送了四条性命！

这件事告诉人们：不管你做什么工作，都应该具有一定的逻辑推理能力，才能胜任本职工作。这两个司机，连上面提到的那些最简单最基本的逻辑推理都不会，该想的想不到，该做的做不到，悲剧就不可避免地发生了。他们承担刑事责任，也是罪有应得。

还必须指出：除了两个司机要负直接责任外，120 急救车的车主，还要负最终的法律责任，特别是民事赔偿责任，因为两个司机是受雇于急救车车主的。遗憾的是，到本文定稿为止，有关部门仍没有查出急救车的车主。希望这件事，早日查个水落石出！

21

这些车祸是怎么发生的？

血淋淋的教训

北京电视台科教频道在2014年7月21日《虎口脱险》栏目“走神不看路引发的危机”新闻中，报道了几起交通事故，值得引起人们的警觉。为了吸取教训，笔者对当事人的思维过程，做一些简单的逻辑分析：

在北京东城区北池子北口，晚上9点多，一位女士横穿马路，当她走过一条机动车道时，听到手机响起铃声，掏出手机查看时，被左侧急速驶来的一辆小车撞飞，摔成了重伤。

为什么会发生这起交通事故？因为当事人头脑里缺乏交通

安全意识这根弦，既横穿马路，又在马路中间看手机。如果她头脑里有交通安全意识这根弦，就会进行下面两个推理：

在车水马龙的大街上
如果横穿马路，就容易被车撞
我横穿马路
———————————————
所以，我容易被车撞

如果在马路中间走神不看道儿，那么更容易被撞伤
我在马路上看手机走神
———————————————
所以，我更容易被撞伤

（以上两个推理都是充分条件假言推理的肯定前件式。）

乍一看，这件事和逻辑学不沾边。仔细一分析就知道，正是因为当事人缺乏必要的逻辑推理，才酿成了这起事故。如果当事人想到上面两个推理，就会停下脚步，不再横穿马路；或者在马路中间不看手机，等走到人行道上再掏出手机查看。也就是说，在这个关键时刻，她只要能进行上面两个推理，就可以避免一次车祸。

无独有偶，这样的事不是个别的。在东四三条东口，一位女士过马路时，没有注意周围的车辆，她一边走一边打手机，被侧面快速驶来的汽车撞成骨折。

在江苏常州的一个十字路口，有两位青年过马路，当他们

走到斑马线中间时，绿灯变成了红灯，但他们正低头看手机，继续往前走，也被侧面快速驶来的小车撞飞。

他们为什么被撞？原因之一是自己注意力不集中。他们为什么注意力不集中？主要是在马路上打（看）手机。如果他们能进行下面的推理，过马路时就不会打手机了：

注意力不集中是引发事故的重要原因

在马路中间打（看）手机就注意力不集中

所以，在马路中间打（看）手机是引发事故的重要原因

（这是直言三段论推理的第一格，其推理规则是："大全称，小肯定"。第一格是证明格，证明了在马路中间打（看）手机是引发事故的重要原因。）

事实证明：谁忽略了逻辑推理，谁就吃尽苦头。

再看下面一起交通事故。

2014 年 5 月 24 日晚上 6 点钟，浙江省瑞安市的一个路口，一辆 10 轮大货车向右转弯时，正好与一辆电瓶车同向行驶，电瓶车与大货车靠得比较近，大货车底盘高，转弯时司机从后视镜中，看不见低得多的电瓶车，把骑电瓶车的男子当场轧死。肇事司机因过失致人死亡被刑事拘留。

10 轮大型货车底盘高，转弯儿时，会有看不见的盲区，这

一点司机是很清楚的。他如果谨慎驾驶，在右转弯时就应该鸣笛示意，近旁如果有电瓶车等就会躲开，不至于发生重大事故。如果他能进行下面的推理，事故就可以避免了。

我的大货车底盘高有盲区

有盲区转弯时就看不见旁边的车辆

转弯时看不见旁边的车辆，就应该鸣笛示意

所以，我的大货车底盘高，转弯时应鸣笛示意

（这是直言连锁推理的后退式，其推理规则是：第一个前提的主项做结论的主项，最后一个前提的谓项做结论的谓项。）

他如果是一个细心的司机，就应该想到这一点。恰恰相反，他对这一点粗心大意、漫不经心，发生车祸他当然应该负全责。

那么，人们要问：他为什么会这样粗心大意呢？

回答是：他不善于逻辑推理，没有养成事事都进行逻辑推理的好习惯。没有养成经常进行逻辑推理的好习惯，平常不爱动脑子，遇事就会粗枝大叶，漫不经心。出事故，就会是迟早的事。

2014 年 5 月中旬在京沪高速江苏段，一辆正在行驶的黑色小轿车突然变道超车，与左侧正常行驶的一辆蓝色小货车发生碰撞，使其车轮爆胎。蓝色小货车失控，就与同向行驶的一辆大客车相撞，然后又冲过中间的隔离带，与对面驶来的一辆大

罐车相撞，两车又一起冲下高速，爆炸起火，造成车毁人亡的恶性事故。血淋淋的事实，再一次警示人们，别忘了下面的推理：

任何车辆如果在高速路上突然变道超车，就容易造成车毁人亡的恶性事故

黑色小轿车突然变道超车

所以，它引发了车毁人亡的恶性事故

这是充分条件假言推理的肯定前件式。这个推理非常简单，有人忽略它，悲剧就发生了；有人重视它，悲剧就避免了。

无数事实证明：善于正确推理，人们才会做出正确判断；不善于正确推理，你可能处处失误。各种交通事故，各有其复杂原因，但也有一个共同点：造成事故，都和当事人判断失误与疏于逻辑推理有关。

这也告诉我们，不同的社会群体，都需要懂些逻辑知识。你不一定进学校专门学习逻辑学，但你要在实践中注意培养自己的逻辑推理能力，逻辑推理能力提高了，工作和生活中的失误就会大大减少。

22

韩国“岁月号”客轮是怎么沉没的？

不是天灾是人祸

据媒体报道：2014年4月16日上午8时58分左右，载有476名乘客的韩国“岁月号”客轮，在韩国西南海域附近倾覆沉没。截至5月6日，事故已造成269人遇难，35人下落不明。这是继“泰坦尼克号”邮轮海难之后，又一次震惊世界的大海难。

有关“岁月号”沉没的原因，媒体纷纷调查和报道，从不同角度探寻客轮沉没的原因，有一定的事实根据和逻辑推理根据。这些报道虽有一定的局限性，但也有一定的参考价值。综合韩国内外媒体的报道，客轮沉没大体有下面五种可能的原因：

一、船体结构

“岁月号”客轮，本来是日本快退役的一条旧船。它从1994年至2012年，在日本鹿儿岛到冲绳的航线上，已经行驶运营了18年，快到了退役的船龄（该船设计寿命20年）。此后，卖给了韩国青海镇海运公司。该公司把船尾改造成客舱，载客量从800多人增加到900多人。还把船的下部改造成货仓，船体重量从6 500吨增加到6 800吨，船体自重增加了近300吨。“岁月号”改装时，还在顶层增加了一层甲板，使船体的重心显著上移，行驶的稳定性大大降低，转弯时免不了颤颤巍巍。

该公司在购买和改装客轮时，忽略了两个重要的风险因素：

一是购买快退役的船只所带来的风险，请看推理：

用快退役的旧船只从事航运是有很大风险的
“岁月号”用快退役的旧船只从事航运

所以，“岁月号”的运营是有很大风险的

（这是直言三段论推理的第一格，其推理规则是：“大全称，小肯定”。见附录之二。）

二是改装船体增加的风险，请看推理：

凡船体重量增加、重心提高都是会影响航行安全的
改装后的“岁月号”船体重量增加、重心提高

所以，改装后的“岁月号”是会影响航行安全的

（这是直言三段论推理的第一格，其推理规则是：“大全称，小肯定”。见附录之二。）

这两个推理太简单了，太平常了，一般人都会进行这样的推理。但公司领导层却忽略了这两个最平常最重要的推理，给“岁月号”的运营埋下了祸根。

简单的逻辑推理能够忽略吗？

事实证明：谁忽略它，谁就会遭遇厄运，跌下悬崖。

二、严重超载

美联社 5 月 4 日摘引“岁月号”载重文件，揭露“岁月号”在过去 13 个月中，共超载 246 次。“岁月号”4 月 16 日事发时，载重了 3 608 吨，是额定载重的 3 倍多，属于严重超载。

据韩国《中央日报》5 月 1 日报道，调查显示，“岁月号”出航当日，乘务员曾警告说：“不能再装货了，否则客轮会沉没”。乘务员的警告是有道理的，因为严重超载风险很大，特别是货物如果固定不好，转向时货物就会发生偏移，导致船体倾

斜进水。但青海镇海运公司对此警告置之不理。此前船员也曾多次向公司领导层报告船只超载问题，但公司领导始终未予重视。

据此，当地多家媒体认为，超载是“岁月号”客轮沉没的主要原因。

超载是不是沉没的主要原因，暂且不论。但可以肯定的一点是，超载是客轮沉没的重要原因之一。请看下面的推理：

> 严重超载是容易导致客轮沉没的
> “岁月号”是严重超载的
> ———————————————
> 所以，“岁月号”是容易发生沉没事故的

但是，青海镇海运公司的领导层，为什么长期忽视严重超载带来的风险呢？

他们是这么推理的：

> 第一次超载没有发生问题
> 第二次超载没有发生问题
> 第三次超载没有发生问题
> 第四次超载没有发生问题
> …………
> 13个月中超载246次都没有发生问题
> ———————————————
> 所以，下一次超载还不会发生问题

既然下一次超载不会发生问题，那么为了多赚钱，继续超载吧。

这是一个简单枚举归纳推理，其推理公式是“不断重复，无一相反”。但需要注意的是，简单枚举归纳推理的结论是或然的，不具有必然性，它的结论只有一定程度的可靠性，但不是绝对可靠的，可能真，也可能假。绝不能把或然推理当成必然推理，认为以前 246 次超载都没有发生问题，下一次超载也必然不会发生问题，就大错特错了。

简单枚举归纳推理，是一种非常普及的逻辑推理，几乎所有的人都会进行这种推理。但很多人并不知道，或然推理与必然推理是有严格区别的：必然推理的结论，是确定不移的，一定可靠的；而或然推理的结论，可能真，也可能假，是不太确定的。前 246 次超载都没有发生问题，不等于说，第 247 次超载一定不会发生问题。青海镇海运公司的领导层，混淆了或然推理与必然推理，为了追逐利润最大化，持续不断超载，是造成重大事故的重要原因之一。

三、航速过快

韩联社整理分析了“岁月号”沉没的多种原因。首先是客轮为了赶时间而高速运行。调查显示，航海日志上登记的“岁月号”出航时间为 15 日晚上 18 时 30 分，而当时由于大雾天气，实际出航时间延迟至晚上 21 时许。客轮为了赶时间而高速运行，从 4 月 16 日早上 7 点 28 分至 8 点，“岁月号”航速达到了 21 节（约 39 千米/小时），这是其能达到的最高速度。即使在转弯时，船速仍维持在 19 节（约 35.19 千米/小时）。当时客轮突然转向，向右转了 45 度，转舵角度比往常都大。船速较快，转舵角度较大，可能是客轮沉没的原因之一。

在这里，存在两种危险因素。

一种是客轮超速航行产生的风险：

客轮超速航行是容易失控的，这和汽车超速行驶容易失控的道理一样。为了说明这个问题，可以把汽车和客轮进行类比推理。

汽车和客轮有很多相似点：

汽车是交通运输工具，客轮也是交通运输工具

汽车有发动装置，客轮也有发动装置

汽车有制动装置，客轮也有制动装置

汽车有操纵系统，客轮也有操纵系统

汽车以汽柴油为动力，客轮也以汽柴油为动力

汽车行驶可以产生巨大撞击力，客轮航行也可以产生巨大撞击力

…………

汽车超速可以失控

所以，客轮超速也可以失控

这是一个类比推理。类比推理，是把两个（或两类）事物进行对比，并根据它们的某些属性相同，而推测它们的另一属性也相同。简言之，就是在对两个事物进行对比的基础上进行的推理。通过这个类比推理，人们更容易理解客轮高速行驶的风险了。

另一种是突然转向产生的风险：

有媒体报道：事发后，韩海警搜救本部，随即对该船船长和船员展开了调查。初步调查显示，这艘客轮在快速行驶中突然改变航向，向右转了45度，船上装载的180辆车辆和1 157吨货物一度发生移位，导致船体失控，船舷倾斜，以至于船体进水倾覆。

对于客轮为什么会突然转向，又有两种不同的解释：

韩国YTN电视台16日报道称，该客轮由于从仁川港出发，时间有所延误，为抄近道准时抵达济州港口，行驶过程中有可能改变航线。

韩国釜庆大学环境与海洋研究所所长Lee Sang-Yun教授分析说，如果海水流速达到了每小时8公里时，海浪就会给航行造成障碍，客轮有可能为避开海浪造成的障碍而突然转向。

虽然，对突然转向的具体说法不一致，但总起来看，上述观点认为：客轮沉没是超速行驶和突然转向两种危险因素叠加在一起造成的。

四、触礁碰撞

由于事发海域多雾，所以最初调查时，海岸警察厅曾推测客轮是触礁沉没。但这种观点随后又遭到了专家的一致否决。因为船体没有开裂的痕迹。

还有人推测客轮沉没是否与别的船只碰撞，但这种观点也很快被否决，因为周围没有发现其他被撞击的船只。

排除上面两种可能的思维过程，实际上也是运用选言推理的过程：

> 客轮沉没的原因或是改装问题，或是严重超载，或是超速航行，或是突然转向，或是触礁，或是与别的船只碰撞
>
> 客轮沉没不是触礁，不是与别的船只碰撞
>
> ---
>
> 所以，客轮沉没的原因或是改装问题，或是严重超载，或是超速航行，或是突然转向

在进行选言推理的过程中，人们经常使用淘汰法，否定一部分选言肢，保留另一部分选言肢。就选言推理的性质而言，这个选言推理是相容的选言推理。相容的选言推理有一个特点，就是多个选言肢可以同时为真。也就是说，导致客轮沉没的多种因素可以同时存在。即：客轮沉没的原因可以是一种原因造

成的，也可以是多种原因共同作用造成的。

五、船长脱岗

韩国 YTN 电视台报道称，“岁月号”原船长是一级航海师申某某，他正在休假，改由二级航海师李俊锡代理船长，并代班开船。

但韩国检察机关的调查结果显示，“岁月号”客轮出发后，李俊锡仅在操舵室指挥了 2 个小时，随后便进入寝室休息了 6 个小时。凌晨 5 时，他走出船舱抽了一根烟，去了操舵室嘱咐了几句，又回到寝室休息。在客轮出航后 12 个小时中，有过半时间是在寝室睡大觉的。直到当地时间上午 8 时 50 分，船体发生剧烈晃动，他才再次从寝室出来，但为时已晚，无力回天。

代理船长李俊锡离开驾驶舱后，由任职 4 个月的女三副来掌舵。她今年 26 岁，上船才一年，只有三级航海师的资格，缺乏航海经验。

船长休假，代理船长睡大觉，只有女三副在操作室掌舵。把一船人的性命交给没有航海经验的新手，简直是视人命如儿戏。

请看下面两个推理：

如果让没经验的人掌舵，遇到复杂情况容易处置不当

如果处置不当，就容易发生海难

所以，让没经验的人掌舵，遇到复杂情况很容易发生海难

（这是充分条件纯假言推理的肯定前件式，其推理规则是：肯定“头”就要肯定“尾”。见附录之三。）

再看下面一个推理：

把一船人的性命交给没有航海经验的新手，简直是视人命如儿戏

青海镇海运公司把一船人的性命交给没有航海经验的新手

所以，青海镇海运公司简直是视人命如儿戏

（这是直言三段论推理的第一格，其推理规则是：“大全称，小肯定”。见附录之二。）

以上观点多是媒体的调查分析。在正常情况下，媒体的调查分析往往是采访了有关部门和有关人员，征询了有关专家和专业人士的意见，查阅了各种有关资料之后提出的，有一定的参考价值，但也有较大的局限性，不能代替政府权威部门的专业调查。所以，“岁月号”客轮沉没的直接原因，目前尚无定论。但有一点是可以肯定的：“岁月号”客轮沉没的根本原因，是人为因素造成的。

为什么说“岁月号”客轮沉没的根本原因，是人为因素造成的呢？请看下面四点理由：

1. 非法逐利

青海镇海运公司，为什么要购买快退役的旧船从事航运？为什么要把船尾改造成客舱并增加床位？为什么要把船底改造成货仓并增加仓位？为什么要在顶层增加一个新的甲板，甘冒客轮重心提高带来的风险？为什么一而再，再而三，持续不断地大量超载？一句话：为了追逐最大利益，不惜违规冒险。

由此可见：客轮沉没的深层次的根本原因，是非法逐利。违规违法，源于逐利。过度逐利，埋下祸根。

2. 管理混乱

为什么客轮航行期间代理船长会蒙头大睡？为什么会让没有经验的新手操纵一船人的性命？为什么船员多次反映超载问题严重而领导层置之不理？为什么超速航行没有人加以制止？为什么海难发生时船员各自逃命、乱成一团，而不能够有序地展开施救？为什么从领导到船员，不能各守其职、各尽其责？一句话：无章无法，管理混乱。

3. 认识误区

青海镇海运公司的负责人，除了过度逐利之外，从思想观念上还有许多认识误区。他们之所以持续不断地超载，是因为他们认为超载不会带来严重后果。他们之所以产生这样的看法，是因为领导层的思维方式有下列两种严重缺陷：

一是不懂逻辑规则，导致推理和判断失误。他们把简单枚举归纳推理当成必然性推理，误认为前 246 次超载没有发生问题，第 247 次超载也一定不会发生问题，陷入认识误区。有许多企业管理人员，常常只重视生产经营管理方面的知识的学习，不重视形式逻辑知识的学习，因为缺乏逻辑知识而产生推理和判断错误，从而造成决策失误，甚至导致灾难发生。而灾难的发生，往往和领导层认识上的某种误区，又有千丝万缕的联系。

二是不会辩证思维，不懂得偶然与必然的辩证关系。辩证法认为：偶然性与必然性是互相联系、互相渗透，也是互相转化的。偶然当中有必然，必然当中有偶然。“岁月号”客轮的沉没是偶然事件，但在这个偶然事件当中又包含着许多催生事故的必然性因素。在海难发生之前，“岁月号”已经具备了催生事故的多种危险因素。但当某一种危险因素处于潜伏状态时，危险事件暂时不会立即发生。当危险因素发展到一定程度，或者几种危险因素叠加在一起的时候，重大事故就不可避免地发生了。许多人不了解，在危险事件发生之前，危险因素早已存在了。而风平浪静的时候，许多人都看不到危险因素的发展和聚集，心存侥幸，误认为危险不会发生，甚至大祸临头，仍茫然不知。海运公司的领导人看不到购买旧船、过度改装、严重超载、航速过快、管理混乱，都是催生事故的必然性因素，正是这些因素的发展和聚集，导致了客轮沉没。如果企业的领导人和管理人员懂得辩证思维，就会防患于未然，在事故发生之前，努力消除各种危险因素，把各个环节上的工作抓好抓实，就可以防止事物向坏的方面转化，灾难就不会发生。

由此可见，企业领导层，应该注意学习和掌握形式逻辑的思维规律，善于做出正确的推理和判断；还要掌握辩证逻辑的思维规律，善于发现和把握客观事物发展变化的规律和趋势。这样才能减少失误，做好工作。

4. 漠视生命

一个企业的领导人，他的生产经营思想，常常决定并指导他的生产经营行为。如果分析一下航运公司领导层的运营思想，就可以看出一个明显特点，那就是：重视盈利，轻视安全。

他们购买旧船从事航运，说明他们重视盈利、轻视安全；他们屡次超载而不纠正，也说明他们重视盈利、轻视安全；超速航行、船长脱岗，都说明他们安全意识淡薄。

那么，安全意识淡薄又说明什么问题呢?

安全意识淡薄，说明领导人的思想深处，缺乏敬畏生命的思想观念。

尊重人权，敬畏生命，是现代社会普遍接受的一种价值观念。这种价值观念的普遍树立，说明了人类社会的发展进步。而时至今日，却仍有少数企业领导人缺乏这种价值观念。正因为缺乏敬畏生命的价值观念，才导致安全意识的淡薄。甚至有的企业领导人，满脑子只有盈利思想，没有安全意识。

追根溯源，许多重大事故的发生，都和企业领导层缺乏敬畏生命的价值观念有关。敬畏生命，当然就得保护好生命；要保护好生命，当然就得搞好运营安全。反之，忽视安全，源于漠视生命。

综上所述，“岁月号”客轮沉没都和上面四个方面存在的问题有关，而这四个方面的问题，又都和人有关。“岁月号”客轮沉没的直接原因虽无定论，但有一点是可以肯定的：它的深层次原因都和人的因素有关，是人为因素造成的。因此笔者断言：“岁月号”海难是人祸，不是天灾。

社会乱象中的逻辑推理

23

三个人去采购饮料为什么两个人被拘留？

不动脑子　致死人命

据东方卫视（记者　宣克炅、徐波）报道：2013 年 6 月 21 日上午上海嘉定一座大型超市发生手推车撞死六旬老太的意外事故。

有一位女顾客带着两个男保洁员，到商场采购饮料。在商场三楼，他们把采购的 15 箱饮料，装上自带的平板手推车①上。商场人员劝阻他们：这些货物太重，不要走自动的手扶电梯。

① 这种手推车底部装有 4 个小轮子，在手扶电梯上很容易快速下滑。超市的购物车都是特制的，它的轮子与自动扶梯的凹槽可以镶嵌在一起，不容易下滑。

他们说，我们有两三个人，没问题。谁知刚上自动扶梯，走了不到两米，就控制不住手推车了。载重二三百斤的手推车，像脱缰野马沿着自动扶梯飞奔而下。电梯底部有一个六旬老太，听见身后有异响，正要回头看，就被飞驰而来的手推车撞出数米之外，并因伤重不治身亡。两个保洁员，因过失致人死亡，被警方拘留。

这个悲剧为什么会发生呢?

有人会说：他们太大意了。

其实这样讲，只看到了表面现象。如果从深层次讲，是他们的思维功能有缺陷：逻辑推理和逻辑判断能力差。他们之所以干傻事，是因为他们既不善于逻辑推理，又不善于逻辑判断。

先说推理能力。

在商场人员劝阻他们不要走自动扶梯后，他们为什么不想一想，这么重的手推车，在自动扶梯上万一失控，会产生什么结果。两个保洁员多年从事体力劳动，凭生活经验就应该知道，越重的物体在斜坡上下滑的力量越大，并且下滑的时间越长速度越快。自动扶梯有 20 来米长，45 度的斜坡。他们稍微动脑子想一想，哪怕进行一下最简单的逻辑推理，就可以知道后果的严重性。请看下面的推理：

如果失控，就会撞死人

手推车有可能失控

所以，手推车有可能撞死人

（这是充分条件假言推理的肯定前件式，其推理规则是：肯定前件就要肯定后件，即有前有后。见附录之三。）

会简单推理的人，都会预见到这种结果。但两个保洁员不善于思考问题，不善于进行逻辑推理，他们根本没想到这一点。如果他们具有较好的逻辑思维能力，再往深里想一想，就更不会干这种傻事了。

如果不慎撞死人，就是过失致人死亡

如果过失致人死亡，就要承担刑事责任

如果要承担刑事责任，就要坐牢

所以，如果撞死人，就要坐牢

（这是充分条件纯假言推理的肯定前件式，其推理规则是：肯定“头”就要肯定“尾”，即有“头”有“尾”。见附录之三。）

如果他们事先想到这一点，绝不会冒着坐牢的风险把这么重的手推车，推上自动扶梯。他们之所以这样做，就是不懂推理，不会推理。事实证明：不懂推理害死人。既害别人，又害自己。任何一个人，既不是天生的聪明，也不是天生的笨，只要你学点逻辑知识，不管多么笨的人也会变得聪明起来。相反，不学逻辑知识，不动脑子，本来不傻的人也会干傻事的。

再说他们的判断能力。

两个保洁员之所以干傻事，除了不会推理外，还有一个重要原因就是判断失误。

事物的发展有多种可能性，他们只考虑其中的一种可能性，而忽视另一种可能性。手推车在自动扶梯上，能否被控制住，事前谁也没有把握。对没有完全把握的事情做判断时，他们应该实事求是地做出选言判断：手推车可能控制住，也可能控制不住。明明是存在两种可能性，但他们只考虑其中一种可能性，并做出了直言判断：没问题，我们控制得住。应该做选言判断时，他们却做了直言判断。直言判断，只断定事物具有一种可能性，而排斥其他任何可能性。这种判断失误，是他们干傻事的另一个重要原因。

学习过形式逻辑的人，都很注意选言判断的运用。运用选言判断，要求选言肢穷尽，这自然要考虑事物发展的各种可能性。善于运用选言判断，就会认真思考事物发展的多种可能性，而不会只考虑一种可能性，从思维方法上就避免了片面性的错误，从而减少和防止判断失误。

研究推理和判断，是形式逻辑的重要内容。通过形式逻辑的学习，可以提高逻辑推理和逻辑判断能力，养成逻辑思维的习惯，善于根据已知条件推测未知的结果，也善于根据实际情况对事物做出正确的判断。学点儿逻辑知识，像上面这种低级错误，就根本不会发生了。

这件事告诉我们：一个人如果缺乏最基本的逻辑思维能力，就会干出各种各样的傻事儿。那么，这些人为什么会缺乏基本的思维能力呢？其根源主要是缺乏必要的逻辑知识。用医疗诊断的术语说，是因为患了“逻辑知识缺乏综合征”。而治疗“逻辑知识缺乏综合征”的良方是：从书本和实践两个方面学习逻辑知识，而且要多实践，多运用。

24

未婚成年女子为什么结不成婚？

陷害别人　坑害自己

新华网郑州2014年5月6日电（记者　刘金辉）：河南一未婚女子一年被“三结三离”。

事情的经过大体是这样的：

女子阳阳和她的男友，一起去民政部门登记结婚，接待的工作人员告诉她：需要出示上次离婚的离婚证书。因为民政机关保存着她过去的婚姻信息：她一年之内三次结婚三次离婚。重新结婚，当然需要出示上次的离婚证书，才能办结婚手续。阳阳根本没有结过婚，哪来“三结三离”呢？她感到又气愤，又莫名其妙。结果不但领不了结婚证，还引起了男友对她的猜疑。虽经再三解释，才与男友举办了婚礼，但两个月过去了，还是领不了结婚证。阳阳女士痛苦不堪。

阳阳女士冷静想了想，觉得她在民政部门虚假的婚姻信息，可能是男子李某所为，李某曾追求过她，被拒绝后，还骚扰过她。李某在郑州市经济技术开发区社区管理服务局工作，曾担任婚姻登记工作。阳阳把她的怀疑告诉了民政部门。

郑州市经济技术开发区社区管理服务局对此事非常重视，经过调查核实，此事确实是李某所为。李某承认：阳阳的6次虚假婚姻登记信息，是他本人在非工作时间捏造录入的。管理服务局对李某做出留党察看一年、行政记大过处分。郑州市经济技术开发区管委会，还决定对主管民政工作的副局长胡某，给予行政警告处分；对婚姻登记处的负责人王某等，给予行政记过处分。目前，已经删除阳阳的虚假婚姻登记信息，为其办理了结婚登记手续。

这件事折腾了两个多月，阳阳夫妻二人精神上受到很大伤害。他们下一步还准备向法院起诉李某，他必须做出道歉和相应赔偿。

这件事近乎荒唐。身为公务员应该具有一定的素质，而李某为什么还能做出如此荒唐的事呢？

从思想意识来说，他求婚被拒，心怀怨恨，心胸狭窄，报复心极强，是他做荒唐事的主要原因。但如果分析他具体的思维过程，仍可以看出下面两点：

一、他错误的想法是他错误推理的结果

错误的想法，往往和错误的推理有关。

为了报复阳阳，他希望能找到一种使阳阳感到最痛苦的办法。他自己做婚姻登记工作，改变阳阳的婚姻信息最容易做到，他想：

如果改变她的婚姻信息，那么她就领不到结婚证

如果领不到结婚证，就结不成婚

如果结不成婚，阳阳就会受到沉重打击

所以，如果改变她的婚姻信息，阳阳就会受到沉重打击

（这是充分条件纯假言推理的肯定前件式，其推理规则是：肯定“头”就要肯定“尾”，即有头有尾。这个推理，没有违背推理规则，但它的第一前提和第二前提都是虚假的。见附录之三。）

根据这个错误推理，他才下决心给阳阳捏造虚假的婚姻信息。

二、不善于进行正确推理又是他不能及时改变错误想法的原因

一个人有了错误想法不要紧，如果认真思考一下这种想法

可能给自己带来的严重后果，也许会改变主意。但这需要一定的逻辑推理能力。有的人思想意识有问题，逻辑推理能力又比较差，所以就会干出千奇百怪的荒唐事儿。李某如果能进行下面几个简单推理，他也许不会犯这么大的错误。

第一，改变人家的婚姻信息是很容易被查出来的。

李某和阳阳有感情纠纷，有作案动机；李某又担任婚姻登记工作，有作案条件

既有作案动机又有作案条件的人容易成为重点怀疑对象

李某是既有作案动机又有作案条件的人

所以，李某容易成为重点怀疑对象

（这是直言三段论推理的第一格，其推理规则是："大全称，小肯定"。见附录之二。第一格是证明格，它证明李某容易成为重点怀疑对象。）

在工作人员中，能直接接触婚姻信息的只有几个人，用排除法，通过选言推理，很容易排除无关人员，找到始作俑者。

第二，国家工作人员知法犯法是会加重处罚的。

如果担任婚姻登记的人捏造他人虚假的婚姻信息，那么是非常恶劣的事

如果国家工作人员干出这样恶劣的事，那么是要加重

处罚的

所以，如果担任婚姻登记的人捏造他人虚假的婚姻信息，那么是要加重处罚的

（这是充分条件纯假言推理的肯定前件式，其推理规则是：肯定“头”必须肯定“尾”，即有头有尾。见附录之三。）

李某做了坏事，受到了应有处罚。一个年轻公务员受到留党察看和行政记大过处分，几乎断送了自己事业发展的前程，还面临着当事人的法律诉讼。如果事前，他能想到后果如此严重，也许早就罢手了。

从李某所犯的错误，我们可以得到两点启发：

第一，干坏事的人，容易失去正常的逻辑推理能力。

有些人，在其他方面有一定的逻辑推理能力，但是当他干坏事时，就失去了正常的逻辑推理能力。一个思想意识有问题的人，心里常常有某种不正当的欲望。为了满足自己的私欲，常常不择手段地干坏事。这时候，他的思维方式就是畸形的，片面的，不计后果的。在这种思想支配下，往往不考虑干坏事的结果，失去了正常的逻辑推理能力，以至于在错误的道路上越滑越远。

第二，保持正常的逻辑推理能力，可以使想干坏事的人悬崖勒马。

还有另一种情况：有的人，虽然想做坏事，但由于逻辑推

理能力较强，能预见到做坏事的后果，而改变主意。所以，保持正常的逻辑推理能力，才能够预见到自己行为的恶果，有所顾忌，有所收敛，或者悬崖勒马。李某如果真能想到上面最后两个逻辑推理，也许会终止自己的错误，至少不会在错误的道路上越滑越远。

25

一个年轻有为的画家为什么相信吸毒能带来灵感？

吸毒找灵感　画家成毒贩

《京华时报》2014 年 8 月 5 日 A18 版（记者　王晟）登载了这样一条消息：画家陷入创作瓶颈吸毒找灵感，染上毒瘾后以贩养吸被抓。

陈某原来是一个年轻有为的画家。他自幼学画，主攻山水，在山东老家早有名气。近年到北京清华美院进修，经常到国外巡展，画作受到著名画家赞赏。但从 2013 年 9 月开始，一时缺乏创作灵感，画不出好作品，陷入创作瓶颈期。在一次聚会上，有个朋友告诉他说，吸毒可以带来灵感，还能解乏。他信以为真，大量吸食冰毒并染上毒瘾。花光积蓄后，开始以贩卖毒品的方式维持自己吸毒。有一次，他在黄渠地铁站外进行毒品交易时，被朝阳公安分局当场抓获。

陈某在艺术的道路上，本来可以大有作为，但为什么因一念之差，就跌入无底深渊呢？这一念之差，究竟差在什么地方呢？

所谓一念之差，主要差在思维方式上。从思维方式来说，他有许多严重缺陷：

第一，缺乏最基本的判断能力。

每个人都长着眼睛和耳朵，每时每刻都接触到外界大量的、各种各样不同的信息。这些信息，有真实的，也有虚假的；有有益的，也有有害的。一个思维方式健全的人，都会对各种信息的真假是非，做出自己的判断，然后决定取舍。而取什么，舍什么，又完全取决于自己的判断能力。陈某缺乏最基本的分析判断能力，把最有害的信息，当成最有用的信息，把吸毒能激发创作灵感的鬼话，当成救命的金玉良言。一念之差，跌入深渊。

陈某在生活中，也同时会听到相反的信息：吸毒摧残生命，使人倾家荡产。但是，对这些有益的信息，陈某却充耳不闻，置之脑后。他之所以弃良言，信恶言，说明他的逻辑判断能力太差了，也说明他的逻辑知识太缺乏了。形式逻辑专门有一章，是研究判断的。判断是有所断定的思维形式，任何判断，都有真有假。提高分析判断能力，首先就要识别真实的判断和虚假的判断。“创作能激发灵感”是个虚假的判断，陈某连这一点都看不出来，说明他连最基本的识别能力都没有，所以才把恶言当良言，一念之差，跌入深渊，仍懵懂不悟，这才是事出有因，不足为怪呀！

第二，缺乏最基本的逻辑推理能力。

人们的逻辑判断能力和逻辑推理能力是紧密联系、相辅相成的。陈某判断失误是和不懂逻辑推理直接相关的。他如果能进行下面的推理，就不会相信狐朋狗友的鬼话了：

如果吸毒能激发灵感，那么最大的瘾君子的创作灵感就最旺盛了

如果最大的瘾君子的创作灵感最旺盛，那么最大的瘾君子就可以成为最伟大的艺术家了

所以，如果吸毒能激发灵感，那么最大的瘾君子就可以成为最伟大的艺术家了

实际上，最大的瘾君子根本不可能成为最伟大的艺术家。在现实生活中，没有一个人是靠吸毒成为大艺术家的。上面的推理足以证明：吸毒能激发灵感纯粹是骗人的鬼话。

吸毒，可以使人精神亢奋。但这只是假象，不反映事物的

本质。吸毒成瘾，对创作有百害而无一益。靠吸毒激发灵感，无异于饮鸩止渴。

由此可见，善于推理，才能看清鬼话骗人的本质。

第三，不懂最基本的思维规律。

陈某的思维方式还有一个重要缺陷，就是轻信别人的话。那么，他为什么会轻信别人呢？

因为他不懂思维规律。

形式逻辑有四条思维规律，其中一条思维规律是充足理由律。充足理由律的基本内容是：要确定一个判断为真，必须有充足的理由。也就是说，要确定任何一个判断的真伪，都需要经过充分的证明（实践证明或逻辑证明）。没有经过充分的证明，其真实性是不可靠的。这叫“无证不信”。

你的狐朋狗友说，吸毒可以激发创作灵感，这个说法的真实性经过证明吗？它符合科学道理吗？有什么事实可以证明它的真实性呢？既无事实证明，也无科学实验证明，也不符合人们的生活常识。人家一说，你就信。不管是真是假，不经任何证明，你都深信不疑，不上当才怪呢。

经过严格逻辑思维训练的人，都会树立一个明确的观念：就是“无证不信”。不管谁说的，只要没有经过实践证明和科学证明（包括逻辑证明）的东西，都不应该轻信它。

搞艺术的人，常偏重于形象思维，忽视逻辑思维。实际上，对搞艺术的人，逻辑思维也是非常重要的。一些艺术大家，既擅长形象思维，又擅长逻辑思维，二者兼备，并不偏废。所以对搞艺术的人来说，在提高自己形象思维能力的同时，也不要忘记逻辑思维的重要性。陈某如果具备起码的逻辑思维能力，绝不会跌入吸毒的深渊！

26

他们俩为什么死在宿舍内?

四人粗心　两人丧命

2014 年 5 月 7 日《京华时报》A12 版（记者　周鑫）登载了“男子搬炭炉入室　致同事死亡”的消息。

事情发生在当年 3 月 11 日晚上。崔某是北京某商贸公司的职工，他的妻子没有工作，他买了一个炭炉，准备让妻子做烧烤生意。几个同事让他妻子先做一顿烧烤，给大家尝尝，也练练手。当晚，吃完烧烤，大家坐着闲聊。不知谁说了一句“今晚有雨”。崔某和同事王某怕放在院子里的炭炉会淋湿，就想把炭炉搬到公司的厨房，但厨房门口有很多塑料袋等易燃杂物，怕着火。于是改了主意，就把炭炉搬进了刘某和帅某住的宿舍里，并放在两个床铺中间的过道上。当时，刘、帅二人还没有回宿舍睡觉。崔某觉得“炭炉过一会儿就会自己熄灭”，不会出什么事，也没等刘某和帅某回来，就和王某一起离开了。谁知第二天上午，很久不见刘、帅二人起床，撬开房门一看，二人煤气中毒死了。

这件事本不应该发生，但为什么就发生了呢?

从四个人的思维方式来讲，主要有两点缺陷：一是不善于进行正确的逻辑推理；二是粗心大意。

先看第一点。

崔某觉得“炭炉过一会儿就会自己熄灭”，所以出不了事儿。他是这么推理的：

> 如果炭炉过一会儿就熄灭，那么就不会产生一氧化碳
> 如果不产生一氧化碳，那么就不会熏死人
> ———————————————————————————
> 所以，如果炭炉过一会儿就熄灭，那么就不会熏死人

（这是充分条件纯假言推理的肯定前件式，其推理规则是：肯定“头”就要肯定“尾”。见附录之三。）

他的这个推理是错误的。之所以错误，是因为推理的第一个前提是虚假的，至少是它的真实性没有经过证明。按照推理规则，用虚假的判断做前提，或者用真实性没有经过证明的判

断做前提，它推出的结论可能是错误的，至少是不可靠的。

你怎么知道炭炉过一会儿就会熄灭呢？如果短时间内（一会儿）不会熄灭怎么办？熄灭之前产生一氧化碳怎么办？炭炉上没有安装烟囱，如果炭炉一直烧着，熏死人怎么办？如果崔某的逻辑推理能力较强，就应该进行下面的推理：

如果炭炉不能马上熄灭，就会产生较多的一氧化碳

如果一氧化碳聚集多了，就会致人死命

所以，如果炭炉不能马上熄灭，就会致人死命

（这是充分条件纯假言推理的肯定前件式，其推理规则是：肯定“头”就要肯定“尾”，即有“头”有“尾”。见附录之三。）

如果他这么想，就不会把燃烧的炭炉搬进宿舍，这个悲剧也就不会发生了。不幸的是，他的思维方式有缺陷，只会进行错误的逻辑推理，不会进行正确的逻辑推理。

为什么崔某不善于进行正确的逻辑推理呢？因为他缺乏逻辑知识，不懂逻辑推理的规则，不知道哪些推理是正确的，哪些推理是错误的，糊里糊涂就推出了错误的结论。

不但崔某不善于逻辑推理，王某、刘某、帅某也同样不善于进行正确的逻辑推理，认识错误导致行动错误，悲剧就不可避免了。

再说悲剧发生的第二个原因：粗心大意。

什么是粗心？粗心就是不细心。而细心人，就是善于从别人容易忽略的小事情上，发现大问题的人。

在日常生活中，有许多人都不太重视生活细节。但必须指出：有些生活细节可以忽略，有些生活细节绝对不可以忽略。学过逻辑学的人都懂得科学分类的道理，而且会根据科学分类的原则，把日常生活中的各种细节分成两类；一类是重要细节；一类是无关紧要的细节。对前者必须高度重视，对后者完全可以忽略。

什么是重要细节？凡是关乎人身安全、重大财产安全的细节，或者影响全局成败的细节，都是重要细节，绝对不可以忽视。

一个快要熄灭的炭炉，漫不经心地一瞅，觉察不到它有什么问题，不把它放在心上。但仔细一想，就知道它可以熏死人，人命关天，万万不能大意。而上面四个人的共同错误，就是都忽略了不应该忽略的重要细节。搬炭炉的两个人想：过一会儿就会熄灭，出不了什么事儿，撂下炭炉就走了。在宿舍睡觉的两个人想：床边多了一个炭炉，也不影响我睡觉，甭管它，自己上床睡吧。你们都不管它，就出大事了。

上面四个人，都没有受过逻辑专业训练，都不懂得科学分类的道理，所以都忽略了重要细节，以致酿成了大祸。

从根本上讲，这个悲剧的发生，是缺乏逻辑素养，因而推理和判断能力较差造成的。要避免这样的悲剧发生，就要提高逻辑素养，认认真真学点儿逻辑知识。如果平常学点逻辑知识，搬炭炉的人，就不会把正在燃烧的炭炉搬进宿舍里；在宿舍睡觉的两个人，就不会对正在燃烧的炭炉视而不见，白白送了性命。许多人漫不经心地干错事，归根到底，还是患了“逻辑知识缺乏综合征”。

惜之不学，痛之不思！前车之鉴，可儆来人！

27

他为什么敢于疯狂违章？

弄巧成拙　自食其果

《京华时报》2014 年 7 月 12 日第 10 版《北京·法治》登载了这样一条消息（记者　周鑫）：

为逃避交通处罚，李某用胶条变造车牌，把交通违法行为转嫁到别人身上，查出后被北京市大兴区警方行政拘留。

2014 年 4 月，家住昌平区的张先生，发现自己的行车违章记录突然猛增到数十起，而且这些违章多发生在自己极少去的大兴区。张先生意识到自己的汽车可能被套牌了，于是报警。

民警调查后发现：张先生有一辆黑色帕萨特轿车，车牌号后四位是1036，最近一段时间发生了数十次交通违章，而且违章次数还不断地快速增加。经查证，这些违章大部分发生在大兴区。民警仔细查看大兴区有关的监控录像，终于找到了这辆经常违章的汽车，是一辆黑色朗逸轿车，它经常在大兴区一带出没，闯红灯，超速行驶，违章停车，全然不把交通法规放在眼里。而这辆车前后都挂着和张先生相同牌号的车牌。

7月8日下午，民警在仁和医院东门把该车查获，车主李某。他原来的车牌后四位数字是1Q36，他用工具把Q的小尾巴砸到下面，并贴上蓝色胶条，尾号就变成了1036，整个车牌号码就和张先生的一模一样了。

截止李某被抓获时，他已转嫁张先生125次违章，罚分402分，罚款两万多元。处理结果是：李某因变造车牌被行政拘留15天，罚款5 000元，吊销驾照，暂扣该车，补交违章应罚款项。

看了这条新闻，使人不禁哑然失笑。不仅违章罚款照交不误，还得加罚5 000元；不但暂扣汽车，还得吊销驾照，短期内无缘再摸方向盘了；不只是坐班房，还见诸报端，颜面尽失。原来打的是如意算盘，到头来却是全盘皆输。一个变造车牌的歪点子，使他尝尽了苦头。那么，他的歪点子是怎么想出来的呢？

第一，错误的推理导致错误的行为。

李某头脑里之所以产生歪点子，其原因有二：一是他头脑里有投机取巧的邪念；二是他的思维方式有缺陷。单从思维方式讲，他的歪点子，是他错误推理导致的必然结果。当他变造汽车牌照号码的时候，他是这样推理的：

如果变造汽车牌照的号码，那么违章就可以不受处罚

如果违章不受处罚，那么我就可以不受交通法规的约束了

所以，如果我变造汽车牌照，那么就可以不受交通法规的约束了

（这是充分条件纯假言推理的肯定前件式。）

一个人想问题，大多是在进行各种各样的推理。不是进行正确的推理，就是进行错误的推理。他变造车牌时，心里肯定是这么想的。他依据这个错误推理，才会做出这样的错误行动。所以人的错误行为，往往是错误推理导致的结果。

那么，为什么说他的推理是错误的呢？

因为他是把一时一地的、局部的错误的生活经验作为大前提进行推理的。在现实生活中，确实有少数人在个别时候，用假牌照逃避了交通法规的惩罚。但这只是一时一地的局部现象，不是常态，更不是一般的规律。如果用一时一地错误的生活经验作为大前提进行推理，推出的结论肯定是错误的，因为根据虚假的前提推出的结论是不可靠的。

第二，依据正确的推理才能导致正确的行动。

依据正确的推理才能导致正确的行动，这是生活中许多客观事实都证明过的。李某如果能进行下面的推理，他是绝对不敢变造汽车牌照的：

弄虚作假终久是要被揭穿的

变造车牌号码是弄虚作假

所以，变造车牌号码终久是要被揭穿的

这是直言三段论推理的第一格。它的大前提——弄虚作假终久是要被揭穿的——是长时间内许多人生活经验的正确总结。一般说来，以正确的生活经验作为大前提进行推理，推出的结论才是正确的、有益的；以错误的生活经验作大前提进行推理，推出的结论是错误的、有害的。

如果李某心中能进行上面这个推理，他就不敢变造车牌号码了。如果李某能进行下面这个推理，他就不敢疯狂违章了：

如果我违章次数越多，原车主受处罚就会越重

如果原车主受处罚越重，就一定会到公安部门报案

如果到公安部门报案，就一定会查个水落石出

所以，我违章多了，就一定会被公安部门查个水落石出

这是一个充分条件纯假言推理，非常简单，一般人都会进

行这样的推理。如果李某头脑清醒，他也应该会进行这个推理。但李某为了投机取巧，利令智昏，连这个最基本最简单的逻辑推理都忘得一干二净了。

李某变造车牌后，如果只偶然违章一两次，也许能侥幸逃过惩罚。但他不但变造车牌，还疯狂违章，一错再错，甚至达到肆无忌惮的程度，竟然转嫁别人违章 125 次。上面这两个推理，可以说是阻止他犯错误的两道防火墙，但因为他思维方式有缺陷，头脑里没有防火墙，所以才执迷不悟，一错再错。

综上所述，李某之所以栽了大跟头，是因为两方面的原因：一是思想意识有问题，总想投机取巧、损人利己；二是思维方式有缺陷，不会正确地总结生活经验，也不善于进行正确的逻辑推理。对于思想意识有问题的人，如果能够战胜自己投机取巧的邪念，并且认真学点逻辑知识，注意改进自己的思维方式，掌握正确的逻辑推理的方法，也许能够悬崖勒马，改弦更张，至少不会碰得头破血流。

28

肥业公司与工人打官司为什么败诉?

弄虚作假　官司败诉

《京华时报》讯（记者　裴晓兰）:“不想给员工赔偿金　单位在劳动合同上伪造签名”。

黄某原是通州一家肥业公司的职工，入职后肥业公司没有与他签订劳动合同。后来他离开公司时，要求公司补足未与他签订劳动合同应付给他的双倍工资的差额，并发给未缴纳的养老及失业保险损失赔偿金等。按照国家有关章程，不与工人签订劳动合同，工人离职时公司应补交上述款项，但公司不同意支付这些款项。黄某申请劳动仲裁委员会进行仲裁。

仲裁期间，肥业公司拿出来一份与黄某签订的劳动合同，上面还有黄某的亲笔签名。黄某说，这份劳动合同和上面的签名都是假的，并申请对上面的签名进行笔迹鉴定。鉴定结果显示，上面的签名是伪造的。劳动仲裁委员会最后裁决，肥业公司补偿黄某各种款项 1.3 万元。

肥业公司不服裁决，向法院起诉。法院判决肥业公司败诉，维持仲裁委的裁决，要求肥业公司如数补偿上述各项款项。

肥业公司为了不付给黄某应得的补偿，竟干出伪造劳动合同的丑事，真是匪夷所思。为什么一个公司竟会干出这样的丑事呢?

他们有自己的思维方式，他们想：

只要拿出劳动合同，黄某的诉求就得不到支持

我们有黄某亲笔签名的劳动合同

所以，黄某的诉求不会得到支持

（这是充分条件假言推理的肯定前件式，其推理规则是：肯定前件就要肯定后件，即有前有后。见附录之三。但第二前提是虚假的，所以结论是错误的。）

他们只想以假乱真，不去思考弄虚作假会不会被揭穿。如果他们能进行下面这个逻辑推理，他们也许会改变主意：

只要对签名进行笔迹鉴定，那么假劳动合同就露馅了

鉴定结果显示签名是假的

所以，劳动合同也是假的

（这是充分条件假言推理的肯定前件式，其推理规则是：肯定前件就要肯定后件，即有前有后。见附录之三。）

但公司的领导人，缺乏基本的逻辑思维能力，他们想不到这一点，竟然利令智昏，干出伪造工人签名的蠢事。

更愚蠢的是，经过笔迹鉴定，劳动仲裁委员会裁决之后，他们不服仲裁机构裁决，还要固执地到法院起诉。败诉是明摆着的，偏偏还要起诉。他们应该想到下面的推理：

如果劳动合同是假的，那么到法院起诉也得败诉

经鉴定劳动合同是假的

所以，到法院起诉也一定是败诉

明摆着是败诉，却非到法院起诉不可，肥业公司的负责人连这种起码的逻辑推理能力都没有。

肥业公司干这种丑事，一是利益驱使；二是缺乏最基本的逻辑推理能力。按常识说，一个公司的负责人，不应该犯这种非常低级的错误。但这种低级错误，在社会生活中并不罕见。这种丑事时不时出现，既说明一些人的思想意识有问题，也说明一些人的逻辑素养很差。单就后者而言，如果他们能够具备起码的逻辑推理能力，就不会接二连三地干蠢事（伪造劳动合

同、拒绝接受仲裁意见、固执地到法院起诉）。一个公司的负责人，逻辑素养如此之差，这说明在全体社会成员中，普及逻辑知识的任务还十分繁重。因为提高全体民众的逻辑思维能力，是提高整体民族素质的一个十分重要的方面。

因此，笔者说：如果一个人接二连三地干蠢事，恐怕是患了“逻辑知识缺乏综合征”，到了该认真就医的时候了。

骗局中的逻辑推理

29

杜大爷为什么三番五次要给陌生人汇款？

“公安”来电　惊慌失措

CCTV－1《今日说法》2014年5月4日以《公安来电》为题，报道了一个不听银行多名工作人员劝阻和公安人员再三阻拦，坚持给电话诈骗者汇款的倔老头儿的故事。

1月8日下午，一个60来岁的老人，走进了中国建设银行南京扬子支行营业部。他要汇款时，银行职员阻拦他；他要走时，六七个银行工作人员把他围在大客户室，又不让他走；他要给对方打电话，银行工作人员也不让他给对方打电话。

这个老人姓杜，争执中杜大爷从大客户室向派出所报警了，他说："我是来银行汇款的，银行人员不但不给我汇款，还把我关到大客户室里不让走，我只好打电话向你们求援。"

老人刚打完报警电话，银行人员也打了报警电话，说："这位老人接到诈骗电话，非要汇出3.8万元，我们觉得他被骗了，但怎么都劝不住。老人情绪非常激动，说你们是银行，凭什么不给我汇钱。我们没有办法，请派出所出面，协助做些工作。"

这究竟是怎么回事儿，还得从头说起。

当日下午两点半左右，杜大爷拿着3.8万元钱走向ATM机，要把这笔钱汇出去。他问值班的保安应该怎么操作。值班保安郭师傅，看到收款者是外地账号，就问："你认识不认识收款人?"他说："是我亲戚。"郭师傅看杜大爷的穿衣打扮，不像是大手大脚花钱的人，就善意提醒他去柜台汇款，柜台汇款最多收50元手续费，如从ATM机汇款，汇出3.8万元需要200多元手续费。

杜大爷说："那我不管，我就在这儿汇。对方就让我在ATM机上汇。"

凭他这句话，值班保安郭师傅就断定，他百分之百地被诈骗了，于是就提高嗓门大声问："收款人是你什么人？你到底认识不认识他?"

老人说："是我老表。"

保安又问："他多大了?"

老人答：“比我小三四岁。”

保安又问：“你多大了？”

老人答：“我是54年生的，60岁了。”

这时候，杜大爷接了一个电话，在电话中，对方再次催促杜大爷赶快汇款。保安郭师傅再次提醒杜大爷：“您肯定被诈骗了。”

但杜大爷还是坚持汇款，说：“碍你什么事，多管闲事！你一个小保安。”

郭师傅觉得自己不好再拦着了，就带着杜大爷找到银行个人业务顾问丁霞。丁霞有个权限，就是可以查看收款方账号的信息。丁霞一查，对方收款人是1988年生的，才20多岁，杜大爷刚才说老表比自己小三四岁，他的老表也得56岁上下，怎么会20多岁？

老人又改口说：“收款人是我的侄子。”

至于为什么汇钱，杜大爷始终不说。

业务顾问丁霞劝来劝去，杜大爷还是不听，他一直嚷着：“我要汇款。我要汇款。”

后来，丁霞把支行长张燊叫来了。张行长让丁霞把收款人的信息打印出来，让杜大爷看一看。丁霞很快把对方的收款账单明细打印出来了。明细显示：这是一个开户地在北京的个人银行卡，张行长一眼就看出这个账户不正常，只要钱一到账，马上就被支取掉。

张行长把明细账单拿给杜大爷看：比如2013年9月30日ATM机转账存入1.2万元，马上就被支取走了。2013年10月5日网银存入5万元，立即被支取了。另一笔刚刚存入3.5万元，也是刚刚到账就被支取了。

张行长说："这都是电信诈骗的特征，这个账户很可疑。你如果非要汇款，也等我们把这个事情搞清楚了再汇。"

就这样也没有说服杜大爷。骗子还在电话里催促杜大爷赶快汇款，对方说："这家银行有问题，你别在这儿汇了，你换一家银行汇款。"

张行长在一旁也听到了电话里对方说的这几句话，就对杜大爷说："这钱坚决不能汇，你肯定被骗了。"

但无论银行的保安、职员、支行长怎么劝阻都没用。杜大爷生气地说："钱是我自己的，想汇就汇，别人管不着，银行不能拦我。"

这时候，接到杜大爷和银行职员的报警，民警也很快赶到了现场，并且用电信诈骗的各种案例开导杜大爷，但杜大爷始终不说自己为什么汇钱给对方，对方是干什么的。任凭你磨破嘴皮，杜大爷始终沉默不语。等了老半天，他好像醒悟过来，说："这款我不汇了。"大家这才放心了。

谁知这是杜大爷的缓兵之计。第二天（1月9日），他又换了一家银行，仍然要给对方汇款。这天他来到南京农业银行大厂支行，又向保安咨询怎么操作。值班保安李小兵一眼就认出，杜大爷昨天来ATM机汇过款，昨天来时，他电话接个不停，慌慌张张咨询汇款怎么操作。李小兵看杜大爷神色焦虑，不停地接电话，就推测他可能遭遇诈骗电话了，劝阻他不能汇款。李小兵又领他去见大堂值班经理，经过两人再三劝阻，杜大爷才答应放弃了给对方汇款。

谁知杜大爷口头答应不汇款，但内心里执迷不悟，当天刚走出了这家农业银行，又走进了斜对面的建设银行。建设银行也不给他汇款。1月9日，他又第二次来农业银行汇款，再次被值班保安李小兵认出来了，李小兵仍然拒绝帮他汇款。

那么人们要问：杜大爷是怎么了？他为什么要三番五次给对方汇款呢？

原来1月7日一大早，杜大爷就接到上海打来的一个长途电话。对方说："我叫张桂，是上海市长宁区公安分局刑侦大队的大队长。你在长宁区招商银行办了一个银行卡，卖给一个姓王的，姓王的是国际贩毒集团的头目，有证据证明你参与了贩毒活动。我们正在查这个案子，需要你配合。你如果有什么疑问，可以报警，拨打上海市114查询台，进行查询。"

杜大爷说，当时他确实有点害怕，他真以为他们是公安局的，因为他们知道他的身份证号码和家庭地址。虽然，他没做坏事，可还是慌了。如果他们不是警方，他的个人信息他们怎么会掌握呢？

杜大爷接完对方的电话，就立即拨打上海114查询台，查询长宁区公安分局的电话。一核实，给他打电话的座机的号码，果然是长宁区公安分局的电话号码。

不一会儿，对方又来电话了，杜大爷就向对方解释自己根本没有参与贩毒，并大呼冤枉。对方说："给你一个澄清自己的机会，我们现在需要调查你的资金来源，看来路正不正。你把你的钱取出来，在ATM机上打入公安局的安全账户，公安局就能验明你的资金来源是否合法。过半个小时之后，你就可以把自己的资金再取回去。"

杜大爷马上带了3.8万元去银行汇款，这是3年来他家的全部积蓄。于是，才有了两家银行3次阻截杜大爷汇款的事。

杜大爷是外地人，三年前，一家三口来南京谋生，开了一个小杂货店，起早贪黑攒下了这么点儿活命钱。农行第二次拒绝汇款以后，杜大爷无可奈何地回到家里。但是刚进家门，"上海警方"又来电话，催促他赶快把资金汇到公安局指定的安全账号上，检验他的资金来源是否合法，否则立即出发来南京逮捕他。对方一连打了4次电话，杜大爷心里又慌了，老婆孩子都提前回老家过年去了，身边连个商量事儿的人都没有。情急之下，他想起了社区民警周国良。

周国良是他很信任的人，他原原本本地把事情的经过向周国良说了一遍。周警官非常肯定地说，这是电信诈骗。为了说服杜大爷，周警官立即拨通了上海长宁区公安分局的电话，周警官说："我是南京化工园区分局长芦派出所的警官，我们社区有个叫杜盛杰的，说在你们那边被立案了，说他贩毒，有没有这回事儿？"长宁区公安分局回答说："这是假的，是诈骗。"周警官又问："你们有没有让老杜把钱汇到你们的账户上呀？"对方回答说："这是电话诈骗，别上当，根本没有的事！"

杜大爷听了以后，这才彻底放心了。

后来骗子又打来电话催促汇款，杜大爷这时候有了对付他们的办法，就说："我的手机没钱了，没法和你们联系。"对方说："我马上给你打过去电话费。"结果，分两次给他打了 250 元。不一会儿，对方又电话催促汇款，杜大爷说："你们要真是公安局的，先给我汇 1 万元，证明一下你们的身份，然后我再给你们汇款。"杜大爷这么说以后，对方再不来电话了。

杜大爷的故事讲完了，那么我们能从中得到什么启示呢？

为了说明这个问题，我们对下面四组人的思维过程，做一些简要的逻辑分析：

1. 关于两个保安

在阻止杜大爷汇款的过程中，最值得称道的是农行和建行的两个保安。他们首先把住了第一道关口。没有他们俩，杜大爷的 3.8 万元，早打水漂了。

保安的职责，是负责安全保卫，不包括对银行业务进行指导。银行业务，专业性较强，都设有专职的业务指导。但他们俩虽是保安，也熟悉一定的银行业务，能对顾客进行一些简单的业务引导。不管分内分外工作，都做得很认真。

两个保安的逻辑推理能力还比较强，能发现疑点，看到问题。

农行的保安李小兵，看见杜大爷神情焦虑、神色慌张，一边接电话，一边要汇款，就知道他遭遇了诈骗电话。他是这么推理的：

凡神情焦虑、神色慌张，一边接电话一边汇款的人，可能是接到了诈骗电话

杜大爷神情焦虑、神色慌张，一边接电话一边要汇款

所以，杜大爷可能是接到了诈骗电话

（这是直言三段论推理的第一格，其推理规则是："大全称，小肯定"。见附录之二。）

建行的保安郭师傅，警惕性也很高，也善于观察和思考，很快发现了更多的疑点。

首先，他看到收款者是外地账号，就多次追问杜大爷："你到底认识不认识收款人?"郭师傅是这么推理的：

如果不熟悉收款人就给他汇款，那么就容易被诈骗

杜大爷可能不认识收款人

所以，杜大爷可能被诈骗

（这是充分条件假言推理的肯定前件式，其推理规则是：肯定前件就要肯定后件。见附录之三。）

其次，他感到杜大爷不到柜台汇款不正常。他向杜大爷介绍说，到柜台汇款，能节约不少手续费，杜大爷不去，这有点反常。他是这么推理的：

按常理他应该到柜台汇款，因为柜台汇款手续费低

杜大爷不到柜台汇款

所以，杜大爷行为违反常理

（这是直言三段论带证式推理的第二格，第二格的推理规则是："大全称，有一否"。见附录之二。）

最后，他听到杜大爷说的下面几句话，就百分之百断定他遭遇电话诈骗了。杜大爷说："那我不管（指去柜台汇款），我就在这儿汇。对方就让我在 ATM 机上汇。"

听了杜大爷的电话，郭师傅是这么推理的：

只有电话诈骗，才会指定汇款人到 ATM 机上汇款

对方指定汇款人到 ATM 机上汇款

所以，对方是电话诈骗

（这是必要条件假言推理的肯定后件式。其推理规则是：肯定后件必须肯定前件。见附录之三。）

事实证明，郭师傅的推理和判断都是正确的。

在银行系统中，保安似乎是个不起眼的小角色。但这两个小角色，却起了大作用。

2. 关于银行职员

这件事直接涉及三个银行职员：农行的大堂经理、建行的业务指导和支行长。这三个人都尽职尽责，起到了应有的作用。

当杜大爷第一次到农行汇款时，是农行的大堂经理与保安一起劝阻了杜大爷不能汇款。

当杜大爷第二次汇款来到建行时，建行的业务指导丁霞，查出了收款人的年龄，证明收款人不是杜大爷的老表：

杜大爷的老表应该是56岁上下（比杜大爷小三四岁）

收款人不是56岁上下（只有20多岁）

所以，收款人不是杜大爷的老表

（这是直言三段论推理的第二格，其推理规则是："大全称，有一否"。见附录之二。）

查出这一点很重要，因为这证明了杜大爷以前说的是假话，这也说明他根本不认识收款人。给陌生人汇款，从另一个侧面证明，杜大爷接到了诈骗电话。

支行长张燊拿到收款人的账单明细，一眼就看出这个账户不正常。因为多次出现钱款一到账就被支取，这是电话诈骗的明显特征：

如果多次出现钱款一到账就被支取，那么就是电话诈骗

对方多次出现钱款一到账就支取

所以，对方是电话诈骗

（这是充分条件假言推理的肯定前件式，其推理规则是：肯定前件必须肯定后件，即有前有后。见附录之二。）

张行长可以说是拿到了对方进行电话诈骗的铁证。但杜大爷钻进了牛角尖，怎么也走不出误区。不管你的证据多么过硬，他都不相信。

可以看得出来，银行的这些职员，工作责任心很强，也具有较好的逻辑推理能力，能够很好地胜任本职工作。

3. 关于两个民警

这两个民警：一个是接到报警，到建行出现场的民警。另一个是社区民警周国良。这两个民警也都尽职尽责，发挥了很好的作用。

第一个民警，用电话诈骗的各种典型事例开导杜大爷，使杜大爷口头答应放弃汇款。第二个民警更高明，他完全打消了

杜大爷的顾虑，使他彻底转变了思想。那么，社区民警周国良是用什么方法，使执迷不悟的杜大爷彻底转变思想了呢？

证明对方是骗子有两种方法：一种是通过逻辑推理证明；另一种是通过实践证明。杜大爷的逻辑推理能力较差，用逻辑推理的方法证明对方是骗子，对杜大爷的作用有限，不管你怎么说，他都不太相信。周国良是用实践证明（即用事实证明），来证实对方是骗子的。

周警官当着杜大爷的面，拨通了上海市长宁区公安分局的电话，周警官说："我们社区有个叫杜盛杰的，说在你们那边被立案了，说他贩毒，有没有这回事儿？"长宁区公安分局回答说："这是假的，是诈骗。"周警官又问："你们有没有让老杜把钱汇到你们的账户上呀？"回答说："这是电话诈骗，别上当，根本没有的事！"

长宁区公安分局的回答，杜大爷听得清清楚楚。这样一来，一切疑虑都烟消云散了。此前，银行支行长、职员、保安、民警，说了那么多的话，杜大爷都充耳不闻，仍执迷不悟，周警官几乎什么大道理都没讲，只打了一个电话，杜大爷心里所有的死疙瘩全都解开了。

周警官能彻底说服杜大爷，还有一个重要原因，就是杜大爷信任周警官。杜大爷身边无亲无故，孤立无援，想找人商量事，首先想到的就是周警官。此前，无论其他人怎么问，杜大爷始终不说自己为什么要汇钱给对方，对方是干什么的。因为他思想上有顾虑，他知道贩毒是重罪，和贩毒扯上边儿，是他最忌讳的。如果随便告诉别人，若说不清楚，还会引起新的误会，惹出大麻烦。所以，他始终守口如瓶。而对周警官却不同，周警官是他信任的人，不会害他，所以周警官并没有问他，他就主动地原原本本把所有事情的来龙去脉都说了出来。

这件事启示我们：做群众工作，首先要与群众交朋友。同时，还要讲究工作方法，用眼前看得见的事实说服人，是基层群众最容易理解的好方法。

4. 关于杜大爷

杜大爷为什么不听众人苦苦劝阻，要三番五次给对方汇款呢？

因为杜大爷的想法，也不是无缘无故产生的。他对诈骗电话深信不疑，也是经过一系列的推理活动的。

首先，他相信来电话的是上海市长宁区公安分局的，他想：

如果不是公安局的，就不会掌握我的个人信息

他们掌握我的个人信息（身份证号码和家庭住址）

所以，他们是公安局的

（这是充分条件假言推理的否定后件式，其推理规则是：否定后件就要否定前件。这个推理的大前提是虚假的，推出的结论不可靠。见附录之三。）

其次，杜大爷还对来电进行过核实，核实之后，他就信以为真了。

杜大爷按照对方的提示，拨打上海 114 查询台，查询长宁区公安分局的电话。一核实，给他打电话的座机的号码，果然是长宁区公安分局的电话号码。他想：

如果来电的座机号码与 114 查出的长宁区公安分局的号码相同，那么来电就真是公安局的

经过查询，来电的座机号码与 114 查出的长宁区公安分局的电话号码相同

所以，来电真是公安局的

（这是充分条件假言推理的肯定前件式，其推理规则是：肯定前件就要肯定后件。因为其推理的大前提是虚假的，所以结论也是错误的。见附录之三。）

通过上面两个推理，杜大爷对来电是公安局的，就深信不疑了。

除此之外，杜大爷长时间执迷不悟，还有一个原因：就是他对“参与贩毒”这个罪名太恐惧了。惊慌失措的他，觉得无论用什么方法都可以，只要能证明自己和贩毒集团无关就行。而且他相信，只有按照“长宁区公安分局”的要求，把钱款汇到公安局的安全账号上检验，才能洗刷自己的罪名。他认为，这

是唯一的办法。他是这么推理的：

只有把钱款汇到公安局的安全账号上检验，才能洗刷自己的罪名

我要洗刷自己的罪名

所以，我应把钱款汇到公安局的安全账号上检验

（这是必要条件假言推理的肯定后件式，其推理规则是：肯定后件就要肯定前件。因为其推理的大前提是虚假的，所以结论也是错误的。见附录之三。）

俗话说，先入为主。杜大爷最先产生的这个想法，在他脑子里成了占支配地位的主导观念。有了这个主导观念，其他与这个认识不相符的观点，都被他排斥和拒绝。他只相信“长宁区公安分局”来电说的话，不相信以后其他任何人开导他的话。不管你说什么，他都听不进去。

另外，杜大爷不听别人劝阻，还和他的逻辑思维能力较差有很大关系。建行支行长把对方账户的明细账单拿给他看，钱款一到账马上被支取，这是电话诈骗的明显特征。铁证摆出来，只要一看，谁都会相信，但杜大爷不信。这说明杜大爷缺乏基本的逻辑推理和逻辑判断能力。

为什么说杜大爷的推理能力较差呢？请看下面的推理：

如果杜大爷推理和判断能力强，那么听了支行长的话就

会幡然醒悟

听了支行长的话杜大爷没有任何醒悟

所以，杜大爷的推理和判断能力较差

（这是充分条件假言推理的否定后件式，其推理规则是：否定后件就要否定前件。见附录之三。）

杜大爷钻进牛角尖出不来，但为什么社区民警周国良能彻底扭转他的思想呢？

因为社区民警当着他的面拨通了长宁区公安分局的电话，用事实证明了他以前接到的“长宁区公安分局”的电话是冒充的。只要证明了以前的电话是冒充的，他就一切全明白了。

还值得一提的是，杜大爷虽是一个非常固执的倔老头儿，但他也有狡黠可爱之处。他一旦弄明白是怎么回事儿之后，也能很快想出高招，来对付那些骗子。

当骗子又来电话，问他为什么不回电话时，他说手机里没钱了。他推测：一说手机中没钱了，急着骗人的骗子，就会给他手机里打钱。

如果我说手机中没钱了，那么迫不及待的骗子就会主动给我打钱

如果他们给我手机中打钱，那么我就可以出一口恶气

所以，如果我说手机没钱了，我就可以出一口恶气

（这是充分条件纯假言推理的肯定前件式，其推理规则是：肯定“头”就要肯定“尾”，即有头有尾。见附录之三。）

果然杜大爷成功了，坏蛋上当了。对方分两次给杜大爷手机里打进了250元电话费。以后杜大爷每当提及此事，都会情不自禁地放声大笑；听的人，也会跟着放声大笑。一个老奸巨猾的骗子，被一个老实巴交的倔老头儿骗了，实在好笑。这样喜剧性的小插曲，恐怕在对方的诈骗史上，也算空前绝后了。

杜大爷受骗和醒悟的过程，也给我们一些重要启示：

每个人每天中都会进行大量的推理活动，而你的推理有些是正确的，有些是错误的。之所以有些推理会发生错误，就是因为缺乏逻辑知识，不懂逻辑规则。杜大爷也进行过许多推理活动，但因为违背推理规则，得出了一些错误的结论，脑子里形成了一些错误的认识，险些吃了大亏，差点把三年间辛辛苦苦挣的血汗钱拱手让人。

两个保安，因为有一定的逻辑推理能力，所以出色地把住了第一关。银行的支行长和职员，因为逻辑推理能力较强，很快识破了骗局，竭力劝阻杜大爷汇款，也尽职尽责。两个民警，不但逻辑推理能力强，还善于做群众工作，更值得称道。

总之，逻辑推理能力强，就能做好工作；逻辑推理能力差，就可能吃大亏。学点逻辑知识，提高逻辑推理能力，对所有人都是有益的。

30

赵女士为什么会跌入购票的陷阱？

轻信别人　跌入陷阱

CCTV－1《今日说法》2014年1月27日，报道了春运期间和购票有关的一起诈骗案，令人警醒。

1月16日，2014年的春运大幕拉开，在40多天的时间里，全国将有36亿人次行走在旅途中。人们都知道，在春运期间，购火车票是最头疼的事。特别是广州火车站，单日发送旅客达20多万人，是全国最繁忙的火车站之一。在广州火车站，真是一票难求，常常为了买票，需要使尽浑身解数。赵女士从新加坡回国，想从广州火车站买票，回山东潍坊。结果跌入四个骗子设下的陷阱，所带的行李与全部财物都被骗走。

事情的经过大体如下：

赵女士来到广州火车站不一会儿，就遇到了一个男青年，主动和她搭讪，交谈中知道了赵女士要到潍坊去，男青年说："我和爱人也要到潍坊去，不过到潍坊去的票全卖完了。好在我表哥在广州火车站工作，可以帮自己买票，自己不用发愁。"赵女士恳请男青年也帮自己买一张票，男青年与表哥电话联系后，就答应帮她买一张票。赵女士连连感谢。不一会儿，男青年的爱人也过来了。他爱人很健谈，家长里短，和赵女士谈得火热。

过了十来分钟，又走过来一个中年男子，也是到潍坊去，正为买不到票而焦急万分。听说男青年的表哥在火车站工作，就急切地请求男青年也帮自己买一张票。男青年再次与他表哥电话联系后，也答应了帮助中年男子购票。中年男子，也连声地道谢。起初，赵女士对陌生的青年男子，还多少有点疑虑，中年男子来了之后，赵女士的心就慢慢地踏实下来了。

这时候，赵女士背着挎包离开他们去买盒饭，行李委托青年夫妇看管。买盒饭回来，她的行李安然无恙，赵女士对青年夫妇就完全放心了。

又过了一会儿，在车站工作的表哥来了，寒暄几句之后，表哥就带着表弟去站内取票。大概又过了 20 多分钟，表弟一人回来了，说："很不巧，上级来人了，正严查走后门购票的不正之风，一下拿四张票不行，得一个人一个人地到我表哥的办公室，登记身份证号码，登记完了表哥再去取车票，然后才能给咱们送出来。但是到他的办公室，不能带行李和挎包，只能带身份证去登记。这样做，不显山不露水，不会引起周围人们的注意。”

不一会儿，在车站工作的表哥又来了，表哥第一个先带男青年的爱人，去他的办公室登记身份证号码。这个女子回来后，表哥就带赵女士到他的办公室，登记身份证号码。路途中，表哥突然接了一个电话，说领导找他，他就让赵女士站在原地等一会儿，他很快就回来。赵女士等了半个多钟头，还不见表哥回来，感到不妙，赶快回到原处查看，青年夫妇早都不见了，她的行李和挎包也无影无踪了。

赵女士赶快到车站派出所报案，民警告诉他：“你被骗了，但这个案子我们已经破了。当犯罪分子拿走你的行李和挎包时，我们当场抓捕了他们。”民警还告诉她，那个请青年夫妇帮助买票的中年男子，也是他们的同伙。

那么，民警是怎么盯上他们的呢？

原来在广州火车站，9 天前还发生了一起作案手段完全相同的案件，也是借买票诈骗顾客。警察调取了当时的监控录像，四个作案人的影像看得清清楚楚。所以就盯上他们，等他们第二次作案，就当场逮捕了他们。这个作案团伙共四人：表哥、表弟、假装的爱人，及中年男子。

赵女士的行李和所有财物失而复得，对民警当然千恩万谢，赞不绝口。那么，人们要问：赵女士为什么会一步步跌入购票陷阱的呢？

首先，赵女士轻信陌生人。轻信，往往是受骗的第一原因。那么，她为什么会轻信陌生人呢？

从逻辑学的角度讲，就是她不懂思维规律。形式逻辑的思维规律有四条，其中有一条，叫充足理由律。即要确定一个判断为真，必须有充分的理由。也就是说，要确定一个判断为真，必须经过充分的证明：或者是经过实践证明（事实证明），或者是经过逻辑推理证明。没有经过证明的东西，不能相信它的真实性。这叫“无证不信”。

男青年说，到潍坊的火车票卖完了，赵女士到售票大厅查看过吗？你连售票大厅都没去，你怎么知道他说的是真的呢？

男青年说，他表哥在广州火车站工作，谁能证明呢？没有任何证明，你怎么知道他不是说谎呢？

他表哥说，上级来检查购票中的不正之风，所以不能一下子拿四张票，这是真的还是假的呢？没有任何证明，你怎么就深信不疑呢？

陌生人说的话，是真是假，需要证明。没有经过证明，既不能肯定，也不能否定，就应该存疑，不能深信不疑。

由于她的轻信，赵女士的一系列推理都发生了错误。

请看赵女士的第一个推理：

如果男青年说火车票卖完了，那么我到售票大厅买票也是买不到的

如果到售票大厅买不到票，那么我就没有必要去售票大厅了

所以，男青年说火车票卖完了，那么我就没必要去售票大厅了

（这是充分条件纯假言推理的肯定前件式，其推理规则是：肯定“头”就要肯定“尾”，即有头有尾。但是，这个推理的第一前提是虚假的，结论是不可靠的。见附录之三。）

实际上她错了。2014年所有火车站的购票方式都有很大改进，她到售票大厅看一看，说不定能买到去潍坊的火车票。陌生人说的话，没有经过检验，她就深信不疑，难免吃亏上当。

她没进售票大厅，就为买不到票发起愁来。正当她一筹莫展的时候，男青年答应帮她买票，她当然感激不尽，不会有什么戒心。

请看赵女士的第二个推理：

如果男青年帮我买票，那么就解了我的燃眉之急

如果解了我的燃眉之急，那么当然不会是坏人

所以，如果男青年帮我买票，那么当然不会是坏人

（这是充分条件纯假言推理的肯定前件式，其推理规则是：肯定“头”就要肯定“尾”，即有头有尾。见附录之三。）

这个推理也是错误的，因为它的第二前提是不能成立的。因为前提虚假，所以才得出了错误的结论，失去了对男青年的戒心。

后来，中年男子来了，中年男子也拜托男青年买票，有个伴儿，她心里就更踏实了。请看赵女士的第三个推理：

如果两个人都托他买票，说明他还靠谱

如果他还靠谱，就更没什么值得怀疑了

所以，如果两个人都托他买票，就更没什么值得怀疑了

（这是充分条件纯假言推理的肯定前件式，其推理规则是：肯定“头”就要肯定“尾”，即有头有尾。见附录之三。）

但这个推理的两个前提，都是错误的。她应该想到，还有另一种可能，如果中年男子与他们是同伙，该怎么办。

但赵女士轻信别人，根本想不到这一点。

在等待的时候，赵女士独自一人离开去买盒饭，回来时她的行李完好无损。这时候她是怎么想的呢？

请看赵女士的第四个推理：

如果青年夫妇不是好人，我离开后早把我的行李拿

走了

我离开后行李完好无损

所以，青年夫妇是好人

（这是充分条件假言推理的否定后件式，其推理规则是：否定后件必须否定前件，即无后无前。不过，这个推理的大前提是虚假的。见附录之三。）

实际上，她又想错了。没把她的行李拿走，不是因为他们是好人，而是因为她把自己的挎包背走了，里面装着更多的钱财，人家等着拿大头呢。不把她的挎包弄到手，人家是不会善罢甘休的。

赵女士受骗，还有一个重要原因，就是她没有底线。什么是底线？就是任何情况下，都不能越过的线。一个人出门在外，就应该有一个底线，就是不论在什么情况下，都不能把自己的行李和财物，交给陌生人看管。

表哥不让她带行李和挎包，只能带身份证到他的办公室去登记身份证号码。这就得把行李和挎包完全交给陌生人看管，这明明触动了一般人所不能接受的底线，一般人都会拒绝这么做。但是赵女士没有底线，所以她上当了。

请看遇到这种情况，一般人会怎么推理：

如果把全部财物都交给陌生人看管，那么有可能全部

丢失

如果全部丢失，那么就遭到重大损失

要避免重大损失

所以，不能把全部财物交给陌生人看管

（这是充分条件纯假言推理否定后件式的变通形式，否定后件式的推理规则是：否定“尾”就要否定“头”，即无尾无头。见附录之三。）

但赵女士不这么想，她不善于逻辑推理，也没有任何底线，才做出了错误选择。上面分析的，都是赵女士的心理活动，那么诈骗团伙是怎么想的呢?

诈骗团伙在设计骗局时，也是动了一番脑子的，他们也有很多推理活动。

在诈骗活动中，青年夫妇唱主角。为什么不让男青年一个人唱主角，而是让青年夫妇两个人唱主角呢?他们是这么推理的：

如果男青年一人唱主角，那么赵女士的警惕性就会很高（怕他别有用心）

现在是青年夫妇两个人唱主角

所以，赵女士的警惕性就会降低

（这是充分必要条件假言推理的否定前件式，其推理规则之一是：否定前件就要否定后件，即无后无前。见附录之三。）

在诈骗活动中，还有一个中年男子登场，那么为什么还需要让这个人出现呢？诈骗团伙又是这么推理的：

如果中年男子出现，那么赵女士就多一个伴儿

如果赵女士多一个伴儿，那么就会有安全感

所以，如果中年男子出现，赵女士就会有安全感

（这是充分条件纯假言推理的肯定前件式，其推理规则是：肯定“头”就要肯定“尾”，即有头有尾。见附录之三。）

为了使诈骗成功，他们还设计了一个不容易看破的圈套，捏造上级来人检查不正之风的滑稽戏。他们想这么骗人：

如果上级来检查不正之风，那么走后门就得偷偷摸摸

如果走后门需要偷偷摸摸，那么就不能到购票大厅拿票

如果不能到购票大厅拿票，那么只有到表哥的办公室登记身份证号码

如果到表哥的办公室登记身份证号码，那么就不能带行李和挎包（怕引人注意）

所以，如果上级来检查不正之风，那么到表哥办公室就不能带行李和挎包

（这是充分条件纯假言推理的肯定前件式，其推理规则是：

肯定“头”就要肯定“尾”，即有头有尾。见附录之三。）

他们捏造上级来检查不正之风，就是为了阻止赵女士带着行李和挎包去购票。他们摸透了赵女士内心变化的规律，所以他们得逞了，赵女士上当了。

第一次诈骗得手后，他们又会怎么想呢？

诈骗团伙是这么推理的：

使用这种办法骗人是很容易成功的

我们还继续使用这种办法骗人

所以，我们还会成功

（这是直言三段论推理的第一格，其推理规则是：“大全称，小肯定”。但是，推理的大前提虚假，结论不可靠。见附录之二。）

上面这个推理活动，正是导致诈骗团伙失手的重要原因。

他们很狡猾，也很愚蠢，用同样手法在同一个地点作案，被逮住的概率是很高的。但这一点他们想不到。他们的思维是畸形的，只考虑如何把钱骗到手，不考虑这样骗人有什么风险。下面这个推理，他们早忘到脑后了：

用同样的方法在同一个地点作案是很容易被抓住的

他们用同样的方法在同一个地点作案

所以，他们是很容易被抓住的

（这是直言三段论推理的第一格，其推理规则是："大全称，小肯定"。见附录之二。）

警察抓到他们，也是有一番推理活动的。

上次他们作案后，受害者报案，警察没有立即调动警力去搜捕他们，因为那样做可能费时费力。警察推测，他们第一次作案轻易得手后，必然会第二次作案，只要暗地里盯着他们，等他们再作案时，就一网打尽。请看警察的推理：

如果他们第一次作案轻易得手，那么必然会第二次作案

如果他们第二次作案，就可以在第二次作案时一网打尽

所以，如果他们第一次作案轻易得手，就可以在第二次作案时一网打尽

（这是充分条件纯假言推理的肯定前件式，其推理规则是：肯定"头"就要肯定"尾"，即有头有尾。见附录之三。）

警察的推理是正确的。结果他们抓住坏蛋，为民除害了。

总之，在骗局中无论受骗者、诈骗者、破案者，心中都有许多推理活动。推理思维，是任何人都离不开的。不过，有些人的推理思维是正确的，有些人的推理思维是错误的。

受骗者的许多推理活动都是错误的，所以上当了。要避免上当，就要懂得一些逻辑知识，学会正确思维。

诈骗者的推理活动，有些是摸透了某些人的心理变化的规律，暂时得逞了；但更多时候他们的推理也是错误的，所以最终露出马脚，受到法律严惩。他们只有悬崖勒马，改弦更张，并学会正确思维，才可以避免牢狱之灾。

破案者，一般都有比较丰富的实践经验，他们的推理有许多都是正确的，好多案子都被他们侦破了。如果他们能够经过专业逻辑知识的系统培训，那么工作将会做得更加出色。

最后笔者归结一句话：无论是谁，只要学点逻辑知识，总是有用的。

31

她为什么为财而来却破财而去？

容易得手　也容易失手

凤凰视频 2014 年 7 月 24 日发布如下信息（来源：地方台综合）：山东男子称月薪 3 万包养，一晚骗 2 名美女开房。

事情大体经过如下：

7 月 21 日晚上，一名男子带着一名时髦女子，到济南市市中区一个宾馆开房。但没过多久，公安局就接到了这个时髦女孩的报警电话，说她在酒店和一男子开房后，被这男子用药酒迷晕，醒来后所带财物均被男子抢劫。

济南市市中区魏家庄派出所接到报警后，民警迅速赶到出事的宾馆。经询问时髦女子得知：两人通过 QQ 认识，今晚约好入住这家酒店，女子用自己的身份证登记，开了房间，并发生了性关系。谁知男子乘她昏睡之际，打开房门，一个人走掉，还偷走了她的所有财物。

警方进入他们入住的房间勘查后，发现该男子带来的一瓶红酒，还有酒杯中剩余的半杯酒水。原来男子把迷药研成粉末，倒入酒中，时髦女子喝下去不久就不省人事了。

警方正调查此案时，接到另一个女子报案。原来，同一个嫌疑人，通过 QQ 还约到另一个美女，在同一个晚上与他在另一个宾馆开房。于是嫌疑人在前一个宾馆作案后，又与第二个美女入住另一个宾馆开房。第二个美女喝了迷药也昏睡不醒，男子与其发生性关系后，又偷盗了她的全部财物走掉了。

嫌疑人逃走后，以为只要关掉手机，受害人就找不到他。他没有想到，他在两个宾馆作案时，走廊内的监控录像，都留下了他清晰的面庞和身影。警方很快就找到了他藏身的地方，就地抓捕了他。他交代说，他在 QQ 上发布信息：许诺出高价与美女开房，然后包养美女，“月薪”三万元。信息刚发布，就有前面两个美女与他相约开房。于是就出现了前面两起案子。

这是两件丑闻。丑闻中的当事人，都充当了极不光彩的角色。我们现在对男女当事人的思维过程，做一些简单的逻辑分析：

这个男子，想出这样的损招，是动过一番脑子的。干正事，需要逻辑推理；干坏事，也需要逻辑推理。他怎么经过逻辑推理，想出这么损的招数呢？

他想：

只要价钱出得高，就会有美女上钩

只要美女上钩，就会与我开房

只要与我开房，就让她喝下迷药

只要喝下迷药，我就可以骗财骗色

所以，只要价钱出得高，我就可以骗财骗色

（这是充分条件纯假言推理，其推理规则是：肯定“头”就要肯定“尾”，即有头有尾。见附录之三。）

这个男子，从本质上讲，是一个骗子和窃贼。但他不像一般的小偷小摸那样鬼鬼祟祟露面，而是以一掷千金的大款身份出现。一出手，就是“月薪”三万。只要开价高，不信你不上钩。他摸准了少数女子贪图钱财的心理，他的计谋果然得逞了。这个损招，好多人都想不出来，他想出来了。他能想出这样的损招，说明他有一定的逻辑推理能力。如果他是一个白痴，准没有这个心计。

但是，得逞以后怎么办？他想过吗？

他是这么想的：开房是用女子的身份证登记的，我没有留下个人信息，她也不知道我的真实姓名。只要我关上手机，她就找不到我。请看他的推理过程：

只要关上手机，她就找不到我

只要找不到我，我就安然无事

所以，只要关上手机，我就可以安然无事

（这是充分条件纯假言推理的肯定前件式，其推理规则是：肯定“头”就要肯定“尾”，即有头有尾。见附录之三。）

这一次他想错了，他的错误有两点：一是时髦女子找不到他，还会报警；二是开房没用他的身份证，但宾馆走廊的监控录像留下了他的身影。不是找不到他，只要一报警准能抓到他。这个结果，一般人都能想得到，唯独这个家伙想不到。从这个角度讲，他又缺乏最基本的逻辑思维能力。

因此，我们可以说，这个男子又奸诈又愚蠢。想损招时，他很有心计，很会推理。但对于干坏事的风险，他又不去想，连最基本的逻辑推理能力都没有了。所以，他想的损招，得手容易，失手也容易。他的损招很见效，一晚上就有两个美女与他开房。但是抓住他也很容易，只要一报警，他就跑不了。

由此可知，那些心术不正的人，既有狡猾的一面，又有愚蠢的一面。他们的逻辑推理能力是畸形的：设计圈套算计别人时很会推理，也屡屡得逞；但对为非作歹可能有什么下场，却想不到，连最起码的逻辑推理能力都没有了。如果他的逻辑推理能力是健全的，就会同时想到下面两个推理：

（1）如果我许诺高价包养，那么美女就会上钩
如果美女上钩，那么我就会骗财骗色
———————————————————
所以，如果许诺高价包养，那么我就可以骗财骗色

（2）如果我骗财骗色，那么美女就会报案
如果美女报案，那么我就会坐班房
———————————————————
所以，如果骗财骗色，那么我就会坐班房

那个自作聪明的家伙，只想到了第一个推理，却想不到第二个推理，所以肯定会倒霉。因此可以说，奸诈的人只有一半儿推理能力。而这一半儿推理能力，又常常把他引向犯罪；而一旦犯罪又难逃被法律惩罚的厄运。

再说那两个时髦的美女，与“大款”开房时，做的是发财梦，钞票哗啦哗啦从天上往下掉。一觉醒来，人去财空，“大款”不见影，一个钢镚儿也没留下，自己的首饰、手机、现金、银行卡统统被拿走了。自己为财而来，却破财而去。她们与那个男子开房前，脑子里也是有推理活动的：

如果那个男子许诺高价包养，那么肯定是个大款

如果是个大款，那么我就与他开房

如果与他开房，那么就有大把大把银子

所以，如果那个男子许诺高价包养，就会给我大把大把银子

(这是充分条件纯假言推理的肯定前件式，其推理规则是：肯定“头”就要肯定“尾”，即有头有尾。但这个推理的第一前提和第三前提都是虚假的。前提虚假，结论就不可靠。见附录之三。)

一听说“月薪”三万包养，两个美女就疯了，争先恐后地陪“大款”睡觉。殊不知同一只恶狼上床，醒来后才发现被它狠狠咬了两口，没丢性命就算好的了。

美女上当有三个原因：一是贪财，二是轻信，三是不懂推理。没有证明过的东西，一般人都不会相信，至少存疑。对一个不了解的事物，既不能肯定也不能否定时，最好做一个选言判断：他或者是大款，或者是大骗子。如果只相信他一定是大款，那么就容易上当。请看推理：

如果相信一个不了解的人一定是大款，那么就容易上当

两个美女相信一个不了解的人一定是大款

所以，两个美女上当了

（这是充分条件假言推理的肯定前件式，其推理规则是：肯定前件就要肯定后件，即有前有后。见附录之三。）

当然，美女上当的根本原因是贪财。一个人，只要到了一心贪财、不择手段的地步，那么就会丧失正常的分析判断和逻辑推理能力。一心想傍大款，谁知却傍了一个狠心贼。想捞大把银子，却丢光了银子。

财色两失成笑柄，后悔莫及当清醒！

从两个美女上当过程可以看出：一个人的行为，往往是受思想支配的。而很多思想活动，都是推理活动。所以两个美女的错误行为，既是利欲熏心使然，又和错误的推理活动有某种关联。如果这些美女不想受骗，那么一要戒除贪心，二要学会推理。

从一定意义上说，学会逻辑推理，对受害者来说，也算是找到了一件保护自己的法宝。

32

为什么少女被强奸之后还遭逮捕？

自己挖坑自己跳

CCTV-1《今日说法》2013年7月24日，以《“少女被强奸”之后》为题，报道了一件发生在贵州省清镇市华隆宾馆的案子。

1月13日，贵州省清镇市云岭派出所接到19岁女孩张小兰的报警电话，说她喝醉酒后，在华隆宾馆被微信好友陈良斌强奸了。

她说陈良斌是半年前，通过微信“摇一摇”认识的。这一天，陈良斌和他的朋友黄建，约她出去吃东西，吃完东西又去酒吧喝酒，喝完酒就带她到华隆宾馆，开了两个房间。陈良斌和她进了一个房间，黄建进了另一个房间。进房间后，陈良斌趁她酒醉昏睡强奸了她。酒醒后，陈良斌已经离开，她意识到被强奸，于是赶快报警。

警察赶到事发现场——华隆宾馆502房间，看到双人床床单上有血迹，床头有丢弃的卫生纸，但双人床床单比较平整，没有褶皱。警方提取了张小兰体内的残留物，送去进行DNA检验。

这时宾馆楼下，有6个人在争吵不休。其中，有张小兰的男友李晓兵，还有他带来的三个人；另外两个人是陈良斌和他的朋友黄建。李晓兵接到女友张小兰的电话，说她被人欺负了，就带着三个人赶到宾馆，在宾馆楼下正好截住了要匆忙离开的陈良斌和他的朋友黄建，李晓兵等人就坚决不让他们离开，逼问陈良斌这件事怎么解决。

警察分别询问了张小兰和陈良斌。张小兰把如何遭到陈良斌的强奸过程说得很细，还说整个强奸过程都完成了。陈良斌说，他的确和张小兰在华隆宾馆开了房。但两人开房，张小兰是同意的。谁知一上床，张小兰突然抓破了他的后背，还流了血，他感到情况不妙，赶快走出房间，叫上自己的朋友黄建马上离开，谁知刚下楼，就被李晓兵四人拦住了。

刑侦人员对案情进行了初步分析，感到此事有点蹊跷。张小兰遭到强奸，会激烈反抗，如果反抗蹬踹，床单就会凌乱不堪。警方是这么推理的：

如果张小兰遭到强奸，就会激烈反抗，发生蹬踹

如果激烈反抗、蹬踹，床单就会凌乱不堪

所以，如果张小兰遭到强奸，那么双人床床单就会凌乱不堪

（这是纯假言推理的肯定前件式，其推理规则是：肯定“头”就要肯定“尾”，即有头有尾。见附录之三。）

但警方勘查现场，发现双人床床单并没有凌乱不堪，而是比较平整，没有褶皱。这一点和张小兰的叙述有矛盾。

警方又做了另一种推测：会不会张小兰酒醉昏睡不醒，不知不觉中被陈良斌强奸了。但这种假设，也和张小兰的叙述有矛盾。因为张小兰把如何强奸她的过程说得很细，不像昏睡中被强奸的样子。警方心中有不少疑点，但一时难有定论。

警方调取了宾馆的监控录像。监控录像显示：陈良斌和张小兰是手拉着手走进宾馆，又进入了同一个房间的，根本没有被陈良斌胁迫的意思。但张小兰为什么一口咬定是被强奸了呢？

警方又询问张小兰的男友李晓兵，李晓兵说，夜里 12 点左右他突然接到女友张小兰的电话，说她被人欺负了，他就叫了三个朋友连忙赶过来，刚到宾馆楼下，正好截住了陈良斌二人。

警方了解到，他们当时通话的内容很简单，只有三句话。

张小兰说：“李哥，我被人欺负了。”李问：“你在哪?”张答：“不知道。”警方很纳闷，张小兰没有告诉他出事的地点，他怎么会找到华隆宾馆呢?

请看警方的推理：

> 如果李晓兵不知道出事的地点在哪儿，那么他就不应该到华隆宾馆来
>
> 李晓兵到华隆宾馆来
>
> ---
>
> 所以，李晓兵事先就知道出事的地点在哪儿

（这是充分条件假言推理的否定后件式，其推理规则是：否定后件就要否定前件，即无后无前。见附录之三。）

如果李晓兵事先就知道出事的地点，那么这起强奸案，会不会是预先就策划好了呢?再说，陈良斌被抓破后背后，他带着朋友黄建从宾馆楼上走下来，也就几分钟时间。李晓兵接到张小兰电话后，在几分钟时间内找了三个人，又从他住的电脑维修店赶到华隆宾馆来，几乎是不可能的。

请看警方的推理：

> 只有李晓兵事先在华隆宾馆附近等着，才可能在几分钟内赶到
>
> 李晓兵四人在几分钟内就赶到了
>
> ---
>
> 所以，李晓兵事先可能在华隆宾馆附近等着

（这是必要条件假言推理的肯定后件式，其推理规则是：肯定后件就要肯定前件，即有后有前。见附录之三。）

还有一件事，也让警方生疑：李晓兵说他不认识陈良斌，为什么会在华隆宾馆楼下准确无误地截住了陈良斌二人？

警方想：

如果他事先不认识陈良斌，那么他就不可能在宾馆楼下截住陈良斌

他在宾馆楼下准确无误地截住了陈良斌

所以，他事先认识陈良斌

（这是充分条件假言推理的否定后件式，其推理规则是：否定后件就要否定前件，即无后无前。见附录之三。）

以上三个推理，增加了警方对张小兰和李晓兵的怀疑。但在掌握更多的证据之前，还不能下结论。为弄清事情真相，警方展开了更深入的调查。

深入调查后发现，陈良斌和黄建先带着张小兰到清镇的一个夜市吃了点东西，然后又到叫“加州红”的酒吧喝酒。为了全面了解当晚他们三人活动的情况，警方调取了沿途有关监控录像，监控录像显示：当晚 22 点 41 分张小兰的男友李晓兵出现在“加州红”酒吧门口，而十分钟前陈良斌、黄建、张小兰三人才刚刚来到这里。走进“加州红”的李晓兵，左手拿着手

机，径直上了二楼，直接走到了陈良斌和张小兰所在的308包房门口，向包房内张望了一下，就走到走廊拐角处停了下来。过了两分钟，张小兰就从包房内出来，走向走廊拐角处与李晓兵见面，并说了几句话，然后她又走回包房继续喝酒唱歌。过了一个多小时，张小兰又从包房出来，又走到走廊拐角处，与李晓兵第二次见面，好像在商量什么。

从“加州红”酒吧出来后，陈良斌、黄建与张小兰三人乘出租车来到华隆宾馆，而张小兰的男友李晓兵，开着一辆面包车，始终尾随他们。等陈良斌三人走进华隆宾馆大楼之后，面包车就停在华隆宾馆外面等着。夜里12点左右，张小兰在房间内抓破了陈良斌的后背，陈良斌和黄建从宾馆内跑出来时，李晓兵几个人就从面包车上下来，截住了陈良斌和黄建二人。

原来，陈良斌的一举一动，都在李晓兵的监视之下，而陈良斌却蒙在鼓里。看完了录像，警方有了初步判断：所谓的强奸案，不过是李晓兵和张小兰合演的一场滑稽戏。此时，DNA的鉴定结果也出来了。鉴定结果证明：张小兰体内存留的精液，不是陈良斌的，而是她的男友李晓兵的。事实证明，陈良斌没有强奸张小兰。至此，真相已经大白：这不是一起强奸案，而是一件有预谋的敲诈勒索案。

在确凿的证据面前，张小兰无法抵赖，只好交代了如何引诱陈良斌上钩，然后敲诈他的全过程。

原来，李晓兵和她合开了一个电脑维修店，由于经营不好，连房租都交不起了。李晓兵就设计了一个圈套，劝她引诱有钱的男人上钩，抓住把柄，然后再狠狠敲诈他。起初张小兰不肯这样做，不过在李晓兵的再三劝说下，最后还是同意了。此后她通过微信“摇一摇”，认识了在贵阳搞建筑的陈良斌，陈良斌很有钱，他们很快成了微信好友，关系也迅速升温。这一天，陈良斌带着朋友黄建约她出来喝酒开房，李晓兵事先与她商定，让她与陈良斌上床时抓破他的后背，硬说他强奸，然后李晓兵再去捉奸。如果私了，就必须拿出 50 万元才算完事。

事实查清后，李晓兵与张小兰以敲诈勒索罪被批捕。

这起案件并不复杂，但有值得深思之处。

下面我们对李晓兵二人的思维过程和思维能力，做一些简单的逻辑分析。

李晓兵和张小兰设这个骗局，目的是要骗钱。为了捞一大笔钱，他们是这么推理的：

> 只要精心设计一个骗局，就会引诱有钱的男人上钩
> 只要有钱的男人上钩，就可以抓住他的把柄
> 只要抓住他的把柄，就和他私了
> 只要私了，就能敲他一大笔钱
> ———————————————————————
> 所以，只要精心设计一个骗局，就能弄到一大笔钱

（这是充分条件纯假言推理的肯定前件式，其推理规则是：肯定“头”就要肯定“尾”，即有头有尾。见附录之三。这个推理的第三前提是虚假的，所以推出的结论也是不可靠的。）

他们设骗局引诱别人上当，也确实有人上钩了，这说明他们的阴谋诡计部分实现了。但上钩以后，事情会怎么发展，他们的推理又是不准确的。也许会私了，也许不会私了。如果私了不成，公安部门就会介入。公安部门介入会出现什么结果，他们二人谁也不去想。请看下面的推理：

如果公安部门介入，就会查个水落石出

如果查个水落石出，就会发现他们敲诈勒索

如果发现他们敲诈勒索，那么他们就得坐牢

所以，如果公安部门介入，那么他们就会坐牢

（这是充分条件纯假言推理的肯定前件式，其推理规则是：肯定“头”就要肯定“尾”，即有头有尾。见附录之三。）

对于心术不正的人来说，他们的推理能力往往是畸形的。他们会算计人，自作聪明，好像很有计谋，也好像很会推理，也总有人会跌入他们的圈套。但他们从不考虑自己的行为有何风险，一般人都能想到的风险，他们都想不到。从这方面讲，他们又好像连最基本的推理能力都没有。

这样就出现了一种奇怪现象，他们只有一半儿推理能力：

设骗局时，很会推理；但对设骗局可能有什么风险，又不会推理。所以，他们只有局部的推理能力，没有完全的推理能力。

在日常生活中，许多人的推理能力，都是不完全的。所谓推理能力不完全，就是有些问题想到了，有些问题没想到；有时候想对了，有时候又想错了。总之，有时候会推理，有时候不会推理。不但上面这个问题李晓兵和张小兰想不到，连下面这个非常简单的问题他们也想不到：

如果你说人家强奸你，那么你体内应查出强奸者的遗留物

经 DNA 检验，你体内没有强奸者的遗留物

所以，强奸根本没有发生

（这是充分条件假言推理的否定后件式，其推理规则是：否定后件必须否定前件，即无后无前。见附录之三）。

体内没有遗留物，你硬说人家强奸你，睁着眼睛说瞎话，查不出来你怎么交代？强奸没有发生，你硬说人家强奸了你，你们怎么对公安部门解释？

上面这些推理，李晓兵二人事先应该想到，但他们都没想到，也没有想过，那就到监狱里慢慢想吧。

从以上分析可以看出：李晓兵二人，设计圈套引诱别人上钩，既有奸诈的一面，也有愚蠢的一面。大凡奸诈的人，都以

为自己聪明过人，但他们永远不知道，是自己给自己种下了祸根。自己给别人挖坑，却一头栽进了自己挖的坑里。

当然，李晓兵和张小兰还不仅仅是推理能力不完全的问题，他们的主要问题是心术不正，因为心术不正才把仅有的一点儿推理能力用歪了。

上面分析了李晓兵二人的思维过程和思维能力，下面我们再分析一下刑侦人员的思维过程和推理能力。

警方刚一出现场，就从床单没有褶皱，发现了这个强奸案的第一个疑点。又从张小兰没有告诉李晓兵事发地点，李晓兵却径直找到华隆宾馆，发现这个案子的第二个疑点。接着，又从李晓兵在案发几分钟内，就带着三个人赶到华隆宾馆，发现了更多疑点，并初步断定这个强奸案是假的。刚一出现场，就能发现这个强奸案是伪造的，这足以证明，警方的分析判断能力和逻辑推理能力都是很强的。

以后李晓兵又耍了很多花招，甚至请当地电视台的记者采访张小兰，通过电视台大造张小兰被陈良斌强奸的社会舆论，捏造警方包庇嫌疑人的假象，给警方制造巨大的舆论压力。但警方始终不为所动，本着实事求是的精神，一步步查清了“强奸案”的各种假象，还原了他们敲诈勒索的真实意图，使李晓兵二人受到法律的严惩。警方头脑清醒，判断准确，意志坚定，方法对头，值得肯定。

除此之外，还应对陈良斌的思维能力做些分析。

陈良斌是搞建筑的生意人。生意的成功，说明他有一定的推理和判断能力。但是一个人，不管他智商高低，只要做坏事，就会丧失正常的分析判断能力。他勾搭张小兰时是这么推理的：

只要我自己有钱，就会有女人上钩

只要有女人上钩，我就可以寻欢作乐

所以，只要我自己有钱，就能寻欢作乐

（这是充分条件纯假言推理的肯定前件式，其推理规则是：肯定“头”就要肯定“尾”，即有头有尾。见附录之三。）

但他的想法，只实现了一半儿，另一半儿是他没有想到的。当你寻欢作乐时，也许是别的人上你的钩了，也许是你上别人的钩了。下面这个推理，陈良斌是万万想不到的：

一夜情或是别人上你的钩，或是你上别人的钩

不是别人上你的钩

所以，是你上了别人的钩

（这是选言推理的否定肯定式，小前提否定了大前提的一个选言肢，结论肯定大前提的另一个选言肢。见附录之四。）

当一个人只想寻欢作乐的时候，就丧失了正常的推理和判断能力，思维也就不正常了（这可以说是规律）。而思维不正常时，很容易跌入别人设的陷阱。陈良斌只想寻欢作乐，结果跌

入坑里重重摔了一跤。

不仅如此，从道德层面讲，陈良斌作为有妇之夫，勾搭别的女人，心地肮脏，人品低下，在此案中虽然没有受到法律的制裁，但也应该受到社会舆论的严厉谴责。

——小人物 大智慧——

33

他为什么能从一道乘法题识破一个拐骗犯？

一道乘法题　发现大问题

《北京青年报》2018年1月28日（记者　屈畅），报道了陕西省周至县顺风车司机冯师傅从一道乘法题发现疑点、协助警方抓住一个拐骗犯的事迹。事情的大体经过如下：

1月22日下午顺风车司机冯师傅，开车送自己的妻子回娘家，行车路上接到一个约车的电话，冯师傅想拉一个顺路的顾客挣点油钱，就在约定地点停下了车。停车后，一个中年人带着一个六七岁的小女孩上了车。中年人灰头土脸，土里土气；小女孩穿着时尚得体，充满朝气。冯师傅心里想：这两个人根本就不像一家人。

这一大一小上车后，行车途中，大家都没有说话。那个中年人好像有意要打破车内沉闷的气氛，就笑着对小女孩说："我给你出一道简单的乘法题，看你会做不会做?"小女孩回答说："什么是乘法题？我没学过。"

简单的两句对话，立刻引起了冯师傅的高度警惕。他心中立刻浮起了一个大大的问号。说来也巧，这时中年人下车去找厕所。冯师傅乘机问小女孩："你认识不认识这个男的?"

小女孩说："不认识。"

冯师傅说："那你为什么跟他走?"

小女孩说："他给我们学校搬书，让我去帮助他。"

冯师傅又说："快把你爸爸的电话告诉我!"

冯师傅夫妻二人经过商量，让妻子赶快下车给小女孩的爸爸打电话，并告诉他顺风车的车牌号，让他赶快报警。

中年人回来后，冯师傅告诉他，他的妻子也下车找厕所去了，让他多等一会儿。等了 20 多分钟，冯师傅的妻子回来后，汽车又重新上路了。

接到报案后，便衣警察也以打车为名拦下了这辆顺风车，立即控制住车上的中年人，并从他的身上搜出了一把匕首，然后把他押回派出所。

这个小女孩六岁，叫晓红，刚上小学一年级，她的家距离小学只有几百米远。这天早上晓红去上学，走过一条短巷，快到学校门口时，一个中年人拦住了她，说："我替咱们学校去搬书，你也帮我去拿几本，我给你 10 元钱。"晓红不要中年人的 10 元钱，但愿意帮助他去拿书，于是就跟着这个中年人上了这辆顺风车。

事后查明：这个中年人，过去曾因伤害致死罪坐过十年牢。刑满释放后又不思悔改，总想发一笔横财，于是就想拐骗小女孩卖给人贩子。谁知被机智的冯师傅看出了破绽，并协助警方抓住了这个拐骗犯。

破案后，经周至县公安局申报，周至县有关部门授予冯师傅夫妻二人"见义勇为"称号，并颁发了证书和奖金。小女孩的父亲亲自登门，对冯师傅夫妻二人千恩万谢，说："你们是孩子的'再生父母'，使我们全家避免了一场大灾难。"

冯师傅是一个普普通通的汽车司机，但他为什么能从一道乘法题发现破绽，协助警方抓住了罪犯，使一个家庭避免了一场重大灾难呢？

原来是逻辑推理帮了忙。

冯师傅的思维活动中有四次重要的逻辑推理：

其一，从衣着档次怀疑他们不是一家人。

中年人灰头土脸，衣服土得掉渣儿；小女孩衣着时尚得体，充满朝气。冯师傅从衣着档次的不同怀疑他们不是一家人。他是这么推理的：

> 如果是一家人，那么衣着穿戴的档次应该是接近的
>
> 中年人和小女孩的衣着穿戴悬殊
>
> ---
>
> 所以，他们可能不是一家人

这种推理在日常生活中很常见，也很容易理解。但这个推理有它特殊的地方，需要特别加以说明。

从形式上看，这个推理是充分条件假言推理。实际上，这个推理与充分条件假言推理有不同点。充分条件假言推理是必然性推理，它的结论是完全确实可靠的。这个推理不是必然性推理，而是或然性推理，它的结论只有一定程度的可靠性，不是完全确实可靠的。或然性推理的结论，可能是真的，也不排除是假的。是真是假，还需要进一步验证。

为什么说这个推理是或然性推理呢？

因为这个推理的大前提反映的不是规律性事件，而是大概率事件，即：不是在所有情况下一律都是这样（成为一种规律），而是在大多数情况下是这样，在少数情况下可以不是这样。充分条件假言推理的大前提，必须是充分条件假言判断。上面这个推理的大前提，严格说来，不是充分条件假言判断。上面这个推理，只是借助了充分条件假言推理的推理形式，实际上它是一个或然性推理。

或然性推理的结论，虽然只有一定程度的可靠性，但它在实际生活中仍有重要的实践意义。因为通过或然性推理，可以发现许多疑点，促使人们警觉起来，等待以后进一步观察验证。

其二，从两个人的对话也发现他们可能不是一家人。

中年人笑着对小女孩说：我给你出一道简单的乘法题，你做一做。小女孩说：什么是乘法题？我没有学过。冯师傅由此产生了更大的疑问：

> 如果中年人是小女孩的家长，那么他应该了解小女孩的学习情况
>
> 中年人不了解小女孩的学习情况（不知道她还没学乘法）
>
> ---
>
> 所以，中年人可能不是小女孩的家长

这个推理仍然是或然性推理，因为它的大前提也不是充分条件假言判断。充分条件假言判断的特点是：有此条件必有此结果。这个大前提断定的，不是所有家长一律都了解孩子的学习情况，只是断定大多数家长在一般情况下应该了解孩子的学习情况。根据这样的大前提推出的结论，仍然是或然性的。

但必须指出，这个或然性推理比上一个或然性推理，可靠性更高。因为这个推理的大前提，比上一个推理的大前提所断

定的概率更高。经过这两个或然性推理，中年人就更可疑了。

或然性推理，只有一定程度的可靠性，它的真实性还需要进一步验证。为了验证自己的判断，冯师傅在中年人下车找厕所时，乘机问小女孩认识不认识这个中年人，小女孩说“不认识”。小女孩的回答，最终证实了冯师傅上面的推断是完全正确的。

其三，从小女孩的回答推测中年人是拐骗犯。

冯师傅的车，是从周至县开往西安市的，中年人企图用欺骗的方法把小女孩带到别的城市，那么冯师傅断定，这个人肯定是拐骗犯。

如果一个陌生人想把一个未成年人骗到别的城市，那么他肯定就是一个拐骗犯

这个中年人想把小女孩骗到别的城市

所以，这个中年人肯定是拐骗犯

其四，经过假言选言推理选择报警。

经过第三个推理，冯师傅断定：中年人肯定是拐骗犯，所以通知小女孩的家长报警。但要不要通知小女孩的家长报警，他的思想上还是有斗争的。因为推测是推测，但推测不等于现实。如果报警，也可能报对了，也可能报错了。他想：如果报错了，自己必须承担错报的责任；但如果报对了，就会挽救一

个孩子和一个家庭。他估计，报警后会出现以下两种情况和结果：

如果报对了，那么就会挽救一个孩子和一个家庭
如果报错了，那么自己就要承担错报的责任
或者报对，或者报错

所以，或者挽救一个孩子和一个家庭，或者自己承担错报的责任

这是一个二难推理的复杂构成式。二难推理，俗称假言选言推理。它的前提，由两个假言判断和一个二肢选言判断组成。在这个二难推理中，两个假言判断，指出两种不同条件可以产生两种不同结果；一个二肢选言判断提出两个选项，供人们选择。冯师傅权衡了报错和报对两种不同结果的利弊，考虑到报不报警决定着一个孩子和一个家庭未来的命运，就毅然通知孩子的家长报警。由于冯师傅的果敢和机智，最终协助警方抓住了罪犯。

以上四个逻辑推理，就是冯师傅头脑里实际展开的思维活动。他在思维活动中，使用了两个或然性推理、一个必然性推理、一个二难推理。通过这四个逻辑推理，冯师傅识破了拐骗犯并且通知孩子家长报警，挽救了一个孩子和一个家庭。在日常生活中，有许多人不注意观察细节，也不会逻辑推理，如果

这些人听到小女孩说“什么是乘法题？我没学过”的答话，他们根本就不会当回事儿。而冯师傅却从这个细节发现了重大疑点，然后又追问小女孩认识不认识这个中年人，进一步证实了自己的判断，从而识破了拐骗犯。

冯师傅为什么能识破这个拐骗犯？因为他细心地观察事物，善于逻辑推理。

有些人为什么做不到这一点？因为他们粗心地观察事物，不善于逻辑推理。

34

乘警刘瑞国为什么能从“用凉水冲奶粉”这个细节发现人贩子？

善于逻辑推理　练就火眼金睛

据大河网—大河报 2017 年 8 月 24 日报道（记者　李一川，通讯员　杜中亚）：郑州铁路警察从女子在火车上用凉水冲奶粉喂婴儿这一细节，破获贩婴大案。

8 月 18 日，从成都开往郑州的 K870 次列车上，乘警刘瑞国开始巡查各个车厢。当他巡查到第 7 车厢 113 号座时，看到一个三四十岁的妇女，抱着一个刚刚出生不久的婴儿。让刘瑞国感到奇怪的是，这个女子用凉水冲奶粉给婴儿喝，这一细节引起了他的高度警惕。车厢两端都有热水锅炉，她为什么不多走几步路打一杯热水给婴儿冲奶粉呢？用凉奶喂刚出生的婴儿，婴儿会生病的，哪有这么不关心自己孩子的母亲呢？他立即断定这个女子不是婴儿的亲生母亲。

这时刘瑞国脑子里进行了第一个逻辑推理：

> 亲生母亲绝不会用凉水给婴儿冲奶粉，因为用凉水给婴儿冲奶粉会使婴儿生病
>
> 这个女子用凉水给婴儿冲奶粉
>
> ---
>
> 所以，这个女子不是婴儿的亲生母亲

（这是带证式直言三段论，它的大前提带有能够证明自己真实性的逻辑推理。）

按常理，母亲都会用热开水给婴儿冲奶粉，喂孩子前还会用手背试试温度，奶不烫了再喂孩子。母亲照顾孩子，是无微不至的，可这个女子对婴儿的死活漠不关心，太反常了。

刘瑞国觉得这个女子非常可疑，就把她带到餐车做进一步讯问。刘瑞国查看了她的身份证，她是四川金阳县人，今年 38 岁。女子说她怀中的婴儿是自己的第五个孩子，7 月 15 日出生，刚满月。她准备带孩子到郑州后转车，然后去安徽找打工的丈夫。

刚询问几句话，女子就吵着说要上厕所。刘瑞国想，该女

子不是真的要上厕所，很可能是想躲到厕所里打电话与同伙商量对策。

这时候刘瑞国进行了第二个逻辑推理：

女子如果受到怀疑心中害怕，那么就会找同伙商量对策

如要找同伙商量对策，那么就必须躲开人群

如要躲开人群，那么就可能躲到厕所里打电话

所以，如果女子受到怀疑心中害怕，就可能躲到厕所里打电话

（这是充分条件纯假言推理的肯定前件式，其推理规则是：肯定“头”必须肯定“尾”。）

为防止出现意外，乘警刘瑞国安排女列车员在厕所门口守候。不出所料，女子一进厕所就打电话。打完电话，女子从厕所出来，刘瑞国问：“你在厕所给谁打电话？”

女子说：“给我丈夫。”

刘瑞国立即拿过女子的手机回拨过去，对方说：他是这个女子的爱人，在广东肇庆打工。

刘瑞国又问：“这个女子所带的婴儿是你们的第几个孩子？”

男子回答说：“是第三个孩子。”

“夫妻”二人的说法矛盾百出：妻子说婴儿是他们的第五个

孩子，丈夫说是第三个孩子；妻子说丈夫在安徽打工，丈夫说自己在广东肇庆打工。他们为什么谎话连篇？

这时刘瑞国立即进行了第三个逻辑推理：

只有心中有鬼，才会一个接一个编造各种谎话
他们一个接一个编造谎话

所以，他们心中有鬼

（这是必要条件假言推理的肯定后件式，其推理规则是：肯定后件必须肯定前件。）

刘瑞国预感到这个女子有贩卖婴儿的嫌疑，立即向乘警支队七大队负责人进行了汇报，大队负责人指示加强对该女子的监控。

列车行至渑池县火车站，这时女子吵闹着非要抱婴儿下车不可。

这时刘瑞国进行了第四个逻辑推理：

如果受到怀疑就提前下车，可能是想逃跑
嫌疑女子提前在渑池县下车（本来说要在郑州转车）

所以，嫌疑女子可能是想逃跑

（这是充分条件假言推理的肯定前件式，其推理规则是：肯定前件必须肯定后件。大前提带有模态词“可能”，其结论也应该带有模态词“可能”，结论是或然的。）

刘瑞国当即告知女子：铁路警方怀疑其涉嫌贩婴，决定对其进行讯问，暂时不能下车。在对该女子随身带的行李的检查中，民警发现其行李很少，仅带有少量尿不湿、半袋奶粉和一个塑料奶瓶，还有半袋儿头疼粉，根本没有带婴儿换洗的衣物。她为什么不带婴儿换洗的衣物呢？

这时刘瑞国又进行了第五次逻辑推理：

> 只有打算卖掉婴儿，她才不需要带婴儿换洗的衣物
>
> 她没有带婴儿换洗的衣物
>
> ---
>
> 所以，她打算卖掉婴儿

（这是必要条件假言推理的肯定后件式，其推理规则是：肯定后件必须肯定前件。）

这个必要条件假言推理，又从另一个侧面证明她打算贩卖婴儿的企图。在之后的盘查中，该女子实在抵赖不过，终于承认了自己贩卖婴儿的罪行。该女子以 1.6 万元从四川买得一名婴儿，准备带到山东平邑县以 3 万元的价格卖掉，不料在列车上被乘警查获。该女子交代，被贩卖的婴儿刚出生 10 来天，案发前脐带刚刚脱落。

列车到达郑州后，警方对该女子和婴儿进行了 DNA 检验，检验结果最终证实她不是婴儿的亲生母亲，于是将她刑事拘留。被贩卖的婴儿暂时送往郑州市福利院寄养。

这件贩婴案侦破得很顺利，人们不禁会问：贩婴女子为什么没有躲过乘警的巡查？答曰：因为刘瑞国有火眼金睛。再问：刘瑞国为什么会有火眼金睛？答曰：因为刘瑞国善于逻辑推理。

35

机敏的快递员为什么能救老人一条命？

逻辑推理　救人一命

上海电视台新闻综合频道 2016 年 11 月 4 日以《多打一个电话，快递员救老人一命》为题，报道了一则令众人交口称赞的快递员的故事。

上海快递员何庆虎给应老伯家里送快件，他事先电话通知应老伯，询问家里是否有人，应老伯告诉他："我正好在外边办事儿，我老伴儿在家，她知道今天有快件儿。"快递员到了应老伯家门口，摁响了门铃，听到屋里有人走动的脚步声。但过了一会儿，仍没有人开门，当他第二次摁响门铃的时候，屋里就没有了动静。快递员连忙大声喊："应大妈开门，给您家送快递。"不管怎么喊，屋里都没人应声。没有人开门，何庆虎并没有把快件放在门口就转身离开。他想：刚才屋里还有脚步声，这老半天不开门，应大妈会不会发生了意外呢？

他推测：

> 如果应大妈没有发生意外，那么就会给我开门
>
> 应大妈没有给我开门
>
> ---
>
> 所以，应大妈发生了意外

（这是充分条件假言推理的否定后件式，其推理规则是：否定后件必须否定前件。）

想到这儿，何庆虎又赶快给应老伯打电话说："我第一次摁门铃时，听到屋里有脚步声。过了一会儿，我第二次摁门铃时屋里就没有了动静。以后不管怎么大声叫门，都没应声。大妈不开门，会不会发生什么事儿呀？"

在外边办事的应老伯，知道自己的老伴儿患有严重的高血压多年，立即通知附近住的亲戚到家里查看，打开房门一看吓了一跳：应大妈躺在电冰箱旁，已不省人事了。打120，赶快送医院抢救，原来是突发脑梗。由于抢救及时，保住了应大妈的性命。

快递员何庆虎懂点逻辑知识，通过逻辑推理预判应大妈可

能发生了意外，及时打了一个电话，才使应大妈转危为安。如果遇到一个快递员不懂逻辑推理，叫不开门就把快件放在门口糊里糊涂地转身走开了，等应大伯办完事儿回到家里，到那时无论如何也难以挽回了。

这件事说明：在日常生活中，逻辑知识大有用场。懂得逻辑推理，就能救人一命；不懂逻辑推理，就可能耽误大事儿！

36

父女俩为什么能从一个莫名其妙的短信推断出亲人被人绑架了？

三个逻辑推理　挽救亲人一命

《都市快报》2018 年 2 月 10 日，报道了“义乌女商人王女士遭绑架，家属收到奇怪短信立即报警”的新闻（记者　董齐、胡剑，通讯员　沈一凡）。下面笔者转述新闻故事的梗概，并进行必要的逻辑分析。

浙江省义乌市商人王女士，有个非常幸福的家庭。他们全家计划在 2 月 9 日一起外出旅游。王女士事先与丈夫张先生约定，8 日下午她会早点回家，收拾出门的行李。

可到了 8 日，从下午 2 点到晚上 7 点，王女士一直都没有回家，她也不主动给家里打电话说明原因。张先生和女儿多次给她打电话，她始终不接。王女士不接电话，父女俩起初只是觉得“很反常”，后来开始担心她出事儿；到了晚上 6 点 59 分，女儿接到母亲的一条短信，内容是：“我在忙，等一会儿就回来，你要乖乖儿的。”看了这条短信，父女俩觉得肯定出事了，就立即报警。

父女俩为什么看了这条短信就立即报警呢？因为父女俩从这条奇怪的短信发现了三个重要疑点：

其一，这条短信不是王女士发出的。

这条短信说“我在忙，等一会儿就回来，你要乖乖儿的”。很明显，这句话是说给三四岁的小孩子听的，不是说给成人听的。而王女士的女儿已经 21 岁了，对自己 21 岁的女儿，王女士绝不会使用“你要乖乖儿的”这样嘱咐小孩子的词语，而这条短信偏偏就使用了这样的词语，这说明这条短信不是王女士发出的。

他们是这么推理的：

王女士给女儿发短信绝不会使用“你要乖乖儿的”这样的词语

这条短信使用了“你要乖乖儿的”这样的词语

所以，这条短信不是王女士发出的短信

（这是直言三段论推理的第二格，第二格是区别格，通过它把两种不同的“短信”区别开来。其推理规则是：大全称，有一否。）

张先生与女儿的想法不谋而合，他也认为妻子给成年女儿发短信不会使用“你要乖乖儿的”这样的表述。

再说，王女士向来都是通过微信和家里联系的，从来不另外发短信。今天不使用微信，却另外发短信，这也不符合她平素的习惯。

其二，这条短信是别人发的。

父女俩进一步推理：

如果这条短信不是王女士亲自发的，那么就是别人用王女士的手机发的

如果这条短信是别人用王女士的手机发的，那么王女士就可能被人控制了

所以，如果这条短信不是王女士亲自发的，那么王女士就可能被人控制了

（这是充分条件纯假言推理的肯定前件式，其推理规则是：肯定“头”就要肯定“尾”。不过第二前提带有模态词“可能”，其结论也应该带有模态词“可能”，结论是或然的。）

其三，王女士已经失去了人身自由。

女儿接到上面这条奇怪的短信后，立即给王女士回发过去一条短信，说："老妈，你在哪里？发个地址过来。我和爸爸都非常着急!!!"

对方没有回答，并且关了手机。

张先生和女儿立即断定：王女士已经失去了人身自由。他们是这么推理的：

> 如果王女士没有失去人身自由，那么她当即就会回答女儿提出的问题
>
> 王女士不回答女儿提出的问题
>
> ———————————————
>
> 所以，她肯定失去了人身自由

（这是充分条件假言推理的否定后件式，其推理规则是：否定后件就要否定前件。）

丈夫和女儿心急如焚、坐卧不安，作为妻子和妈妈难道会无动于衷、置之不理吗？王女士不回答女儿短信中提出的问题，只有一种合理解释：她失去了人身自由。也就是说，她无法正常地与女儿联系。

想到上面三点，父女俩不寒而栗，他们预感到亲人被绑架了，所以立即向公安部门报了警。

接到报警后，义乌警方高度重视。从被绑架到接到报警，可能已经过去了六个多小时，人质是否安全，成为警方最为关

注的问题。

警方立即组织力量在全义乌市追踪王女士的保时捷越野车，并且请求邻近各省公安部门给以协助，在更大范围内展开了布控。

当天下午 2 点 57 分，城北路下穿通道的监控录像，拍到了王女士的保时捷越野车。监控画面虽然不太清晰，但仍可以看到握住方向盘的人，手指很粗大，不像是王女士在开车，驾车的更像一个男人。

下午 3 点 24 分，义乌环城南路上一个监控拍到了一张更清晰的图像，驾驶员座位上坐的确实是一个男人。至此警方判断：王女士和她的保时捷越野车确实被劫匪劫持了。

凌晨 2 点 26 分，好消息从前方传来，2 名嫌犯在通过浙赣两省交界处的梨园收费站时，被设卡拦截的警方抓获，王女士被安全解救。

原来事发当天下午 2 点，王女士进入商场的地下车库，正要开车回家时，就被两个绑匪绑架了。被绑架后，王女士骗绑匪说："我家里两个孩子都还很小，希望你们不要伤害我。"王女士想通过这些话，博得绑匪"手下留情"。

在被劫持的路上，一个绑匪用胶带把王女士的手脚捆住，嘴巴封死，并把她推倒在汽车后座前的踏脚处。王女士的手机被绑匪拿走，此后家人多次打电话和发短信，绑匪都不予置理，一直到晚上 6 点 59 分绑匪才编造了一条假短信，用王女士的手机发给了她的女儿。因为绑匪听王女士说她的两个孩子都很小，所以才在短信中说“我在忙，等一会儿就回来，你要乖乖儿的”。谁知这条假短信，被善于逻辑推理的父女俩识破，立即报了警。正是这条短信，成了侦破案件的主要突破口。

原来这两个绑匪非常贪得无厌，不但劫持了王女士价值百万元的高档轿车，并且还准备把汽车劫持到别的城市，然后再打电话给张先生，让他带 60 万元现金去赎人。谁知人算不如天算，两个绑匪还没来得及打出要挟电话，路上就被活捉了。

多亏张先生及其女儿通过逻辑推理发现了异常，并且及时报警，警方迅速出动营救，才化险为夷。如果张先生及其女儿不善于逻辑推理，不能从那条奇怪的短信发现诸多疑点并及时报警，那王女士肯定就在劫难逃了。

37

公交车司机为什么能在10来分钟内追回女大学生被偷的2万元？

思维敏捷　推理正确

澎湃新闻、央视新闻2018年3月3日报道①：

3月1日上午11时许，海南省海口市，一辆35路公交车进了站，要下车的只有一个年轻人。细心的公交车司机留意到这个年轻人，在他刚上车向投币箱投币时，司机只听见一声响声，就知道他少投了一元硬币（应投币2元），但当时上车的人多，

① 此事多家媒体均有报道，但报道的角度和详略各不相同。为了使读者更好地了解事情的来龙去脉，并使人物的逻辑推理更加严谨，笔者对一些细节做了改动，并进行了适度加工。

没有来得及追问他。

当这个年轻人将要下车时，公交车司机就乘机追问他："你投（偷）了多少钱?"年轻人立即辩解说："我没有偷钱。"这个回答使司机感到莫名其妙，只好又说了一遍："你上车时向投币箱投了多少钱?"年轻人忽然明白了过来，从口袋里又掏出了一元硬币投入了投币箱，然后慌里慌张地下车走了。

公交车重新开动后，一个女乘客忽然大声嚷道："我背包里的2万元钱刚才还在，一转眼就丢了，请大家帮我找一找，这是我上大学的学费和生活费呀!"公交车司机马上问她："你看见过刚才下车的那个年轻人吗?"女大学生回答说："他坐在邻座，紧挨着我。"司机说："刚才下车的人就是偷你钱的小偷。小偷得手后只要一到站，就会立即下车。"

公交车司机是这样推理的：

小偷得手后如果不尽快下车，就可能被发现

为了不被发现

所以，小偷得手后会尽快下车（到站就下车）

（这是充分条件假言推理的否定后件式，其推理规则是：否定后件必须否定前件。）

小偷得手后到站就下车，而该站只有一人下车，公交车司机立即断定：下车人就是小偷。

这时车上乘客也纷纷议论，都怀疑下车人是小偷。公交车司机征得乘客同意后，立即掉转车头去追赶刚下车的年轻人。那个年轻人下车后，朝公交车行驶相反的方向走去。年轻人一下车，好像躲过了一关，心情马上松弛下来，慢慢悠悠地沿着公路往前走。公交车追了 50 多米后，追上了他，并在公路边上停了车。那个年轻人，一看来头不妙，拔腿就向公路边的小树林跑去。司机和自告奋勇的六位男乘客立即追了过去，并在小树林里抓住了他，他乖乖地把偷盗女大学生的 2 万元钱交了出来。此时大家都围着女大学生，为她高兴；那个小偷却乘乱溜走了。

从女大学生的钱被偷，到把钱追回来，不过 10 来分钟。公交车司机为什么能在这么短的时间内，就追回女大学生被偷的 2 万元钱呢？主要原因是：公交车司机思维敏捷，推理正确。

当年轻人将要下车时，公交车司机追问他："你投了多少钱?"年轻人回答说："我没有偷钱。"起初这种回答使司机感到莫名其妙，后来听女大学生说丢钱后，司机立刻明白了下车人这么回答的缘由：原来他是小偷，做贼心虚，把"你投了多少钱"的问话误听成"你偷了多少钱"，于是主动为自己辩护说"我没有偷钱"。这真是此地无银三百两，这种辩解恰恰说明他就是小偷！

公交车司机是这么推理的：

只有小偷，才会做贼心虚，把"你投了多少钱"的问话误听成“你偷了多少钱”，并主动辩解“我没有偷钱”

下车人做贼心虚，把“你投了多少钱”的问话误听成“你偷了多少钱”，并主动辩解“我没有偷钱”

所以，下车人是小偷

是的，除了小偷，其他任何乘客下车都不会主动辩解“我没有偷钱”。

（这是必要条件假言推理的肯定后件式，其推理规则是：肯定后件就要肯定前件。）

通过上面两个逻辑推理，公交车司机认准了刚才下车的年轻人就是小偷，于是果断地掉转车头追赶小偷，在众人的帮助下追回了女大学生被偷的 2 万元。在判定谁是小偷的过程中，司机所进行的两个逻辑推理，起了关键作用。小偷的脸上并没有贴标签，不会逻辑推理，就找不出谁是小偷。司机会逻辑推理，所以他办成了这件大好事。

最后笔者想问一句：如果你是这位公交车司机，这件事你做得到吗？

38

机敏的环卫工人是怎样识破盗窃犯、为装饰公司追回被盗的7万元现金的?

靠逻辑推理　识破盗窃犯[①]

CCTV-13在2018年3月27日下午的新闻节目中，报道了一个机敏的环卫工人在上班途中识破盗窃犯、为装饰公司追回被盗的7万元现金的故事。

早上5点40多分，常州市一位环卫工人在上班途中，看见一个推着一辆清扫垃圾的环卫车前行的男人，觉得可疑，就故意问他：“你这是去干什么呀?”推车人说：“我也是环卫工人，到前面

① 为了使叙事更完整、逻辑更严谨，笔者对某些细节进行了适度加工。

清扫垃圾去。”

机敏的环卫工人觉得他说的不是真话，因为这个男人虽然推着环卫车，但没有穿环卫工作服，不像是要去干活儿的环卫工人。

他是这么推理的：

> 环卫工人上班干活，是一定要穿环卫工作服的
>
> 推车人没有穿环卫工作服
>
> ---
>
> 所以，推车人不是要去干活儿的环卫工人

（这是直言三段论推理的第二格，其推理规则是：大全称，有一否。第二格是区别格，通过这个第二格推理，把“推车人”与“去干活儿的环卫工人”区别开来。）

环卫工人的任务，主要是清扫垃圾；而环卫工人清扫垃圾，是一定要穿环卫工作服的，这是环卫工人的工作性质决定的。推车人没有穿环卫工作服，当然不是要去打扫垃圾的环卫工人。

机敏的环卫工人又想：

他明明不是环卫工人为什么偏偏要伪装成环卫工人呢？

于是他进行了第二个逻辑推理：

> 如果一个人刻意地伪装自己，那么他可能有不可告人的目的

推车人刻意地伪装自己

所以，推车人可能有不可告人的目的

（这是充分条件假言推理的肯定前件式，其推理规则是：肯定前件就要肯定后件。不过，这个假言推理的大前提带有模态词“可能”，其结论也应该带有模态词“可能”。推理的结论是或然的。）

为了弄清推车人的真实身份，环卫工人又有意识地追问他：“你是哪个环卫支队的？我怎么从来没有看见过你呀？”

谁知这一问，推车人就慌了神儿，也不答话，撂下环卫车拔腿就跑了。

机敏的环卫工人越发觉得可疑，走近那辆环卫车一看，里面藏着一个保险箱，就立即报警。

警方接报后随即展开了侦破工作。刑侦人员根据街边多个监控探头查清了推车人的逃跑路线，最终在他的住处将其抓获。原来推车人是一个盗窃惯犯。那天早上 5 点来钟，他从常州市新北区某装饰公司偷走一个保险箱，里面存放着 7 万元现金。为了携带方便，他把笨重的保险箱藏在随手偷来的环卫车中，推着往前走，不料被机敏的环卫工人识破。

其实，环卫工人识破盗窃犯的过程非常简单：

他只通过两个简单推理和两句简短问话，就使盗窃犯露出了原形（第一个推理断定推车人不是环卫工人，第二个推理断定推车人可能有不可告人的目的）。这件事启示我们：一个普普通通的环卫工人，因为掌握了逻辑推理的正确方法，变得如此机敏和睿智，竟协助警方抓住了盗窃犯，为社会做出一份积极的、可贵的贡献。

39

他想出“绝招”逃避酒驾检查，为什么是自投罗网？

聪明反被聪明误

《北京日报》2018 年 4 月 23 日（记者　高健）报道了一起用“绝招”逃避酒驾检查，最终被加重处罚，被判拘役的案件，看后真是令人啼笑皆非。

延庆区张某与朋友聚会，酒足饭饱后，独自驾车离去，在回家的路上遇到交警设卡检查酒驾。张某一开始坚称自己没喝酒，拒不接受酒精含量检验。而交警坚持他必须进行酒精含量检验。他忽然灵机一动，回到车上取出半瓶白酒，“咕咚咕咚”喝了个底朝天，然后张某对交警说：“你们检测吧，即使检查出我酒精含量超标，也是因为我刚才喝了酒。”

张某是这么推理的：

如果你们检测出我酒精含量超标，那么也是因为我刚才喝了酒

如果超标是因为我刚才喝了酒，那么就不能认定我是酒后开车

所以，即使检测出我酒精含量超标，也不能认定我是酒后开车

张某的推理表面上很有道理，实际上是有瑕疵的（因为两个前提都以偏概全，两个前提都可能有部分失实）。但张某以为用这种办法可以难住交警，逃避检查，而交警听了却不以为然，说：“你用这种方法逃避检查，恰恰说明你是酒后开车了。”

交警是这么推理的：

如果你不是酒后开车，那么你根本就没有必要逃避检查

你不择手段地逃避检查

所以，你肯定是酒后开车了

（这是充分条件假言推理的否定后件式，其推理规则是：否定后件就要否定前件。）

张某很狡猾，他想用这种办法阻止酒精含量检验，但在交

警面前这一招根本不管用，反而成了张某酒后驾车的有力证据。交警通过逻辑推理，用逻辑证明中的“反证法”，证明张某确实是酒后开车了。

什么是反证法？反证法是逻辑证明的一种。运用反证法有三个步骤：第一步，提出一个反论题（为了证明“你肯定是酒后开车了”，先提出它的反论题“如果你不是酒后开车”）；第二步，根据反论题进行推演，指出推演的结果与事实不符（从“如果你不是酒后开车”可以推演出“你根本没有必要逃避检查”，但推演的结果与事实不符，事实是“你不择手段地逃避检查”）；第三步，证明原论题（“你肯定是酒后开车了”）的正确。①

其实，对这种情况的处罚，法规条文早有明确规定。最高人民法院、最高人民检察院、公安部印发的《关于办理醉酒驾驶机动车刑事案件适用法律若干问题的意见》就明确指出：犯罪嫌疑人在公安机关依法检查时，为逃避法律追究，在呼气酒精含量检验或者抽取血样前又饮酒，经检验其血液酒精含量达到醉酒标准的，应当认定为醉酒。

根据以上法律条文，张某被带回交警大队继续调查。后经检察机关审查起诉，法院以危险驾驶罪，判处张某拘役 2 个月，并吊销驾驶证，5 年内不得重新取得驾驶证。

---

① 关于反证法的详细说明，参见拙著《实用逻辑教程》第十章第二节。

40

被绑架的母女俩是怎么逃脱魔掌的?

急中生智　转危为安

广东省阳江市广播电视台在 2018 年 6 月 1 日的节目中，播送了一条非常简短又惊心动魄的社会新闻。

5 月 29 日，在阳东区东城镇广雅路，一个年轻的女士带着自己的小女儿开车外出办事。她开车上路以后，无意中回头一看，后座上坐着一个年轻的陌生男子，心想：糟了，遇到了坏人！又寻思：他是谁？怎么上车的？

原来在该女士开车前，这个歹徒早就尾随她们母女俩，只是母女俩只顾说话，没有注意到他。当她打开遥控车锁转身上车时，陌生男子乘她不备偷偷拉开后车门，悄悄地坐在后座上。

轿车开出东城镇不远，陌生男子就严厉命令该女士把车开往325国道那味村方向，不然就弄死她和女儿。该女士一边按照歹徒指定的方向行驶，一边迅速地琢磨怎么逃出险境：当着歹徒的面儿，打电话报警自然是不行的；自己打开车门迅速逃离，小女儿还在车上；打开车窗大声呼救，过往车辆的司机也不一定能听见……正当她一筹莫展的时候，有一辆皮卡车从旁边驶过。该女士急中生智，迅速追上了同向行驶的皮卡车，并与皮卡车发生了剐蹭，两辆车都停了下来。

一下车，该女士就大声呼救："快救救我，快救救我，我被车上的歹徒绑架了！"车上的歹徒一看形势不妙，立即拉开车门，拔腿跑掉了。母女俩安然无恙。该女士立即报警。

母女俩本来身处绝境，孤立无援，但因开车的女士沉着冷静，急中生智，才化险为夷。那么我们要问，该女士急中生智，"智"从何来？

答曰：来自逻辑推理。

当皮卡车从车旁驶过，开车的女士是这么推理的：

> 如果我开车与皮卡车剐蹭，那么双方就会停下车来处理这场交通事故
>
> 如果双方停下车来处理这场交通事故，那么停车后我

就可以乘机呼救

所以，如果我开车与皮卡车剐蹭，那么停车后就可以乘机呼救

(这是充分条件纯假言推理的肯定前件式，其推理规则是：肯定“头”就必须肯定“尾”。)

该女士通过这个简单的逻辑推理，使母女俩逃过一劫。但急中生智是有条件的：懂得逻辑推理，就能“生”出智来；不懂逻辑推理，再“急”也生不出“智”来。开车的女士，懂得逻辑推理，就能急中生智，化险为夷；如果不懂逻辑推理，就大难临头，在劫难逃。

顺便交代一句，那个溜走的歹徒能否就此逃脱呢？

不能。因为皮卡车司机早就用手机拍下了歹徒的照片。该男子20多岁，讲普通话，穿深蓝色上衣，戴天蓝色口罩，齐刘海发型。阳东市公安分局成立专案组追捕该男子，并发出了对该男子的通缉令，通缉令中印有嫌疑人清晰的照片。

41

黄先生为什么不是使用假币的犯罪嫌疑人？

存款的风波

南方网讯报道（记者　林文通，通讯员　傅灿）：

2018 年 4 月 13 日下午，广东惠阳的黄先生带着工厂 12 日发的 5 800 元工资，到沙田邮政储蓄银行存款。可银行工作人员点数时，发现全部都是假钞，而且多出 300 元。

按照我国有关法律的规定：明知是伪造的货币而持有、使用，总面额在 4 000 元以上或者币量在 400 张（枚）以上的，应予立案追诉。因为黄先生带有大量假钞，有使用假钞的重大嫌疑，所以沙田邮政储蓄银行立即向沙田派出所报警。

沙田派出所民警把黄先生带到派出所，通过简单的询问，很快做出了下列三个判断：

其一，黄先生不是使用假钞的犯罪嫌疑人。

民警是这么推理的：

> 使用假钞的犯罪嫌疑人绝不会把假钞存银行，因为银行发现假钞就会没收
>
> 黄先生把假钞存银行
>
> ---
>
> 所以，黄先生不是使用假钞的犯罪嫌疑人

这是带证式的直言三段论，它的大前提带有能够证明自己真实性的直言三段论，把这个隐含的直言三段论展开来就是下面的推理：

> 银行发现假钞就会没收
>
> 使用假钞的犯罪嫌疑人绝不愿意假钞被没收
>
> ---
>
> 所以，使用假钞的犯罪嫌疑人绝不会把假钞存银行

这个直言三段论，证明了上一个直言三段论的大前提（“犯罪嫌疑人绝不会把假钞存银行”）的真实性。

这个道理很简单：

使用假钞的犯罪分子，都是在相互交易中，把假钞当真钞欺骗别人。存款行为不是交易行为，银行发现假钞就会没收，把假钞存银行根本达不到欺骗别人的目的。所以使用假钞的犯

罪分子，只会把假钞用于“交易”，绝不会拿着假钞去银行存款。

事实正是如此，破案的民警很有经验，一听黄先生把假钞存银行，当即断定黄先生不是使用假钞的犯罪嫌疑人。

其二，黄先生存的钱也不是单位发的工资。

民警询问黄先生存的钱是哪儿来的，他说是工厂 12 日发的工资。

黄先生和妻子都是四川人，他们俩都在沙田镇内一工厂打工。民警知道这个工厂是在工商局注册的正规企业。正规企业给职工发的工资大多是从银行取出来的，不可能混进大量假钞。民警是这么推理的：

正规工厂给职工发工资，不可能混进大量假钞

黄先生的工资是正规工厂发的

所以，黄先生的工资不可能混进大量假钞

（这是直言三段论的第一格。第一格是证明格，通过第一格证明正规工厂给黄先生发的工资不可能有大量假钞。）

退一万步想，即使个别心术不正的财务人员塞进一两张假钞欺骗工人，那也只是极罕见的、很少量的，不可能全部工资都是假钞。于是民警断定：黄先生存的钱不是工厂发的工资。

其三，黄先生存的钱是被坏人调包了。

根据上面的推理，民警又断定黄先生存的钱，可能是被坏人调包了。民警是这么推理的：

黄先生存的钱，或者是工厂发的工资，或者工资被坏人调包了

黄先生存的钱不可能是工厂发的工资

所以，黄先生存的钱被坏人调包了

（这是选言推理的否定肯定式。黄先生存的钱的来源，只有两种可能，否定了第一种可能性，也就是肯定了第二种可能性。）

民警告诉黄先生，你们工厂发的工资不可能全部都是假钞，你的工资很可能被坏人调包了。在民警的启发下，黄先生想起了在来银行的路上发生的一件事：

当天，黄先生来到路口等公交车，准备去银行存款。这时候，一辆白色别克小轿车行驶到他面前停了下来，车上的陌生男子摇下车窗，对黄先生说："帮我抬一下水管，付你工钱 30 元，几分钟就好。"黄先生上了白色别克车，跟随陌生男子来到一辆货车旁边。

陌生男子说："我现在先把 30 元工钱付给你，然后你再下车抬水管。"黄先生表示同意后，陌生男子拿出 100 元递给黄先生，说："你找我 70 元吧。"黄先生翻了翻口袋，发现只有 50

元零钱，说：“找不开，我只有 50 元。”

陌生男子指了指黄先生鼓鼓囊囊的右边上衣口袋，说道：“你这不是还有钱吗？”黄先生只好把钱从右边上衣口袋里取出来，说：“我这都是 100 元的，没有零钱。”

陌生男子见状说：“骗谁呢，我看到了，里面有一张 20 元的。”陌生男子一把抢过了黄先生的钱，说：“拿给我找一下，应该有零钱的。”

找了几秒钟后，黄先生担心自己的钱被陌生人抢去，就连忙把自己的钱又夺了回来，并且不再答应给他抬水管，下了这辆别克轿车之后就来银行存款了。

听了黄先生的叙述，民警断定黄先生的钱，是被开白色别克轿车的人调包了。只是歹徒在调包的匆忙中多给了黄先生三张 100 元的假币，而黄先生一直认为自己的钱还是 5 800 元。

确定嫌疑人后，警方根据街边的监控摄像头，锁定了这辆别克车的落脚点，再经过办案民警几天的蹲守，在 4 月 17 日下午，将犯罪嫌疑人谢某抓获。经审讯谢某对犯罪事实供认不讳。

仅过了四天，这件假钞案就被侦破了。之所以进行得如此顺利，是因为警方在侦破的过程中，正确地运用了三个逻辑推理，做出了三个正确判断。如果没有正确的推理和判断，不但破不了案，许多人还可能认为黄先生就是犯罪嫌疑人呢！

42

土耳其女子为什么能从丈夫后背的小痘痘发现他出轨的证据？

比福尔摩斯还厉害的女人

据《今日头条》2018 年 7 月 2 日信息：

律师艾德麦接到土耳其女子委托其办理与丈夫离婚的诉讼。该女子凭丈夫后背的一颗小痘痘抓到他出轨的证据，律师称赞她是比福尔摩斯还厉害的女人。

土耳其一名 37 岁的女子，与丈夫结婚 2 年，婚后生活很幸福。有一天，该女子给丈夫洗上衣，丈夫脱掉上衣后，该女子发现丈夫后背上有一颗用手挤过的小痘痘。心想：丈夫是一个很注意自己仪表的男子汉，除了上床睡觉从来不袒胸露背，而且丈夫从来不在外边过夜，他也没有其他亲属。那么究竟是谁替丈夫挤破背上的小痘痘呢？

女子想来想去，觉得能帮丈夫挤破背上小痘痘的只有两种人：或者是自己，或者是别的关系密切的女人。该女子是这么推理的：

替丈夫挤破背上小痘痘的或者是我，或者是别的关系密切的女人

我没有帮他挤小痘痘

所以，可能是别的关系密切的女人

该女子善于思索和推理，她又往深里想：

既然丈夫除了上床睡觉从不袒胸露背，那么只有和他一起睡过觉的人，才能看到他袒胸露背。于是她又进行了第二个推理：

只有和丈夫一起睡过觉的人，才能看见他袒胸露背

只有看见他袒胸露背的人，才会发现他背上的小痘痘

只有发现丈夫背上的小痘痘，才可能帮他挤破小痘痘

所以，只有和丈夫一起睡过觉的人，才可能帮他挤破背上的小痘痘

（这是必要条件纯假言推理的传递式，其推理规则是：留“头”留“尾”。）

这也就是说，帮丈夫挤破小痘痘的人，可能是和丈夫睡过觉的女人。想到丈夫可能出轨，她痛苦万分。

为了弄清问题，女子就试探性地问自己的丈夫："是谁帮你挤破后背的小痘痘的?"

妻子这么一问，丈夫有点惊慌失措，满脸通红，支支吾吾，赶快把话岔开，并找个借口干别的事儿去了。这使得该女子更加起疑，下定决心要把事情弄个水落石出。

到了晚上，女子趁丈夫熟睡后，悄悄查看他的手机，在手机里发现丈夫在睡觉前发给某女子的一条短信，短信中说："我妻子已经开始追问是谁帮我挤破背上的小痘痘的。以后我们来往务必十分谨慎小心。"

看到这条短信，就等于抓到了丈夫出轨的真凭实据。

她立刻把这条短信从丈夫的手机里转发到自己的手机里。一宿没有睡觉的她，第二天清早，趁丈夫还未起床，就带着丈夫的手机去找艾德麦律师谈离婚的事儿。艾德麦律师听完她的叙述说："你能从丈夫背上一个小痘痘，查出插足者，而且当天发现疑点，当天破案，比福尔摩斯厉害多了。"

43

周女士是如何沉着机智地与入室抢劫犯周旋的？

机智背后的逻辑推理

《北京晚报》2018 年 7 月 24 日第 11 版（记者　安然）报道了北京市通州区周女士沉着机智地与入室抢劫犯周旋，然后报警使劫匪落网的故事。

7 月 17 日下午 5 点多，周女士下班回家。刚打开房门，身后冲进来一个陌生男子，将她堵在屋里。周女士下意识地问："你是谁？要干吗？"

陌生男子厉声说："抢劫！"

周女士立即说："我有钱，我给你！"

周女士又说："你遇到什么困难了吧。你若有困难，我可以帮你。我支付宝里有 6 500 元，可以全部转到你手机里。这钱算姐借给你的。等你有钱了再还我，没有钱的话姐不要了。"

男子点头同意。

周女士直视着劫匪说："你要看着我的眼睛说话，我把钱转给你，你必须保证绝对不会伤害我。"男子非常听话，他看着周女士的眼睛说："姐把钱转给我，我绝对不会伤害姐。"

周女士把 6 500 元转到抢劫犯的手机里以后又说："我家里有摄像头，我老公随时都可以看到家里的情况，他已经下班，很快就回到家了。"

抢劫犯一听周女士的老公马上就回到家了，也不再说什么，拿着自己的手机迅速逃走了。

入室抢劫犯离开后，周女士立即报警。

当晚 7 点多钟，该小区又发生一起尾随女士入室抢劫的案子，第二个被尾随的女士也用支付宝向劫匪手机转账 7 000 元。两案合并侦破。警方根据周女士家中的监控录像以及劫匪的支付宝账号，很快锁定了入室抢劫犯的暂住地，并且在次日凌晨 4 时许将劫匪胡某抓获。

在上述过程中，周女士沉着机智，有很多可圈可点之处：第一，周女士在遇到生命危险的紧急关头，沉着冷静，没有丝毫的惊慌失措。第二，周女士反应灵敏，说话得体，能够灵活机智地化解重大危机。

还有一点，需要特别指出：逻辑推理在周女士化解危机的过程中也起着重要作用：

其一，通过选言推理，在“保命”与“保财”中做出正确抉择。

当入室抢劫犯喊出“抢劫”二字时，周女士立即回答说：“我有钱，我给你！”

这时她脑海里，有一个选言推理：

或保命，或保财

我必须保命

所以，我不能保财

这是一个不相容的选言推理，选择第一个选项，就必须放弃第二个选项。

面对生死威胁，周女士必须在保命和保财两种情况中，迅速做出抉择。周女士的选择非常果断和明智，避免了可能发生的杀身之祸。

其二，打“感情牌”，稳定劫匪的情绪。

周女士在答应给劫匪手机转钱的同时，立即打出“感情牌”，对歹徒展开了柔性攻势。

她说：“你遇到什么困难了吧。你若有困难，我可以帮你。

我支付宝里有 6 500 元，可以全部转到你手机里。这钱算姐借给你的。等你有钱了再还我，没有钱的话姐不要了。”“你要看着我的眼睛说话，我把钱转给你，你必须保证绝对不会伤害我。”

这时周女士脑海里又有一个逻辑推理：

如果你有困难，那么我可以帮助你

如果我帮助你解决困难，那么你就没有理由伤害我

所以，如果你有困难（需要我的帮助），那么你就没有理由伤害我

（这是充分条件纯假言推理的肯定前件式，其推理规则是：肯定“头”，就必须肯定“尾”。）

周女士的大气与善心，即使是穷凶极恶的劫匪，也是无法拒绝的。事情发展果真如此，歹徒不得不按照周女士的要求，保证不会伤害她。令人佩服的是：劫匪的凶相和戾气被周女士的大气和善心所折服了。

其三，巧言设计，逼迫歹徒赶快离开。

周女士给歹徒转账之后，又担心歹徒节外生枝，特别是害怕他既劫财又劫色，所以赶快说：“我老公已经下班，很快就回到家了。”

说这话时，她脑海里还有第 3 个逻辑推理：

如果我说老公很快就回到家了，那么歹徒就会马上

离开

如果歹徒马上离开，那么就可以避免既劫财又劫色的悲剧同时发生

所以，如果我说老公很快就回到家了，那么就可以避免既劫财又劫色的悲剧同时发生

很幸运，周女士的逻辑思维能力很强。可能发生的事情，她事先都想到了；需要注意的问题，她事先都采取了防范措施。所以才能成功地保护自己。

我们再分析一下歹徒。

歹徒懂得逻辑推理吗？不懂。

如果他懂得逻辑推理，就会察觉到下列两处隐患：

其一，女事主家里有摄像头，会给警方破案留下重要线索。请看推理：

如果女事主家里有摄像头，那么就留下了我清晰的相貌体征

如果摄像留下我清晰的相貌体征，那么我就难逃警方的追踪

所以，如果女事主家里有监控录像，那么我就难逃警方的追踪

谢天谢地！歹徒不懂逻辑推理，否则他会逼迫周女士说出

摄像头的位置，然后毁掉摄像装置。

其二，通过手机转账抢劫，支付宝账号就成为警方破案的重要抓手。

请看推理：

> 如果通过手机转账抢劫，那么歹徒的支付宝账号就会留在受害者的手机里
>
> 如果支付宝账号留在受害人的手机里，那么就会成为警方破案的重要抓手
>
> ---
>
> 所以，通过手机转账抢劫，那么支付宝账号就会成为警方破案的重要抓手

谢天谢地！歹徒素质很低，这一点他也想不到。如果他能想到这一点，他必然会通过别的方式抢劫，那样破案的难度可能就增加了。

面对入室抢劫犯，女子处于绝对劣势，抢劫犯处于绝对优势。但女子善于逻辑推理，很快转危为安；劫匪不懂逻辑推理，当夜束手就擒。

44

女子通过110叫外卖，女警察为什么听出了弦外之音？

女子机智求救　女警机智救人

据人民网2018年8月5日信息：

8月1日下午2点42分，新乡县公安局110指挥中心民警张淑娟在接警台值班，2号机位的报警电话响起，接通电话后，电话中有一个女子说：“你们给我送点吃的吧，我订外卖。我主要是出不去。”

张警官一听叫外卖，起初觉得这个女子打错了电话，就告诉她说：“这里是110，你有什么需要帮助的？”谁知打电话的女子听了张警官的话以后，仍然坚持说：“你们给我送点吃的吧，我订外卖。我主要是出不去。”而且重复了好几次。

张警官想：我明明白白地告诉她“这里是110”，她为什么仍然坚持要订外卖呢？

张警官仔细琢磨“我主要是出不去”这句话背后的含意，推测该女子可能处于困境，受人胁迫，行动不自由，借“叫外卖”求救。想到此，张警官脑子里突然跳出了一个念头：这不是叫外卖，这是报警！

张警官想：如果是女子打错了电话，在我提醒她说“这里是110”后，她就会说“对不起，我打错了”，然后挂掉电话。女子不肯挂掉电话，仍然坚持说要订外卖，这说明她不是打错了电话，而是以“叫外卖”的名义求救。她一定有难言之隐。

为了验证自己的推测，张警官小声问：“屋里是否还有别人，受人胁迫？”打电话的女子接连“嗯”了两声。然后张警官对打电话的女子大声说：“告诉我你的地址，我们马上把吃的给你送过去。”

打电话的女子向同屋的“男友”询问送餐的地址，然后又把送餐的地址转告张警官。警方拿到地址后迅速出警，以“送外卖”的名义上门，把被人胁迫的女子巧妙地解救了出来。

被解救的女子是河南封丘人，姓李，今年20岁。她在网上结识了新乡市的一个男友，被男友以介绍工作为名骗到了新乡，然后把她关在新乡某地的一间房子内，不让她出门。直到下午2

点多，她还没有吃午饭，就以叫外卖的名义给 110 打电话，张警官识破其中的玄机，警方迅速出动，使该女子及时得到解救。

女子想报警，但又不敢明讲，只说“叫外卖”，目的是让警方以“送外卖”的名义去解救她，那么张警官怎么猜到她的真实意图呢？

张警官很聪明，她通过下面两个逻辑推理，弄清了女子的真实意图：

其一，首先弄清女子是不是打错了电话。

对这个问题，张警官通过一个假言推理，做出了正确判断：

> 如果是女子打错了电话，那么听到我说“这里是 110”的提示后就会说“对不起”，然后挂掉电话
>
> 女子听到我说“这里是 110”的提示后仍不肯挂掉电话
>
> ---
>
> 所以，女子不是打错电话了

（这是充分条件假言推理的否定后件式，其推理规则是：否定后件必须否定前件。）

其二，断定女子是通过“叫外卖”求救。

张警官又想，打 110 叫外卖无非有两种可能：要么是打错电话了，要么是假借“叫外卖”的方式求救。对女子的真实意图，张警官通过下面一个选言推理，找到了正确答案：

> 女子打 110 叫外卖，要么是打错了电话，要么是假借

“叫外卖”求救

女子的行动已经证明她不是打错了电话

所以，女子是假借“叫外卖”的方式求救

通过上述两个推理，张警官才做出“不是叫外卖，而是报警”的正确判断。

那么我们再问一句：打电话的女子是如何进行推理的呢？

打电话的女子也很聪明，她脑子里也有两个逻辑推理：

其一，当着“男友”的面儿，不能公开报警。

如果我当着他的面儿公开报警，那么就会被“男友”坚决制止

如果被“男友”坚决制止，那么我就得不到解救

所以，如果我当着他的面儿公开报警，那么我就得不到解救

其二，打 110 叫外卖有可能得救。

如果我打 110 叫外卖，那么接警员可能听出弦外之音

如果接警员听出弦外之音，那么我就可能得救

所以，如果我打 110 叫外卖，那么我就有可能得救

女子正是靠这两个推理，找到摆脱困境的办法的。

事实证明：受困者通过逻辑推理，可以成功求救；施救者

通过逻辑推理，可以成功救人。

下面再看反面例子：

该女子的“男友”也是一个小青年，但不谙人情事理。他通过网上聊天认识了河南封丘的一个女子。他先以帮助找工作为名把该女子骗到新乡，然后又把女子关进一间房子，不准许她出门，这等于是剥夺他人的人身自由。他想通过欺骗和强制的手段，让该女子接受自己的“爱情”，却不知道自己的行为已经涉嫌违法犯罪。警方认为该男子限制他人人身自由已经违法，但因情节轻微，发现及时，没有造成严重后果，严厉地批评教育后还是把他释放了。

按照法律规定，非法剥夺他人人身自由，达到一定立案标准的，就构成非法拘禁罪。这个小青年还不是坏人，但他为什么会走到违法犯罪的边缘呢？

原因之一就是：他不懂逻辑推理。

如果他懂得下面的逻辑推理，就不会干出限制他人人身自由的傻事，请看推理：

> 如果非法限制他人人身自由，那么就可能构成非法拘禁罪
>
> 我非法限制女子的人身自由
>
> ———————————————
>
> 所以，我的行为可能构成非法拘禁罪

男子的行为已经违法，只是情节轻微，没有达到立案标准，才从轻处理。①

不学法，是法盲。不懂逻辑推理，进了监狱，都不知道自己是如何进去的。

事实上，逻辑推理对任何人都是不可或缺的。特别是对这个不谙人情事理的小青年来说，懂得逻辑推理，才会行有所止，不越雷池半步；不懂逻辑推理，就可能超越罪与非罪的界限，跌入犯罪的深渊。

---

① 构成非法拘禁罪需要有一定的构成要件，譬如：用暴力手段限制他人人身自由，发生殴打、侮辱等行为就可以构成非法拘禁罪。该男子没有使用暴力，也没有造成严重后果，所以从轻处理。

45

他们为什么能在大塌方前 10 分钟拦下 15 辆汽车？

判断准确　封路及时

《北京晚报》2018 年 8 月 12 日第 2 版报道（记者　张楠）：

8 月 11 日早上 8 点 30 分左右，房山区大安山乡军红路左侧发生了 30 000 多方的山体大塌方，这是房山区自 2002 年以来汛期发生的最大的山体塌方。由于地质灾害群测群防人员判断准确，封路及时，在大塌方前 10 分钟拦下 15 辆汽车、28 个行人，避免了一场群死群伤的重大灾难。①

① 事后第 7 天，房山区有关部门对安宏三和王悦堂等人予以通报表彰，并分别奖励安宏三和王悦堂 10 万元、5 万元。

头天夜里，大安山乡赵亩地村党支部书记王悦堂，在大队部防汛值班。第二天早上 8 点刚过，他就觉得有点异样。他听到离村不远的山上，传来砰砰砰砰和哗啦哗啦的山石滚落的声音，并且断续响了三次，预感到会有险情发生，就立即给大安山公路管理站打电话报告情况，并派本村的群测群防员安宏三到现场察看情况。

20 分钟后，58 岁的安宏三开车赶到了山石散落的地方，他看到路面上有大大小小的许多落石，预判山体有大塌方的危险，就与大安山矿保卫科的人员一起果断封路，拦住 15 辆汽车、28 个行人，一辆车一个人都不放行。10 分钟后，好似天崩地裂的大塌方顷刻发生，像公共汽车那么大的巨石，裹挟着大量的碎石泥土倾泻而下，如大江决口，奔腾呼啸，使在场人员无不胆战心惊。被拦截的汽车司机和行人，也无不庆幸群测群防员安宏三等人判断准确，行动果断。

那么，我们不禁要问：村支书王悦堂和群测群防员安宏三为什么能这么准确地判断出山体大塌方的险情呢？

主要原因有两个：一是他们经过专业培训，掌握了许多预测山体塌方的基本知识；二是他们在工作和生活实践中不断地提高了自己的逻辑推理能力，而逻辑推理能力是判断能力的基础。

房山区有一支由 342 人组成的地质灾害群测群防队伍。每年汛期前，区里都会对群测群防人员进行专门的培训和演练，使他们了解山体塌方的一般规律，掌握预测山体塌方的基本知识。掌握山体塌方的一般规律，结合当地山体变化的具体情况，按照正确方法进行逻辑推理，就可以对险情做出比较准确的判断。

先看村支书王悦堂是怎么推理的。

王悦堂在听到不断有山石滚落的声音时，就想：

如果不断听到山石滚落的声音，那么不远处一定有许多石块从山上落下

如果有许多石块从山上落下，那么不远处就会有险情发生

所以，如果不断听到山石滚落的声音，那么不远处就会有险情发生

（这是充分条件纯假言推理的肯定前件式，其推理规则是：肯定“头”就必须肯定“尾”。）

这个推测引起了他的高度重视，他立即打电话向公路管理站报告情况，并安排本村群测群防人员安宏三到现场察看情况。

我们再看群测群防员安宏三是如何推理的。

安宏三头脑里应该有两个逻辑推理：

其一，这里是危险地段。

安宏三赶到现场，看到路面上有大大小小许多落石，他立即断定这里是危险地段。他想：

如果山上不断有石块滚下，那么每个落石都可能是致命的

这里不断有山石滚落

所以，这里是危险地段

（这是充分条件假言推理的肯定前件式，其推理规则是：肯定前件必须肯定后件。）

其二，这里可能发生山体大塌方。

经过区里培训后，安宏三了解到：山体大塌方前，往往有许多石块先落下，这是山体慢慢松动和变形的结果。他想：

如果山上不断有石块滚下，那么可能是局部山体发生了松动和变形

如果局部山体发生松动和变形，那么可能是大塌方的前奏

所以，如果山上不断有石块滚下，那么可能是大塌方的前奏

（这是充分条件纯假言推理的肯定前件式，其推理规则是：肯定“头”就必须肯定“尾”。不过这个推理的两个前提都带有模态词“可能”，那么其结论也应该带有模态词“可能”，推理

的结论也应该是或然的。）

通过以上两个推理，安宏三对险情做出了正确判断，果断封路，不让一辆车和一个人通过。果然不出所料，10 分钟后天崩地裂，大塌方发生了。由于安宏三等人及时封路，才避免了一场群死群伤的人间大悲剧的发生。

这件事再次证明：逻辑推理是多么重要！如果村支书王悦堂和群测群防员安宏三不懂逻辑推理，那么就很难对险情做出正确判断，也无法采取有效的防范措施，灾难的发生将是不可避免的。

读了这条新闻，不禁令人心生感慨：

人间灾难何其多，半由无知所造成！

46

被劫持的女子当着劫匪的面儿是如何打报警电话的？

不说话的报警电话

在进入正题之前，先冒昧问读者一个问题：

当穷凶极恶的劫匪，用十分尖利的凶器顶着你脖子的危急时刻，你如何自救？你有办法向警方拨打报警电话吗？

江苏省苏州市吴江区的一个年轻女子就做到了这一点（请收听江西网络广播电视台—江西二套 2018 年 2 月 12 日《无声的报警电话》）。

陈芳是吴江区 110 报警服务台的一位接警员。2 月的一天，凌晨 2 点 25 分，她接到一个奇怪的报警电话。电话接通后，报警人一句话也不说。但报警电话的一端传来一个年轻女子的哭泣声，这个女子不住地哀求："你不要这样子嘛，不要这样子嘛。""你不要伤害我呀！"接警员陈芳立即招呼另一个同事共同监听电话中的声音：

一个男子厉声说："朝苏州方向开！"

女子哭着说："我朝苏州方向开，你千万不要伤害我。"说话时声音颤抖得很厉害。听声音，像是一个年轻姑娘。

陈芳和同事判断：哭泣的女子在开车，遭到了歹徒的劫持，随时都有生命危险。

吴江区公安局指挥中心立即通知各条街道夜间巡逻的民警，注意盘查过往的可疑车辆。但接警员此时只知道被劫持的车辆向苏州方向开，并不知道被劫持车辆的车牌、车型和具体位置，警方仍无法有效地向受害人提供帮助。

她们全神贯注地继续监听报警电话一端传过来的声音：

开车的女子一直在哭泣。她一边哭一边说："从吴江有两条路可以通到苏州：一条是永新高架，另一条是苏嘉杭高速。我们走哪一条道儿？"

男子命令说："走永新高架！"

女子说："从仲英大道走到头儿，就是永新高架的入口。"

男子同意了。

几个接警员立刻意识到，这是当事人有意地向警方透露自己的行车路线，心想："这姑娘太聪明了。"

公安局指挥中心的指挥员，根据女子提供的行车路线，立即调整了警力的部署，加强对重点地区各个路口的布控，严查通过的每一辆小车。

但情况瞬息万变。劫匪看到路上有警察巡逻，非常害怕，立即改变了主意，要求被劫持的车子向偏僻的地方开。

"你不是要去苏州吗？"被劫持的女子问。

"不去苏州了，向偏僻的地方开。"劫匪说。

"你别骗我了，夜里怎么能向偏僻的地方开？我害怕。"女子一边说，一边故意地放慢了车速。

"往偏僻的地方开！"劫匪吼道。

"到了吴越岭秀小区，再往前走就没有道儿了。"女子解释说。

"照我说的往前开！我身上有炸弹，不走就一块死！"

"好！我开，我开。"女子无奈地说。

附近的巡逻车发现苏州河路方向有一辆小车行驶缓慢，觉得可疑，正准备赶过去拦截盘查。就在这一刻，劫匪担心巡警盘查，情绪已经完全失控，大声吼道："快往这边走！走！！走！！！别让我动剪刀，快离开这儿！"

听着报警电话中的对话，几个接警员，心都提到嗓子眼儿了，大气儿都不敢喘一下，时刻担心被劫持的女子发生不测……而此时，报警电话突然中断了。

在场的人员，都感到无比失落、揪心和遗憾。

但是公安局指挥中心的指挥员听到“吴越岭秀小区”六个字，突然眼前一亮，说：“这女孩子太有心眼了。”他立即通知前方的巡逻车严密注意吴越岭秀小区及附近地区，并提醒各处的巡逻人员劫匪身上可能有炸弹。

几分钟后好消息传到指挥中心，被劫持的女子得救了。

正当劫匪情绪失控、举着尖利的剪刀，凶神恶煞般地逼着女子“往偏僻的地方开”的紧急关头，年轻女子猛地一打方向盘，故意撞在了路边的花坛上，并趁机打开车门，跳出了车子。而且在跳车之前，预先打开了所有车窗。正好赶到的巡警，一眼就看到了坐在后排车座上的劫匪，从后车窗伸进手去，一下子抓住了劫匪拿剪刀的手。另一个巡警，从另一侧打开后车门，把劫匪从车里拖了出来。经过搜身，劫匪身上并没有携带炸弹，虚张声势而已。

被劫持的陈小姐得救了。人们首先感谢吴江区警方及时正确的大力营救，没有警方的大力营救，陈小姐的命运将不堪设想。但同时，人们又十分佩服陈小姐在危机处置中表现出来的聪明和机智。陈小姐在凶器在颈、死活未卜的紧急关头，虽然十分惊恐，但仍然保持头脑清醒，并通过逻辑推理，对各种情况做出正确判断，配合警方采取正确行动，使一场惊心动魄的营救最终成功。在陈小姐的思维活动中，包含着一系列逻辑推理，主要的有下面五个：

其一，拨通110，让警方直接听到案发现场的声音。

凌晨2点多钟，陈小姐下班回家，刚打开车门，就被身后一个男子用胳膊勒住脖子塞进车内。男子坐在后排车座上，用尖利的剪刀顶着她的脖子，逼她向苏州方向开车。她非常害怕，但头脑清醒，利用夜色的掩护，用右手把持方向盘，悄悄抽出左手按下手机上的110。她是这么推理的：

只要拨通110，不说话警方也能听到案发现场的声音

只要警方听到案发现场的声音，就会想办法解救我

所以，只要拨通110，不说话警方也会想办法解救我

（这是充分条件纯假言推理的肯定前件式，其推理规则是：肯定“头”就要肯定“尾”。）

其二，通过与劫匪的对话，暗示自己的行车路线和具体位置。

陈小姐知道，如果不掌握被劫持车辆的行车路线和具体位置，警方就无法解救自己。那么，怎么让警方了解自己的行车路线和具体位置呢？

她想：

如果在与劫匪的对话中说出几个重要的地名，那么警

方就会知道车辆的行车路线和具体位置

我在与劫匪的对话中有意地说出“永新高架”“仲英大道”“吴越岭秀”三个地名

所以，警方会知道我的行车路线和具体位置

（这是充分条件假言推理的肯定前件式，其推理规则是：肯定前件必须肯定后件。）

其三，有意放慢车速，吸引巡逻人员的注意。

深夜行车，一般车速都比较快。如果车速反常，在大街上缓慢行驶，就必然会引起巡逻人员的注意。当劫匪要求她改变行车方向时，她提出了质疑，并且一边与劫匪争辩，一边故意放慢车速。她推测如果周围有巡逻车，就一定会注意到她。

她是这么想的：

如果我有意放慢车速，那么可能会引起巡逻人员的注意

如果车子引起了巡逻人员的注意，那么就可能被盘查

如果被盘查，那么我就可能得救

所以，如果我放慢车速，那么就有可能得救

（这是充分条件纯假言推理的肯定前件式，其推理规则是：肯定“头”就要肯定“尾”。前提带有模态词“可能”，结论是或然的。）

其四，故意撞花坛跳车，防止劫财、劫色等危险情况发生。

为了逃避巡逻人员的盘查，劫匪歇斯底里地逼迫陈小姐向偏僻的地方开车，还用另一只手抽打陈小姐，陈小姐意识到如果车子开到偏僻的地方，就可能发生劫财、劫色甚至丧命等危险状况，所以她果断地撞花坛跳车，她是这么推理的：

如果把车开到偏僻的地方，那么就可能发生劫财、劫色甚至丧命等危险状况

为了避免劫财、劫色、丧命等危险状况发生

所以，要撞花坛跳车（即不能开到偏僻的地方）

（这是充分条件假言推理的否定后件式，其推理规则是：否定后件必须否定前件。）

陈小姐太聪明了，可能发生的危险状况她事先都想到了，而且事前都采取了防范措施，使危险状况不至于发生。

其五，跳车前打开车窗，便于警察制服劫匪。

陈小姐估计巡逻车就在附近，很快就能赶到。为了便于巡警制服劫匪，她跳车前打开了所有车窗，她是这么推理的：

如果打开车窗，那么巡警就可以看清楚车内的状况

如果巡警看清楚车内的状况，就更便于制服劫匪

所以，她打开车窗，就更便于巡警制服劫匪

（这是充分条件纯假言推理的肯定前件式，其推理规则是：

肯定“头”就要肯定“尾”。）

以上五个逻辑推理，说起来复杂，写出来一大片，其实在实践中是瞬间完成的。因为人的思维非常敏捷，有些推理根本不需要多长时间。应该说，陈小姐是非常聪明的。她头脑中进行的这五个逻辑推理，不是人人都能想得出的；她应对危机采取的五个举措，也不是人人都能做得到的。只就危机处理这一个角度讲，陈小姐可以说是绝顶聪明。

为什么陈小姐这么聪明？因为她善于逻辑推理。

有些人为什么做不到这一点？因为有的人不善于逻辑推理。

附录：逻辑知识简介

本书各章节都有许多逻辑分析，这些逻辑分析涉及许多基本的逻辑知识。为了便于一些初学者阅读，在此对这些基本的逻辑知识，做一些简单的介绍。

一、判断和推理

（一）判断

1. 定义

判断是对事物情况有所断定的思维形式。断定是指有所肯定，或者有所否定。

“铜是电的良导体。”这句话就是一个判断，因为它肯定了“铜”具有“良导体”的属性。

“瓷瓶不是导电体。”这句话也是判断，因为它否定了“瓷瓶”具有“导电体”的属性。

2. 特点

判断有两个逻辑特征：

判断的第一个逻辑特征，是对事物情况有所断定。既不肯定，又不否定，就不是判断。

如："金刚石是金属吗?"这句话无所断定，是发问，不是判断。

判断的第二个逻辑特征，是有真假之分。

一个对事物情况的判断，如果符合客观实际情况，就是真判断。如果不符合客观实际情况，就是假判断。任何一个判断，都有真有假。

如："东京是日本的首都。"这个判断与客观事实相符，是真判断。"神户是日本的首都。"这与客观事实不相符，是假判断。

（二）推理

1. 定义

推理是根据已知为真的判断，推出未知的新判断的思维过程。

你不知道物体A是否导电，但你知道下列两个判断是真的："所有金属都是导电体。""A是金属。"根据这两个已知的判断，可以推出一个新的判断："A也是导电体。"请看下面的直言推理：

所有金属都是导电体

A是金属

———————————

所以，A是导电体

以上这个思维过程，就是推理过程。简言之，从已知推出未知的思维过程，就是推理。

2. 结构

推理是由判断构成的，它包括两部分：前提和结论（横线以上是前提，横线以下是结论）。

前提是已知为真的判断，是推理的根据和理由，它是推理过程的出发点。

结论是根据前提引出的新判断，它在推理之前是未知的，在推理之后成为已知的，它是推理的目的和结果。

3. 逻辑要求

正确的推理，必须符合两点逻辑要求：一是所有前提真实；二是推理形式正确。符合这两点，推出的结论就正确；不符合这两点，推出的结论就不正确。

4. 分类

（1）根据推理方向的不同，可以分为演绎推理、归纳推理、类比推理。

演绎推理是由一般性前提，推出个别性结论的推理。

归纳推理是由个别性前提，推出一般性结论的推理。

类比推理是由个别性前提，推出个别性结论的推理。

(2) 根据结论的可靠性程度不同，可以分为必然性推理、或然性推理。

必然性推理的结论是确实可靠的，演绎推理、科学归纳推理、完全归纳推理都是必然性推理。

或然性推理的结论只有一定程度的可靠性，不是完全确实可靠的，可能是真的，但也不排除是假的可能性。简单枚举归纳推理、类比推理都是或然性推理。

二、直言判断和直言推理

（一）直言判断

1. 定义

直言判断，也叫性质判断。

性质判断，是断定事物是否具有某种性质的判断。这种判断不依赖其他条件，直接对事物的情况做出断定，所以又叫直言判断。如：

所有事物都是发展变化的。

有些物体（在常温下）不是固体。

前一个判断，断定所有事物都具有“发展变化”这种属性。

后一个判断，断定有些物体在常温下不具有“固体”的属性。这两个判断都是性质判断。

简言之，性质判断就是对事物的性质做出某种断定。

2. 结构

性质判断由四部分组成：主项、谓项、联项、量项。

主项，是反映断定对象的概念。如上两例中的“事物”和“物体”就是主项。

谓项，是反映断定对象的属性的概念。如上两例中的“发展变化”和“固体”，就是谓项。

联项，是联结主项和谓项，表述肯定和否定的概念。如上两例中的“是”和“不是”，就是联项。

量项，是反映主项的数量和范围的概念。如上两例中的“所有”和“有些”，就是量项。

“有些”“有的”等叫特称量项，在判断中表示对主项的部分外延有所断定。“所有”“一切”“任何”等叫全称量项，在判断中表示对主项的全部外延有所断定。

全称量项，有时可以省略。特称量项不能省略。

3. 分类

(1) 按照联项的不同，可以把直言判断分成两类：肯定判断和否定判断。如：

鸡是两足动物。

鸡不是四足动物。

前一个判断是肯定判断，其中“是”是联项。

后一个判断是否定判断。其中“不是”是联项。

（2）按照量项的不同，也可以把直言判断分成两类：全称判断和特称判断。如：

所有鸡都是两足动物。

有些鸡是白色的。

前一个判断是全称判断，量项是“所有”。“所有”这个量项，表示主项的断定范围是全部。也就是说，这个判断断定，“鸡”的全部外延都具有谓项的属性（是两足动物）。

后一个判断是特称判断，量项是“有些”。“有些”这个量项，表示主项的断定范围是一部分。也就是说，这个判断断定，只有一部分“鸡”具有谓项的属性（是白色的）。

根据上面两个标准，可以把所有直言判断分成四类：全称肯定判断、全称否定判断、特称肯定判断、特称否定判断。

（二）直言推理

1. 定义

直言推理，是直言三段论推理的简称。

直言三段论推理，是借助于一个共同概念，把两个直言判断联结起来，从而推出结论的推理。如：

所有金属都是导电体

铜是金属

所以，铜是导电体

“所有金属都是导电体”和“铜是金属”这两个判断，通过它们共有的概念——金属——联结起来，使两个判断包含的三个不同概念发生某种必然的联系，并依此推导出新的判断，这就是一个直言三段论推理。

2. 结构

从概念方面讲，直言三段论的前提和结论包含三个不同概念（各重复两次）：大项、小项、中项。

结论的主项叫小项。结论的谓项叫大项。在前提中出现两次、在结论中不出现的概念叫中项。在上例中，“铜”是小项，“导电体”是大项，“金属”是中项。

从判断方面讲，直言三段论由三个直言判断构成。在上例中，横线以上的两个直言判断是前提，横线以下的直言判断是结论。前提与结论都是直言判断。

包含大项的前提，叫大前提。在上例中，“所有金属都是导电体”是大前提。

包含小项的前提，叫小前提。在上例中，“铜是金属”是小前提。

请看：

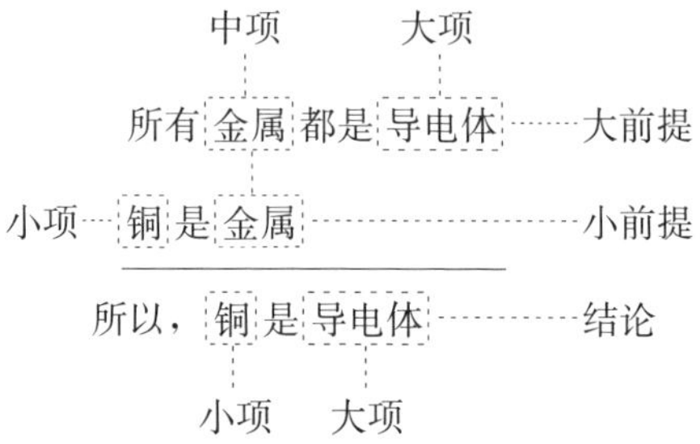

初学者看到一个直言三段论推理，首先要从结论中找到小项（结论的主项是小项）和大项（结论的谓项是大项），然后根据小项找到小前提，根据大项找到大前提。

3. 特点

直言三段论是演绎推理，它是从一般性前提推导出个别性结论的推理。大前提表示一般性原理，小前提表示个别事物的具体情况，结论是根据一般性规律推导出来的。推理过程是从一般到个别。

（也可以这样理解演绎推理：演绎推理，通常是用人们概括出的一般性规律作为推理的大前提，而小前提指出某一个别事物是否适用于这一般性规律，然后依据这两点并按照推理规则推导出对某个具体事物的结论。）

直言三段论又是必然性推理，它的前提包含结论，前提真，推理正确，结论必真。

4. 格

初学者看到一个直言三段论推理，还要善于找到它的中项，然后根据中项的位置，再确定它是第几格。

什么是直言三段论的格？

简单说，就是根据中项在大、小前提中的不同位置，把直言三段论推理分成四种不同的形式（格式），这四种不同的形式（格式）就叫四种不同的格。下面介绍常用的前三格。

第一格

（1）特点

第一格的特点是：中项是大前提的主项、小前提的谓项。

通俗地说，中项在大前提的前面，小前提的后面。[①] 简言之：中项一个在前，一个在后。

请看：

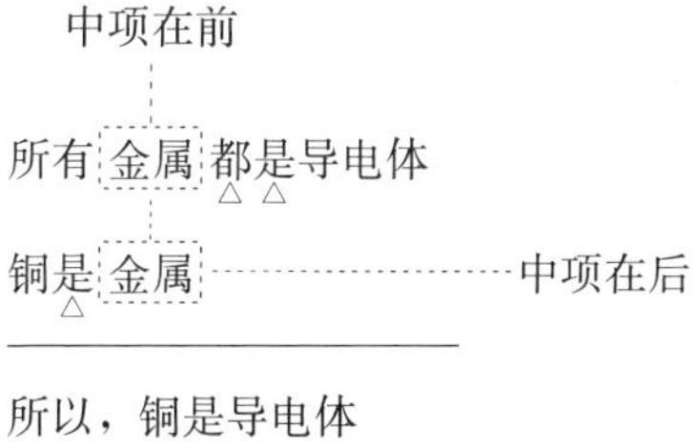

① 前面与后面以联项划分。

上面的推理，中项一个在前（在联项之前），一个在后（在联项之后），是直言三段论推理的第一格。

（2）规则

第一格的推理规则有两条：

第一，大前提必须是全称判断；第二，小前提必须是肯定判断。简称为：大全称，小肯定。

第一格推理，只要前提真实，又符合这两条推理规则，推出的结论就是正确的。否则结论不可靠。

（3）功用

第一格也叫证明格。它的功能是，通过第一格推理，证明某个判断的真实性。如果你不知道汞会导电，但你知道汞是金属，你就可以通过第一格来证明汞是可以导电的。请看下面的推理：

所有金属都是导电体

汞是金属

所以，汞是导电体

第二格

（1）特点

第二格的特点是：中项是大前提的谓项，也是小前提的谓项。

通俗地说，中项在大前提的后面，也在小前提的后面。简言之：中项都在后。

请看：

羊是四足动物——中项在后

A 不是四足动物——中项在后

所以，A 不是羊

其中，A 代表一种动物。

上面的推理就是直言三段论推理的第二格。

（2）规则

第二格的推理规则有两条：

第一，大前提必须是全称判断；第二，两个前提中必须有一个是否定判断。简称为：大全称，有一否。

第二格推理，只要前提真实，又符合这两条推理规则，推出的结论就是正确的。否则结论不可靠。

（3）功用

第二格也叫区别格。它的功能是，把两个表面相似而实质不同的事物区别开来。鲸鱼，名字叫鱼，实际上不是鱼类。用第二格推理，可以把它们区别开来：

鱼类是用鳃呼吸的

鲸鱼不是用鳃呼吸的

所以，鲸鱼不是鱼类

其中，“用鳃呼吸的”是中项，中项都在后，是第二格。它的大前提是全称判断，小前提是否定判断，符合第二格“大全称，有一否”的推理规则，两个前提又都是真实的，所以推出的结论是非常可靠的。

第三格

（1）特点

第三格的特点是：中项是大前提的主项，也是小前提的主项。

通俗地说，中项在大前提的前面，也在小前提的前面。简言之：中项都在前。

请看：

中项在前……鲁迅是大文学家

中项在前……鲁迅是绍兴人

———————————

所以，有些绍兴人是大文学家

这个推理，中项是大、小前提的主项，即中项都在前，是第三格。

（2）规则

第三格的推理规则有两条：

第一，小前提必须是肯定判断；第二，结论必须是特称判断。简称为：小肯定，推特称。

第三格推理，只要前提真实，又符合这两条规则，推出的结论就是正确的。否则结论不可靠。

（3）功用

第三格也叫反驳格。它的功能是，举出特殊事例反驳一个全称判断。有人说，“所有人都是自私的”。“所有人都是自私的”是一个全称判断。你可以举出一个特殊事例，通过第三格推理，来反驳这个全称判断。请看下面的第三格推理：

焦裕禄是不自私的
焦裕禄是人

所以，有些人是不自私的

其中，“焦裕禄”是中项，中项都在前，是第三格。它的小前提是肯定判断，结论是特称判断，符合第三格“小肯定，推特称”的推理规则，两个前提又都是真实的，所以推出的结论是真实可靠的。

把上面的内容归纳一下：

中项一前一后，是第一格。

中项都在后，是第二格。

中项都在前，是第三格。①

把上面三格的推理规则也归纳一下，用一个“井”字来表示：

① 第四格的特点是：中项一后一前，与第一格容易相混淆。因为不常用，略去。

	第二格	第三格
第一格	大全称	小肯定
	有一否	推特称

第一格的规则横着念，第二格、第三格的规则竖着念。

三、假言判断和假言推理、纯假言推理

（一）假言判断

1. 定义

假言判断是断定一事物情况是另一事物情况存在的条件的判断，也叫条件判断。它反映客观事物之间存在条件与结果的关系。如：

只有能被 2 整除的数，才能被 4 整除。

这个假言判断，它断定“被 2 整除”是“被 4 整除”的条件。不具备这个条件，就不能被 4 整除。它断定了前者与后者之间是条件与结果的关系。

2. 结构

假言判断由三部分组成：前件、后件、联结项。

前件是表示条件的肢判断，如上例中的“能被 2 整除的数”。

后件是表示结果的肢判断，如上例中的“被 4 整除”。

联结项是把前件和后件联结起来并表示前件与后件有一定关系的概念，如上例中的“只有……才……”。

充分条件常用的联结项是：“如果……就……”“只要……就……”。

必要条件常用的联结项是：“只有……才……”“必须……才……”。

3. 分类

假言判断分为三种：充分条件假言判断、必要条件假言判断、充分必要条件假言判断。

(1) 充分条件假言判断

在一个假言判断中，如果前件是后件的充分条件，那么这个假言判断就是充分条件假言判断。

什么是充分条件?

充分条件就是产生某一结果的充足的、足够的条件，只要有这一个条件结果就一定会发生。如：

如果物体摩擦，那么就会生热。

不管什么物体，只要摩擦就会生热。要得到生热这个结果，只要有摩擦这一个条件就足够了。摩擦就是生热的充分条件。

充分条件有个重要的逻辑特性必须记住，这就是：有此条件必有此结果，无此条件不一定无此结果。也就是说，有这个条件就一定有这个结果，但没有这个条件倒不一定没有这个结果。拿摩擦生热来说，有摩擦一定会生热，但没有摩擦倒不一定不生热。因为没有摩擦，还可以通过其他条件生热，如太阳曝晒、燃烧、爆炸、化学变化等条件也会生热。所以，摩擦这个条件，对生热来说，是充分的条件，但不是不可缺少的条件。

（2）必要条件假言判断

在一个假言判断中，如果前件是后件的必要条件，那么这个假言判断就是必要条件假言判断。

什么是必要条件？

必要条件就是产生某一结果不可缺少的条件，只要缺少了这个条件结果就不会发生。如：

只有合理施肥，农作物才会丰收。

没有合理施肥这个条件，农作物就不会丰收。合理施肥这个条件，对农作物丰收来说，是不可缺少的。这种不可缺少的条件，就是必要条件。

必要条件也有一个重要的逻辑特性必须记住，这就是：无此条件必无此结果，但有此条件倒不一定有此结果。拿合理施肥来说，没有这个条件肯定就没有丰收这个结果，但仅有这一个条件，倒不一定会有丰收这个结果。因为农作物丰收还需要其他很多条件，如品种优良、水分适度、阳光充足、合理密植、科学管理等。所以，合理施肥，是农作物丰收的必要条件（不可缺少的），但不是农作物丰收的充分条件。不是仅有这一个条件，农作物就可以丰收。

（3）充分必要条件假言判断

在一个假言判断中，如果前件是后件的充分必要条件，那么这个假言判断就是充分必要条件假言判断，简称充要条件假言判断。

什么是充分必要条件？

充分必要条件，既是产生某一结果充足的、足够的条件，又是产生某一结果不可缺少的条件。也就是说，有这个条件就一定有这个结果；没有这个条件就一定没有这个结果。如：

只要而且只有有作用力，才有反作用力。

作用力就是引起反作用力的充分必要条件。有作用力，就一定有反作用力；没有作用力，就一定没有反作用力。作用力，就是引起反作用力的充分必要条件。

充分必要条件也有个重要的逻辑特性必须记住，这就是：有此条件必有此结果，无此条件必无此结果。

看了上面的论述，你可能对什么是充分条件、什么是必要条件、什么是充分必要条件有了大体的了解，但心里还会有一些不太明白的地方。只有弄清下面三种因果关系，才能真正了解三者的区别，这三种因果关系是：合因一果、单因一果、一因一果。

（1）合因一果

假言判断，也叫条件判断。假言判断，在很多情况下，反映事物之间的因果关系。因果关系有多种：有多因一果，也有一因一果。在多因一果中，还有两种情况：一种是合因一果，另一种是单因一果。

什么是合因一果？

就是许多种原因共同起作用，才能产生某种结果，这叫“合因一果”。譬如品种优良、水分适度、阳光充足、合理施肥、合理密植、科学管理等多种因素共同起作用，才能取得农作物丰收这个结果。其中任何一种因素都是不可缺少的，但只具备其中一种因素，又不一定能引起这个结果。这些因素，作为事物存在的条件来说，就是必要条件。

（2）单因一果

许多原因当中的任何一个原因单独起作用就能产生某种结果，这叫“单因一果”。譬如在太阳曝晒、燃烧、爆炸、化学变化、摩擦等许多原因中，每一种原因单独存在都能引起生热的结果。这些原因就是生热的充分的、足够的条件，但又不是不可缺少的条件。因为没有其中任何一个条件（如摩擦），还可以通过其他条件产生同样的结果。这种因素作为事物存在的条件，就是充分条件。

（3）一因一果

某种条件是产生某种结果的唯一原因，这叫“一因一果”。只有这一种原因才能产生这种结果，其他任何原因都不能产生这种结果。有此条件必有此结果，无此条件必无此结果。这种条件，就是产生某种结果的充分必要条件。

大体说来，比较规范的条件有三种：一种条件是充分的，但不是必要的；另一种条件是必要的，但不是充分的；第三种条件，既是充分的，又是必要的。

总之，只有弄清各种因果关系，才能真正弄懂各种假言判断；而真正弄懂各种假言判断，才能更好地运用各种假言推理。

（二）假言推理

1. 定义

假言推理，是前提中至少有一个是假言判断，并且是根据假言判断前件、后件之间的逻辑关系推出结论的推理。如：

如果物体摩擦，那么就会生热
这个汽车轮毂摩擦了
————————————
所以，这个汽车轮毂生热了

这个推理的第一个前提是假言判断，第二个前提和结论都是直言判断，其结论是根据前件、后件之间的逻辑关系推演出来的。这就是假言推理。

2. 结构

这里说的假言推理，其结构包括三个部分：

大前提，是由假言判断构成的前提；

小前提，是由直言判断构成的前提；

结论，也是直言判断。

像直言三段论推理一样，假言推理的大前提反映一般规律和一般情况，小前提反映特殊情况，结论反映根据一般规律推出来的关于某个事物的具体情况。

在假言推理中，大前提和小前提的关系是十分密切的。小前提或者对大前提的前件有所断定，或者对大前提的后件有所断定。假言推理就是根据这种断定以及假言判断的逻辑性质，推导出结论的。

假言推理也是从一般到个别的演绎推理。它也是前提蕴含结论的必然性推理。

3. 规则

不同的假言推理，有不同的推理规则。

（1）充分条件假言推理的推理规则

充分条件假言推理的大前提，是充分条件的假言判断。

充分条件假言推理的推理规则，是由充分条件假言判断的逻辑特性派生出来的。充分条件假言判断有一个重要的逻辑特性，就是有此条件必有此结果。根据这个特性，可以派生出两条推理规则：一条是肯定前件就必须肯定后件，另一条是否定后件就要否定前件。

请看下面两个推理：

如果他是数学家，那么他在数学领域中就有独特建树
陈景润是数学家

所以，陈景润在数学领域中有独特建树

在这个推理中，小前提肯定了大前提的前件，结论就肯定了大前提的后件。这种推理形式，叫肯定前件式。肯定前件式的推理规则可以简化为：有前有后。

如果他是数学家，那么他在数学领域中就有独特建树
A在数学领域中没有独特建树

所以，A不是数学家

在这个推理中，小前提否定了大前提的后件，结论否定了大前提的前件。这种推理形式，叫否定后件式。否定后件式的推理规则可以简化为：无后无前。

下面用一个图表把充分条件假言推理的规则表示出来：

	推理形式	推理规则
充分条件假言推理	肯定前件式	有前有后
	否定后件式	无后无前

第二竖行表示推理形式。第三竖行表示推理规则。

“有前有后”，表示有前件就有后件，即：肯定前件就要肯定后件。

“无后无前”，表示没有后件就没有前件，即：否定后件就要否定前件。

（2）必要条件假言推理的推理规则

必要条件假言推理的大前提，是必要条件的假言判断。

必要条件假言推理的推理规则，是由必要条件假言判断的逻辑特性派生出来的。必要条件假言判断有一个重要的逻辑特性，就是无此条件必无此结果。根据这个逻辑特性，可以派生出两条推理规则：一条是否定前件就必须否定后件，另一条是肯定后件就要肯定前件。

请看下面两个推理：

只有年满 18 周岁，才有选举权

他没有年满 18 周岁

所以，他没有选举权

在这个推理中，小前提否定了大前提的前件，结论就否定了大前提的后件。这种推理形式，叫否定前件式。否定前件式的推理规则可以简化为：无前无后。

只有年满 18 周岁，才有选举权

他有选举权

所以，他年满 18 周岁了

在这个推理中，小前提肯定了大前提的后件，结论就肯定了大前提的前件。这种推理形式，叫肯定后件式。肯定后件式的推理规则可以简化为：有后有前。

下面用一个图表把必要条件假言推理的规则表示出来：

	推理形式	推理规则
必要条件假言推理	否定前件式	无前无后
	肯定后件式	有后有前

第二竖行表示推理形式。第三竖行表示推理规则。

“无前无后”，表示没有前件就没有后件，即：否定前件就要否定后件。

“有后有前”，表示有后件就有前件，即：肯定后件就要肯定前件。

（3）充分必要条件假言推理的推理规则

充分必要条件假言推理的大前提，是充分必要条件的假言判断。

充分必要条件假言推理的推理规则，是由充分必要条件假言判断的逻辑特性派生出来的。充分必要条件假言判断有一个重要的逻辑特性：有此条件必有此结果；无此条件必无此结果。根据这个特性，可以派生出四条推理规则：第一条是，肯定前件必须肯定后件；第二条是，否定前件就必须否定后件；第三条是，肯定后件就要肯定前件；第四条是，否定后件就要否定前件。

下面用一个图表把充分必要条件假言推理的规则表示出来：

	推理形式	推理规则
充分必要条件假言推理	肯定前件式	有前有后
	否定前件式	无前无后
	肯定后件式	有后有前
	否定后件式	无后无前

综上所述，要记住各种假言推理的规则，首先要记住各种假言判断的逻辑特性。记住了各种假言判断的逻辑特性，就能记住各种假言推理的推理形式。记住了推理形式，就自然记住了各种推理规则。

（三）纯假言推理

1. 定义

纯假言推理是前提和结论都是假言判断的假言推理。如：

如果木块儿不停地摩擦，它就会不停地生热

如果它不停地生热，它就会燃烧

所以，如果木块儿不停地摩擦，它就会燃烧

假言推理是必然性推理，为什么纯假言推理也能像一般的假言推理那样，能推出必然性的结论呢？

原因之一，就是纯假言推理的前提与前提之间有必然联系。它们的联结方式是，上一个前提的后件，做下一个前提的前件。这样在相邻的两个假言判断中，就有一个共同的构件（如上例中的“它就会不停地生热”），并以这个共同的构件为中介，把所有前提联结成一个整体，按照一定的规则，经过推演就能得出必然性的结论来。

2. 分类

纯假言推理分为两种：充分条件纯假言推理、必要条件纯假言推理。

（1）充分条件纯假言推理

充分条件纯假言推理，它的所有前提都是充分条件的假言判断。它的推理形式有两种：

1）肯定前件式（有头有尾）

肯定前件式的推理方法是：结论的前件肯定第一个前提的前件（头），结论的后件肯定最后一个前提的后件（尾）。简单说就是：肯定“头”就要肯定“尾”。如：

如果改革成功，就能促进生产力发展

如果促进生产力发展，就能多创造社会财富

如果多创造社会财富，就能更快提高人民的生活

所以，如果改革成功，就能更快提高人民的生活

在上例中，结论的前件就是第一个前提的前件，结论的后件就是最后一个前提的后件。在以后的文字中，我们就把第一个前提的前件统称为“头”，把最后一个前提的后件统称为“尾”。

2）否定后件式（无尾无头）

否定后件式的推理方法是：结论的前件否定“尾”（最后一个前提的后件），结论的后件否定“头”（第一个前提的前件）。即：否定“尾”，就要否定“头”。如：

如果执政党腐败，就会失去民心

如果失去民心，就会失去政权

所以，如果不想失去政权，执政党就不能腐败

充分条件纯假言推理的推理规则，是由充分条件假言推理的推理规则推演出来的。记住了后者，就记住了前者。

（2）必要条件纯假言推理

必要条件纯假言推理，它的所有前提都是必要条件的假言判断。它的推理形式有三种：

1）否定前件式（无头无尾）

否定前件式的推理方法是：结论的前件否定第一个前提的前件（头），结论的后件否定最后一个前提的后件（尾）。简单说就是：否定“头”就要否定“尾”。如：

只有搞好质量管理，才能保证产品质量

只有保证产品质量，才能增加产品销售

只有增加产品销售，才能提高经济效益

所以，不搞好质量管理，就不能提高经济效益

2）肯定后件式（有尾有头）

肯定后件式的推理方法是：结论的前件肯定最后一个前提的后件（尾），结论的后件肯定第一个前提的前件（头）。简单说就是：肯定“尾”就要肯定“头”。如：

只有从实际出发，才能避免主观主义

只有避免主观主义，工作才能取得成功

所以，工作要取得成功，就要从实际出发

3）传递式（留头留尾①）

传递式最简单。留下第一个前提的前件（头）和最后一个前提的后件（尾），把其他部分都去掉即可。如下例：

只有搞好质量管理，才能保证产品质量

只有保证产品质量，才能增加产品销售

只有增加产品销售，才能提高经济效益

所以，只有搞好质量管理，才能提高经济效益

现在把两种纯假言推理的推理规则归纳如下：

	推理形式	推理规则
充分条件纯假言推理	肯定前件式	有头有尾
	否定后件式	无尾无头

① 把头尾之间的部分叫中介部分，这种推理方法就是去掉中介部分，直接留下头尾做结论。

	推理形式	推理规则
必要条件纯假言推理	否定前件式	无头无尾
	肯定后件式	有尾有头
	传递式	留头留尾

从以上的论述可以看出：在推理方法上，纯假言推理参照假言推理的方法，不过在具体推理规则上做了一些变通。

四、选言判断和选言推理

（一）选言判断

1. 定义

选言判断是断定可以在几种可能的情况中做出某种选择的判断。

一个三角形或是锐角三角形，或是直角三角形，或是钝角三角形。

一个三角形究竟属于哪一类？这个判断断定了可以在上述三种情况中做出选择。三个选言肢，指出了可供选择的范围。

简单说，提出几种可能情况供人们选择的判断就叫选言判断。

2. 结构

选言判断由选言肢和选言联结项两部分组成。

选言肢是表示事物可能情况的判断。上例中，“是锐角三角形”“是直角三角形”“是钝角三角形”都是选言肢。

选言联结项，是把若干选言肢联结起来，并表示它们之间具有选择关系的概念。上例中的“或者……或者……”就是选言联结项。

3. 分类

根据选言肢能否同真，可以把选言判断分为下列两类：

（1）不相容的选言判断

选言肢不能同真的选言判断叫不相容的选言判断。如：

> 汉朝的第一个皇帝或是汉高祖刘邦，或是汉文帝刘恒，或是汉光武帝刘秀。

在上面三个选言肢中，只要有任何一个选言肢为真，其他所有选言肢都不能为真，所以它是不相容的选言判断。

（2）相容的选言判断

选言肢可以同真的选言判断叫相容的选言判断。如：

> 他或是诗人，或是小说家，或是剧作家。

这个选言判断，可以有一个选言肢为真，也可以有两个或三个选言肢同时为真。即：他可以仅仅是诗人，也可以既是诗人又是小说家，还可以三者都是。选言肢可以同真，所以叫相容的选言判断。

（二）选言推理

1. 定义

选言推理，是大前提为选言判断，并且是根据选言肢之间的关系的性质进行推演的推理。

2. 结构

选言推理由大前提、小前提、结论三部分组成。

大前提是选言判断，它提供可供选择的范围。

小前提是直言判断或联言判断，它对选言判断的某些选言肢做出断定（肯定或否定）。

结论或是直言判断，或是联言判断，或是选言判断。结论表示对另一部分选言肢的断定。

3. 规则

选言推理有两种：不相容的选言推理和相容的选言推理。

（1）不相容的选言推理

大前提是不相容的选言判断，并且根据选言肢的不相容性进行推演的选言推理，叫不相容的选言推理。它有两种基本的推理形式：

1）肯定否定式

小前提肯定大前提的一个选言肢，结论否定大前提的其他选言肢，可简述为：肯定一个，否定其他。如：

郭沫若或是湖南人，或是云南人，或是四川人

郭沫若是四川人

所以，郭沫若不是湖南人和云南人

结论是联言判断。

2）否定肯定式

否定肯定式也叫逐个排除法，或逐个淘汰法。小前提逐个排除（否定）大前提的某些选言肢，把剩下没有排除的选言肢作为结论。剩下一个选言肢未被排除的，把剩下的这个选言肢作为结论，结论是直言肯定判断。剩下两个选言肢未被排除的，把剩下的两个选言肢作为结论，结论是二肢选言判断。剩下三个选言肢未被排除的，把剩下的三个选言肢作为结论，结论是三肢选言判断。依此类推。如：

郭沫若或是湖南人，或是云南人，或是四川人（大前提必须真）

郭沫若不是湖南人，不是云南人

所以，郭沫若是四川人

上述结论是直言肯定判断。

郭沫若或是湖南人，或是云南人，或是四川人（大前提必须真）

郭沫若不是湖南人

所以，郭沫若或是云南人或是四川人

上述结论是二肢选言判断。

（2）相容的选言推理

相容的选言推理，它的大前提是相容的选言判断。因为相容的选言判断，可以有多个选言肢为真，所以相容的选言推理，不能使用肯定否定法（即肯定一个，排除其他）进行推理。它的正确推理形式只能有一种：否定肯定式。

否定肯定式也和上面一样，使用逐个排除法。即用小前提逐个排除大前提的某些选言肢。剩一个未被排除的，把这个未被排除的选言肢作为结论，结论是直言肯定判断。剩两个未被排除的，把这两个未被排除的选言肢作为结论，结论是二肢选言判断。剩三个选言肢未被排除的，把这三个未被排除的选言肢作为结论，结论是三肢选言判断。如：

郭沫若或是画家，或是音乐家，或是法学家，或是诗人（大前提为真）

郭沫若不是画家，不是音乐家，不是法学家

所以，郭沫若是诗人

郭沫若或是画家，或是音乐家，或是法学家，或是诗人（大前提为真）

郭沫若不是音乐家，不是法学家

所以，郭沫若或是诗人或是画家

五、二难推理

由假言判断和选言判断共同做前提的推理，叫假言选言推理。本节介绍假言选言推理当中的一种——二难推理。

（一）二难推理的定义与结构

1. 定义

二难推理是由两个假言判断和一个二肢选言判断构成的推理。

汉语中，有“骑虎难下”的成语，根据这个成语的含义，就可以构成一个二难推理：

如果骑着老虎则被虎咬，如果下来则也被虎咬

或骑着老虎或下来

所以，总是被虎咬

这个推理的大前提是两个假言判断，小前提是一个二肢选言判断，它就是二难推理。

为什么叫它二难推理呢？

因为由两个假言判断提出两种情况和两种结果，而且由两种情况导致的两种结果，不管你选择哪一种，往往都是人们难以接受的，所以叫二难推理。在上例中，骑着老虎导致的结果是被虎咬，下来导致的结果也是被虎咬，两种选择，都很困难。这种使人处于两难境地的推理形式，被人形象地称为二难推理。

（但也有很多情况不是二难选择。）

2. 结构

二难推理的大前提由两个假言判断构成。

小前提由一个二肢选言判断构成。

结论是直言判断或选言判断。

（二）二难推理的推理形式

二难推理有四种推理形式，下面只介绍最常用的两种：

1. 简单构成式

根据“左右为难”这个成语的含义，就可以形成一个简单构成式的二难推理：

如果往左，则难；如果往右，则难

或往左或往右

所以，总是难

在这个推理中，两个假言判断的前件不同（一个“往左”，一个“往右”），而后件相同（都是“难”）。推理方法是，选言判断的两个选言肢肯定两个假言判断的前件，而结论肯定假言判断的后件。结论是直言判断。

根据“进退维谷”的含义，也可以形成一个简单构成式的二难推理：

如果往前进，是山谷；如果往后退，也是山谷

或前进或后退

所以，总是遇到山谷

在日常生活中，为了表示信心坚定，常常使用二难推理的简单构成式。如：

如果你同意，我得走；如果你不同意，我也得走

你或同意或不同意

所以，我总是要走

如果明天不下雨，这个会要开

如果明天下雨，这个会也要开

明天或下雨或不下雨

所以，明天这个会总是要开

2. 复杂构成式

过去督促有问题的人交代问题时，常说“坦白从宽，抗拒从严”这句话。根据这句话的含义，也可以形成二难推理的复杂构成式。即：

如果坦白，那么从宽；如果抗拒，那么从严

或坦白或抗拒

所以，或从宽或从严

在这个推理中，两个假言判断的前件不同，而后件也不同。推

理方法是，选言判断的两个选言肢肯定两个假言判断的前件，而结论肯定两个假言判断的后件。结论是选言判断。

二难推理的复杂构成式，在日常生活中也经常使用。如常说“前怕狼后怕虎”这句话，这句话也是一个二难推理的复杂构成式：

如果往前，则怕有狼；如果往后，则怕有虎

或往前或往后

所以，或怕有狼或怕有虎

还有人们常说“和则两利，斗则两伤”这句话，如果展开说，也是一个二难推理的复杂构成式：

如果和，则两利；如果斗，则两伤

或者和或者斗

所以，或两利或两伤

再如土匪绑票时，就使用二难推理的复杂构成式威胁被绑架者的家属：

如果三天内交 100 万元，那么放回人质

如果三天内不交 100 万元，那么就杀掉人质

或交钱或不交钱

所以，或放回人质或杀掉人质

简单构成式和复杂构成式有两点不同：一是在简单构成式中，两个假言判断的前件不同而后件相同；在复杂构成式中，两个假言判断的前件与后件都不相同。二是简单构成式的结论是直言判断，而复杂构成式的结论是选言判断。

六、归纳推理

（一）什么是归纳推理

1. 定义

归纳推理是以个别性知识为前提，推出一般性知识为结论的推理。如：

水星是沿椭圆轨道公转的

金星是沿椭圆轨道公转的

地球是沿椭圆轨道公转的

火星是沿椭圆轨道公转的

木星是沿椭圆轨道公转的

土星是沿椭圆轨道公转的

天王星是沿椭圆轨道公转的

海王星是沿椭圆轨道公转的

太阳系只有这八大行星

所以，太阳系的八大行星都是沿椭圆轨道公转的

上述推理的八个前提都是关于个别星球的知识，而推导出的结论却是关于八大行星的共同性的、一般性的知识，这种从个别到一般的推理就叫归纳推理。

2. 特点

（1）推理方向不同

演绎推理是从一般到个别，归纳推理是从个别到一般。

前面讲的直言推理、假言推理、选言推理等都是演绎推理。演绎推理都是用一般性知识为前提，推出个别性知识为结论的推理。而归纳推理正好相反，是用个别性知识为前提，推出一般性知识为结论的推理。二者的推理方向相反。

（2）前提的数量不同

演绎推理的前提数量是比较确定的，归纳推理的前提数量是不确定的。

（3）结论的范围不同

演绎推理，结论的断定范围没有超出前提的断定范围。归纳推理，除完全归纳推理外，结论的断定范围都超出了前提的断定范围。

（4）结论的可靠程度不同

演绎推理的结论是必然性结论，只要前提真实，推理形式正确，推出的结论是完全可靠的。归纳推理的结论情况不同：完全归纳推理和科学归纳推理的结论是带有必然性的，是确实可靠的。简单枚举归纳推理的结论是或然性的，只有一定程度的可靠性，不是完全确实可靠的。

（二）归纳推理的分类

根据前提是否考察了一类事物的全部对象，把归纳推理分成两类：完全归纳推理和不完全归纳推理。

1. 完全归纳推理

完全归纳推理是根据对某类事物的全部对象的考察而进行的归纳推理。

如对某党委的全部五名成员的学历逐一考察后，得出该党委的所有成员都是大学本科学历的结论，运用的就是完全归纳推理。

张的学历是大学本科
王的学历是大学本科
李的学历是大学本科
赵的学历是大学本科
周的学历是大学本科
张、王、李、赵、周是某党委的全部成员

所以，某党委的全部成员的学历都是大学本科

完全归纳推理有两个特点：

（1）前提完备

完全归纳推理的前提应包含某类事物的全部对象。

（2）结论可靠

完全归纳推理的结论的断定范围，没有超出前提的断定范围，所以它的结论确实可靠。

正确运用完全归纳推理有两点要求：

（1）考察穷尽

运用完全归纳推理时，考察的范围要穷尽该类事物的全部对象，遗漏一个对象，结论就可能是错误的。

（2）前提真实

每一个前提必须真实，有一个前提虚假，整个结论就错了。

譬如要做出“整个村的所有家庭都购买了汽车”“这条街的所有商店都是经营服装的”“这个班所有学生的哲学成绩都是优秀的”“这批产品全部都合格”等结论，就要对各类对象的全部逐一进行考察，每个前提都真实，归纳出的结论才正确。

2. 不完全归纳推理

不完全归纳推理，是根据对一类事物的部分对象的考察而进行的归纳推理。它包括简单枚举归纳推理和科学归纳推理两种：

（1）简单枚举归纳推理

简单枚举归纳推理，是根据某种属性在某类对象中不断重复出现而未遇到相反情况，从而推出一般性结论的推理。

譬如“煤都是黑的”就是通过简单枚举归纳推理得出的一般性结论：

山西省的煤是黑的

山东省的煤是黑的

河南省的煤是黑的

河北省的煤是黑的

…………

所以，所有煤都是黑的

运用简单枚举归纳推理的方法是：一个一个进行枚举，枚举中某种属性不断重复出现，没有遇到一次相反情况，就可以根据“不断重复，无一相反”的规则，推出一般性的结论。

简单枚举归纳推理有两个特点：一是它只考察了部分对象，考察的范围小于结论的断定范围；二是它的结论是或然性的。或然性结论不同于必然性结论，只有一定程度的可靠性，不是完全可靠的。

简单枚举归纳推理，是一种非常简单的推理形式。它的推理规则“不断重复，无一相反”，人人都能掌握，人人都在运用，可以说是一种非常普及的归纳推理。人们在日常生活中，通过这种推理获得了大量一般性的知识。如太阳东升、夕阳西下、昼夜交替、寒来暑往、水能止渴、火能取暖、植物缺乏水分就会死亡、骄傲使人落后、虚心使人进步……这些最简单的生活常识和工作经验都是通过简单枚举归纳推理取得的。

（2）科学归纳推理

科学归纳推理是根据对某类事物部分对象的考察研究，发现这些对象和某种属性有必然联系，从而推断某类事物的全部都具有这一属性的推理。

20 世纪 60 年代以来，人们发现用大量发霉的花生喂养鸡、鸭、鸽、羊、猫等，它们大批地患癌症死去。后来一些科学家专门用白鼠做实验，白鼠吃了大量发霉的花生，也成批地患癌症死去。科学家对发霉的花生进行了严格的化学分析，发现它们含有大量的黄曲霉素。又经过反复实验，发现黄曲霉素是强烈的致癌物质。终于揭示了鸡、鸭、鸽、羊、猫等吃大量发霉的花生死亡的原因。其推理过程是：

鸡大量食用发霉的花生成批死去

鸭大量食用发霉的花生成批死去

鸽大量食用发霉的花生成批死去

羊大量食用发霉的花生成批死去

白鼠大量食用发霉的花生成批死去

…………

经过科学实验，发现发霉的花生含有大量黄曲霉素，而黄曲霉素与致癌有必然联系

所以，所有食用大量发霉的花生的动物都会成批死去

科学归纳推理是必然性推理，它的结论是确实可靠的。

七、类比推理

（一）什么是类比推理

1. 定义

类比推理是把两个事物进行对比，并根据它们的某些属性相同，而推测它们的另一属性也相同的推理。简言之，它是在对两个事物进行比较的基础上进行的推理。

如某些天文学家把火星与地球进行对比之后，发现它们有许多共同属性，并推测它们可能还有其他属性相同：

火星与地球都是太阳系的大行星
火星与地球都有自转和公转
火星与地球都有大气层
火星与地球的表面温度都比较适中
地球上有水，火星上也有水存在的迹象
…………
地球上有生命

所以，火星上也可能存在过生命

2. 特点

从推理方向上看，类比推理是从个别到个别，它的前提是个别性知识，结论也是个别性知识。

从结论的性质看，类比推理不是必然性推理，而是或然性推理，它的结论只有一定程度的可靠性，不是完全可靠的。

从推理方法上看，类比推理是以比较为基础的一种推理，没有比较就没有类比推理。

（二）如何提高类比推理的结论的可靠性

类比推理的结论不是完全可靠的，那么应该如何提高它的结论的可靠程度呢？

第一，类比对象的共同属性越多，结论越可靠。

类比对象的共同属性越多，就意味着它们属于同一类事物或相近的事物，所以其中一个事物的未知属性，也可能与另一事物的已知属性相同。所以，在运用类比推理时，应尽量地多发现二者的相似点。

第二，类比对象的相似点应该是两类事物的本质属性。

如果不是本质属性相似，只具有形式上的相似，那么就不能对二者进行类比推理。所以，要提高类比推理的可靠性，就不能把非本质属性相似的两类事物进行类比。否则，就犯“机械类比的错误”。

第三，注意研究类比对象各自的特异属性。

如果各自的特异属性（即不同属性）越多，结论就越不可靠。

以上介绍的是最基本的逻辑知识。这种介绍虽然简单，但很不完整。如果想对形式逻辑知识有全面的了解，请阅读拙著《实用逻辑教程》一书。该书体系完整，简明扼要，深入浅出，趣味盎然，适合各个学历层次的人阅读。

后　　记

——捕捉本书的灵魂

本书有46节。每一节都讲述一个与逻辑推理有关的典型事例。每一节都各自独立，各有主题。但孤立的每一节不能充分体现全书的灵魂，不能完整表达笔者的创作意图。

要捕捉本书的灵魂，一是要通读全书；二是在通读全书的基础上，还要进行深入思考。

本书之所以大量列举与逻辑推理相关的典型事例，目的是给读者提供大量的感性材料，使读者对逻辑推理的认识，能够从感性认识上升到理性认识，产生质的飞跃。

人的认识要产生质的飞跃，一是要有大量感性材料作为基础；二是要经过大脑的归纳整理，去粗取精，去伪存真，由此及彼，由表及里，即经过大脑的加工，才能使自己的认识产生质的飞跃。

如果你对逻辑推理的认识，产生了质的飞跃，那么你就会

“悟”出许多新的道理，“悟”出你以前没有想到的，或者感受不深的许多道理。

一悟：妙用无穷

读本书前，你就知道逻辑推理很有用，但这种认识并不深刻，只是泛泛的、抽象的、理论上的。读完本书后，你才会真真切切体会到逻辑推理妙用无穷。

逻辑推理能力，是现代社会每个人必备的素质和技能，因为推理能力如何，直接影响人的判断能力、预见能力、决策能力、办事能力，是构成智力的核心要素之一。逻辑推理能力强弱，与人的智商高低成正比。不懂逻辑推理，市长无法管理城市、将军无法指挥打仗、公安人员无法侦破案件、医生无法诊断疾病、科研工作者无法进行研究、工人无法提质增效、农民无法获得丰收、学生无法取得好的成绩……一句话：一切工作都无法正常进行。

作者撰写本书的主要目的是唤醒人们对逻辑推理的高度重视，逻辑推理不是一般有用，而是非常有用，人们要高度重视逻辑推理能力的培养和提高。

二悟：走向智慧

每个人活着，都希望自己变得越来越聪明，拥有更多更高的智慧。形式逻辑就是一门聪明学、智慧学。逻辑推理，就是能够使自己变得越来越聪明的重要方法。掌握这种方法，才能破解难题、预知未来、多谋善断、出奇制胜。所以，学好逻辑推理，是走向智慧的必由之路。一个渴求智慧的人，必须高度重视逻辑推理能力的培养和提高，那么，究竟应该怎样提高逻辑推理能力呢?

提高逻辑推理能力，一是要认真学习有关的逻辑知识；二是要注意加强实践锻炼。拙著《实用逻辑教程》系统地介绍了形式逻辑的基本规律、规则和有关知识。本书提供了如何在实践中提高逻辑推理能力的两种重要方法：

第一，案例学习。

国防大学在讲授军事理论的同时，还要大量研究实战案例，把分析具体作战案例作为学习军事理论的基础和重要补充。没有实战案例作为活的教材，军事理论就会变成死的教条。学习逻辑学也是这样。不研究具体案例，只抠书本，逻辑推理能力就很难提高。本书提供大量运用逻辑推理的典型案例，这些案例是锻炼和提高逻辑推理能力难得的活教材。

第二，习惯养成。

本书多处地方都强调要养成一种特殊习惯：在日常生活和工作中养成经常进行逻辑推理的习惯。养成这种习惯，你的逻辑推理能力就会迅速提高，日臻完善，你会感到自己越来越聪明，越来越能干，生活、工作、学习就会如虎添翼，充满自信。

所谓“习惯”，都有两个特点：一是习惯具有“惯性”，习惯一旦形成，就会习惯成自然，不断延续下去；二是习惯不是天生的，而是逐渐养成的，并且习惯的养成都需要经历一个漫长的过程。良好的习惯，弥足珍贵，一旦养成就会终身受益。

在生活实践中，遇事经常进行逻辑推理，天天练，时时用，长期坚持，持之以恒，就会逐渐形成习惯。本书中有大量在日常生活和工作中进行逻辑推理的典型事例，研究这些事例，对养成良好习惯，对提高逻辑推理能力，会有多方面的启发和帮助。

三悟：决策之魂

决策，无论对国家、企业、个人都是非常重要的事情。一些重要决策，甚至决定国家的兴衰、企业的成败、个人的命运。阅读本书前，你也许不会想到，决策与逻辑推理有什么关系；可能也不会想到，制定重大的方针政策与逻辑推理有什么关系；更不会想到，诸葛亮替刘备制定的蜀国建国的基本方针、刘伯温替朱元璋制定的平定天下的战略方针，与逻辑推理有什么关系。

阅读本书后，你会明白：任何重大决策都离不开逻辑推理。诸葛亮在《隆中对》中替刘备制定的蜀国建国的基本方针，是他精准地分析东汉末年军阀混战和割据的基本形势，经过缜密的逻辑推理后提出的。没有缜密的逻辑推理，诸葛亮就无法制定出蜀国建国的基本方针。而实力弱小的刘备集团，如果没有一个正确的建国方针作为指导，他的建国大业也很难成功。

同样，刘伯温在《时务十八策》中提出的朱元璋平定天下的战略方针，也是他正确分析当时时局与各起义军领袖的特点和实力，经过缜密的逻辑推理后提出的。没有缜密的逻辑推理，刘伯温也提不出这个战略方针。同样，没有正确的战略方针作为指导，远比陈友谅实力弱小的朱元璋也无法平定天下，登上皇帝的宝座。

总之，诸葛亮也好，刘伯温也好，他们都不是靠能掐会算、善于观察天象成功的。他们的种种神机妙算，所有战略战术决策，都是经过缜密的逻辑推理完成的。事实证明，逻辑推理，是任何重要决策必不可少的组成部分。推理是决策之魂。没有缜密的逻辑推理，就不可能做出任何正确的战略战术决策。

四悟：预知未然

没有读本书之前，你头脑里也许没有“预知未然”这个概念。但阅读本书后，你会逐渐接受这个概念，并且会越来越重视这个概念。

“未然”，是指还没有发生的事情；“预知未然”，是指事先知道可能发生而尚未发生的事情。简单地说，就是要预知未来可能发生的事情。

学习实用逻辑，要非常重视培养“预知未然”的能力。

电视上曾经报道过这样一个悲剧事件：两岁的小男孩在游泳池游泳，妈妈站在水中离男孩不远的地方看手机。不知为什么男孩开始在水中挣扎，妈妈完全没有察觉。等妈妈发现情况异常时，爱子已经溺亡了。不关注游泳的幼子而一心看手机，这样做很危险，但她缺乏“预知未然”的能力，不能预知危险和不幸可能发生，白白送掉了爱子的性命。预知未然，就是要在危险发生之前，就看到危险发生的可能性。而她只知道聚精会神地看手机，对发生危险的可能性，事前毫无察觉，缺乏起码的预知能力，永远失去了心爱的儿子。事实证明，只有预知未然，才能防患于未然。缺乏预知能力，可能大祸临头。

所谓“预知”，就是要预先知道，或者叫预先估计到。“预知”的时段，必须是在事情发生之前，否则就不能叫预知。在事情没发生之前，就知道事情可能发生，才是预知。也可以理解为，预知未然，是在某种后果出现之前，就事先知道这种后果可能发生。因为有很多事，是可以事先知道其后果的。

在日常生活中，培养这种预知能力很重要。谁拥有预知未然的能力，谁就能“未卜先知”，就知道在什么条件下，可能发生什么事情，会产生什么后果。一个预知能力强的人，绝不会干醉驾、飙车这样的蠢事，因为他预先就估计到：干这种蠢事离死神只有一步之遥，灾难也许转眼间发生。而一个缺乏预知能力的人，不但干这种蠢事，而且干蠢事还要在别人面前自我炫耀一番。《北京晚报》登载过一条消息：一个 27 岁的男青年，与朋友聚餐喝醉了酒，回家时别人替他叫了代驾，谁知他非常坚决地辞退了已经叫来的代驾，还要捎带送两个聚餐的朋友回家，开车前还用手机录了视频，通过微信发给另一个没有参加聚餐的朋友，炫耀自己敢于“挑战醉驾”。接到微信视频的朋友，感到事态严重，立即给他打电话，恳求他千万不要醉驾。他不听劝阻，依然开车。谁知刚开车一分钟，就撞上围栏，他当场身亡，车上一人受伤。呜呼！自己缺乏预知能力，又不听劝阻，死到临头，还自我炫耀，岂不可悲！

这不禁令人唏嘘：预知能力强的人，在车祸发生之前，就估计到车祸可能发生；预知能力差的人，死神走到跟前儿，都不知道自己大难临头。预知能力强的人，无论做什么事，都会估计到它可能带来的后果；预知能力差的人，无论做什么事，都不想它会有什么后果。也就是说，凡做事不想其后果的人，都是预知能力很差的人。而在实际生活中，恰恰有很多人就缺乏这种预知能力。

本书在“灾难事故中的逻辑推理”等专题中，叙述过很多类似的典型事例。这些事件的主人公有一个共性，就是缺乏“预知未然”的能力。如果他们有预知未然的能力，书中所说的那些灾难和事故，也许不会发生。那么，他们为什么会缺乏这种“预知”能力呢?

答曰：因为他们不懂逻辑推理。

提高逻辑推理能力，是“预知未然”的前提和基础。因为任何事情的发生、发展，都有一定的规律，也都需要一定的条件，只要你掌握事物发生、发展的一般规律，了解事物存在的条件与结果之间的逻辑关系，经过缜密的逻辑推理，就会预先估计到目前没有出现而以后可能发生的事儿，就会逐步提高预知未然的能力。由此可见，逻辑推理能力越强，对未来的预见性就越高；反之，就越差。

培养预知能力不但在处理工作问题上是必需的，在处理家庭问题上也是必需的；培养预知能力，应是人生的必修课，它对人生的方方面面都普遍有用。①

五悟：弥补思维缺陷

在本书的第 22、25、26、27 节中，笔者在分析当事人的思维活动时，提出了“思维方式缺陷”这一概念。有些当事人做

① “预知未然”这个概念与大家经常说的“预见性”这个概念，既有联系又有区别。从本质上说，二者都是对未来的推演与预知。但二者的侧重点不同：后者侧重宏观领域的运用，前者侧重微观领域的运用。后者是对重大事件在长时段内的发展趋势和结果的推演与预测；前者是对日常生活工作中具体事件在短时段内的发展趋势和结果的推演与预测。预知未然，更关注身边近期可能发生的事儿。二者的含义不尽相同，但在各自的领域中都有重要的意义。

错事，大体有两方面的原因：一是思想意识存在问题；二是思维能力、思维方式存在问题。笔者把存在的后一种问题，统称为“思维方式缺陷”。

笔者认为，“思维方式缺陷”是一个非常重要的逻辑概念。很多人在日常生活和工作中，之所以产生种种错误认识，大都与“思维方式缺陷”有关，都不同程度地存在思维方式缺陷。

所谓“思维缺陷”，主要有两种：

一是由于缺乏辩证逻辑（唯物辩证法）的基本知识而形成的思维缺陷。如缺乏唯物论的基本知识，就容易导致各种唯心主义错误；缺乏辩证法的基本知识，就容易导致形而上学的各种错误。一个人缺乏辩证逻辑（唯物辩证法）的思维能力，就无法正确地认识客观世界。

二是由于缺乏形式逻辑的基本知识而形成的思维缺陷。如缺乏形式逻辑的基本知识，就容易导致分析判断能力差、逻辑推理能力差、预见能力差、逻辑论证能力差等。这些思维能力上的“短板”同样会导致认知错误。

总之，缺乏必要的逻辑知识，人的思维能力就不健全、不完善，就会影响人的认知能力。

下面仅就缺乏形式逻辑知识形成的思维缺陷展开论述。

本书在“社会乱象中的逻辑推理”“骗局中的逻辑推理”两个专题中所提到的某些当事人由于不懂形式逻辑的思维规律和

各种具体的逻辑规则而存在思维缺陷，使他们不能进行正确的逻辑推理，也无法对事物情况做出正确的判断，更不能预测事物发展的趋势和后果，这一切使他们面对疑难问题和困难局面时无法做出正确的抉择。本书指出，上述这些当事人是患了“逻辑知识缺乏综合征”。

前些时，中央和地方电视台接二连三地报道揭露多起电话诈骗事件。尽管电视台喊破嗓子，但上当受骗的人仍然接二连三地出现。为什么会有这么多人上当受骗呢？

因为这些人有一个共同的毛病：轻信别人。

他们为什么会轻信别人？

因为这些人缺乏逻辑知识，不懂形式逻辑的思维规律。

形式逻辑有四条基本的思维规律，其中一条叫“充足理由律”。充足理由律的基本内容是，要确定一个判断为真，必须有充足的理由。也就是说，要确定任何一个判断的真伪，都需要经过充分的证明（实践证明或逻辑证明）。没有经过充分证明的东西，其真实性是不可靠的，这叫“无证不信”。

学过形式逻辑这门课的人，都知道充足理由律，但许多人却没有真正弄懂它。如果真正弄懂了，就不会犯轻信别人的错误，不管遭遇什么样的骗局和陷阱，不管碰到什么样的恐吓和利诱，都不会上当受骗。因为他们知道，骗子编造出的各种骗人的“说法”，都是没有经过充分证明的东西，都是不可信的。

可悲的是，许多人根本不知道“充足理由律”为何物，根本不明白“无证不信”的道理，所以这些人对骗子的话深信不疑，言听计从。他们就因为少了一点儿形式逻辑知识，几十万、上百万家产付之东流，甚至一生心血瞬间化为乌有，真让人捶胸顿足，扼腕痛惜！

更令人吃惊的是，据国家公安部统计，2020 年全国电信网络诈骗案件涉及受骗群众财产损失竟高达 353 亿元！设想一下，如果能够在群众中大力普及逻辑知识，让人人都懂得“无证不信”的道理，不轻信他人，那么这些经济损失大部分是可以避免的。

由此可知，缺乏逻辑知识，可以导致人的思维缺陷，影响人的认知能力。人的认知活动，应该在辩证逻辑（唯物辩证法）和形式逻辑规律、规则指导下进行，离开逻辑知识的帮助，思维能力就不健全、不完善，人的认知活动就可能出现种种失误。所以，要认真学习辩证逻辑（唯物辩证法）和形式逻辑的基本知识，并且不断在实践中深化和丰富，才能使自己的思维能力和认知能力不断提高，减少各种认知错误。

六悟：并非无关

在阅读本书之前，你可能觉得逻辑推理与你没有多大关系，很少接触它，也很少使用它。在阅读本书后，你会知道，逻辑推理与你关系非常密切：人人都在用，天天都在用。你每天都在做事情，有时候做对了，有时候做错了；做对了的时候你脑子里肯定进行了正确的逻辑推理，做错了的时候你脑子里肯定进行了错误的逻辑推理。只要你想问题，大部分思维活动都是在进行逻辑推理。

本书在“新郎为什么会惨死在洞房花烛夜之后?”案例中，讲述了山西太原一个偏僻的小山村发生的一件非常离奇的事情。小伙子张亮娶到了十里八村最漂亮的姑娘，婚礼非常热闹，张亮一家欣喜无比。谁知洞房花烛夜之后连续两夜，新郎都不理新娘，各睡各的，同床并不同房。婚后第三天，新郎就被送进了医院，家属还接到了病危通知书。婚后第 42 天，新郎就死在了医院。诊断结果是，新郎因气管破裂导致大脑严重缺氧而死。

原来当地有“打新郎”的风俗。结婚当天，新郎张亮一下迎亲的汽车，就有一群年轻人涌上去，劈头盖脸地打新郎，头上、脖子上、后背上，没轻没重地一顿乱打，使新郎气管破裂导致死亡。

听完这个故事，你也许会说，这件事和逻辑推理没有丝毫关系。

恰恰相反，关系非常密切。

举办婚礼的当天，所有在场的成年人，脑子里都在进行逻辑推理，不过所有人的推理都是错误的。打新郎的一群婚闹者，脑子里进行了错误的逻辑推理，以为自己是闹着玩儿的，没想到失手重伤了新郎。看热闹的旁观者，脑子里也进行了错误的逻辑推理，他们的想法不尽相同，但他们对猛打新郎的过分行为都不加任何劝阻。新娘、新郎的姐姐，脑子里也进行了错误的逻辑推理，她们的想法也不尽相同，但她们对新郎身体出现的异常状况都缺乏足够的认识，没有及时送医，耽误了抢救的最佳时机。总之，所有人脑子里的错误推理，都和这场悲剧的发生，有着十分密切的联系。

一个人想问题，通常都是在进行逻辑推理，不是正确的逻辑推理，就是错误的逻辑推理，只是你没有意识到而已。而且只有全面掌握逻辑推理的规则，才能更好地区分哪些推理是正确的，哪些推理是错误的。

七悟：自我评估

没读本书之前，你大概不会问自己：我的逻辑推理能力怎么样？是高，是低，还是中不溜？读完本书之后，你也许会问：和书中的某些当事人相比，我的逻辑推理能力能打几分？是打高分，还是打低分？能否及格？

实际上，这种自省很重要。有自省能力，才会感到差距，才有上进的动力。聪明的读者读完本书后，会对自己的逻辑推理能力进行一次自我评估，做出自我评价并设定今后努力达到的新目标。

大体说来，人的逻辑推理能力可以分为四种类型：

一是精于逻辑推理。精于逻辑推理的人，推理能力和判断能力超强，能见微知著、洞察乱象；预见能力超强，高瞻远瞩，具有远见卓识；决策能力超强，多谋善断，善于制定重大的战略战术决策；组织领导能力超强，做事成功率高，且有重大建树。这部分人拥有高智商、大智慧，这是“出类拔萃一族”。

“出类拔萃一族”，在整个社会中是很小的群体。

二是善于逻辑推理。善于逻辑推理的人，逻辑推理能力很强；逻辑判断能力很强；决策能力很强；有眼光，有远见，有独到见解；做事干练，点子多，效率高；智商高人一筹，工作成效突出，是“智慧一族”。

“智慧一族”，在整个社会中是比上述“出类拔萃一族”大得多的群体。

三是推理能力一般。推理能力一般的人，凭借生活经验和某些专业知识，能够进行日常工作所必需的逻辑推理，但推理能力和判断能力一般，尚不足以承担难度更大的任务和课题；有一定的预见能力，但“预知未然”的能力一般，缺乏远见，时有疏失；能够胜任日常工作，但没有做出突出贡献；智力平常，智商一般。这部分人，可以叫“平常一族”。

“平常一族”，在整个社会中是相当大的群体。

四是推理能力较差。推理能力较差的人，不会进行基本的逻辑推理；缺乏基本的判断能力；缺乏必要的预见能力；在生活和工作中不爱动脑子，甘当思想懒汉；不爱读书，也不善于在社会实践中锻炼提高自己。这部分人，懒于动脑，疏于思考，可以叫“懒于动脑一族”。

“懒于动脑一族”，在整个社会中也是较小群体。

以上四种类型，在本书中都可以找到典型代表。笔者希望读者以成功范例为榜样、以反面事例为警诫，从正、反两方面汲取营养，不断提高自己，让自己的逻辑推理能力跃升到更高的层次。笔者殷切希望，经过不懈努力，所有读者都能够成为善于逻辑推理或精于逻辑推理的人。

八悟：消除误解

有人打开本书，刚看一两节就说：原来逻辑推理这么简单，不学也会。有人甚至觉得：不学语法，照样说话；不懂逻辑知识，照样思考问题。

显然，这是一种误解。

很多人虽然不懂什么叫逻辑推理，但也能够凭借日常生活经验进行一些简单的逻辑推理，这种现象很常见。这种推理，可以叫“经验逻辑推理”。但仅凭这种低水平的逻辑推理能力去分析判断问题，是远远不够的。因为社会现实远比书本复杂得多，靠低水平的逻辑推理能力和判断能力去闯天下，在社会实践中失误会非常多；遇到复杂一点的问题（如侦破复杂的刑事案件、诊断疑难疾病、制定重大战略战术决策、解决比较复杂的科学技术难题等），就会一筹莫展，束手无策。显而易见，生活在知识爆炸和科技高度发达的现代社会，只拥有低水平的逻辑推理能力和判断能力，可能会处处碰壁甚至一事无成。

……

总之，笔者希望读者读完本书后，不要抛诸脑后，而要掩卷深思。思之越深，感悟越多；感悟越多，受益越大。如果一目十行看热闹，也许什么也感悟不到。

写于北京

2020 年 7 月 22 日

图书在版编目（CIP）数据

生活中的逻辑学/张绵厘著. --2版（修订版）.
--北京：中国人民大学出版社，2023.8
ISBN 978-7-300-31814-1

Ⅰ.①生… Ⅱ.①张… Ⅲ.①逻辑学-通俗读物
Ⅳ.①B81-49

中国国家版本馆CIP数据核字（2023）第109370号

生活中的逻辑学（修订版）
张绵厘　著
Shenghuo zhong de Luojixue

出版发行	中国人民大学出版社		
社　　址	北京中关村大街31号	**邮政编码**	100080
电　　话	010－62511242（总编室）		010－62511770（质管部）
	010－82501766（邮购部）		010－62514148（门市部）
	010－62515195（发行公司）		010－62515275（盗版举报）
网　　址	http://www.crup.com.cn		
经　　销	新华书店		
印　　刷	北京尚唐印刷包装有限公司	**版　　次**	2016年7月第1版
开　　本	890 mm×1240 mm　1/32		2023年8月第2版
印　　张	15.375 插页4	**印　　次**	2023年8月第1次印刷
字　　数	274 000	**定　　价**	68.00元